坡面细沟侵蚀过程量化研究

郑粉莉　沈海鸥　覃　超　韩　勇　著

科学出版社

北　京

内 容 简 介

本书基于现代测量技术创立了坡面细沟侵蚀过程自动监测方法,基于大量野外定位观测和室内模拟试验资料,创新性提出了细沟形态定量刻画指标并诊断了细沟形态特征,量化了坡面细沟侵蚀过程,构建了坡面细沟与细沟间侵蚀的坡面水蚀预报框架模型。主要内容包括坡面细沟侵蚀过程的自动监测、坡面细沟侵蚀的主导过程、坡面细沟不同主导发育方式的交互作用、细沟网发育过程、细沟形态特征定量刻画、细沟侵蚀过程的主导影响因子、细沟侵蚀的水动力学机理和坡面细沟与细沟间侵蚀的预报模型等。

本书可供从事土壤侵蚀、水土保持、地理学、生态环境和环境保护的科研人员、高等学校相关专业师生以及相关领域管理人员参考。

图书在版编目(CIP)数据

坡面细沟侵蚀过程量化研究/郑粉莉等著. —北京:科学出版社,2019.12
ISBN 978-7-03-063976-9

Ⅰ.①坡⋯ Ⅱ.①郑⋯ Ⅲ.①斜坡-土壤侵蚀-研究 Ⅳ.① P931

中国版本图书馆 CIP 数据核字(2019)第 299305 号

责任编辑:丁传标 李 静/责任校对:何艳萍
责任印制:肖 兴/封面设计:图阅盛世

科 学 出 版 社 出版
北京东黄城根北街 16 号
邮政编码:100717
http://www.sciencep.com

中国科学院印刷厂 印刷
科学出版社发行 各地新华书店经销

*

2019 年 12 月第 一 版 开本:787×1092 1/16
2019 年 12 月第一次印刷 印张:13 1/4
字数:310 000

定价:168.00 元
(如有印装质量问题,我社负责调换)

前　言

坡耕地是黄河泥沙的主要来源，细沟侵蚀是坡耕地的主要侵蚀方式之一，也是造成坡耕地表土和养分流失，以及农业面源污染的重要原因。在降雨产流过程中，坡面一旦形成细沟，坡面流即由细沟间水流（薄层水流）汇集成细沟水流（集中水流），使坡面径流流速和径流侵蚀力不同程度增加，导致坡面土壤侵蚀加剧。在坡面细沟与细沟间侵蚀区，细沟侵蚀量占坡面总侵蚀量的 70%以上。由于细沟侵蚀过程是一个非常复杂的三维（加长、加宽和加深）动态变化过程，且不同发育阶段的主导过程及其关键影响因子也不尽相同，因此，现有研究在细沟发育各主导过程及其交互作用对细沟产沙的贡献如何尚不清楚，细沟发育过程中的细沟形态如何定量表达还缺乏统一的规范与标准。这些问题一方面限制了对侵蚀过程机理的认识和坡面水土保持措施的精确设计，另一方面也限制了侵蚀预报模型的研发。因此，量化坡面细沟发育过程，明晰细沟发育各主导过程交互作用及其对坡面细沟侵蚀产沙的贡献，建立量化细沟形态的表达式，不仅为坡面侵蚀防治提供重要的科学依据，也为建立以侵蚀过程为基础的土壤侵蚀预报模型提供理论支撑。

本书较系统地从坡面细沟侵蚀过程的自动化监测方法、细沟发育的主导过程、细沟网发育过程量化、细沟形态表达等方面研究了细沟侵蚀过程，这些皆是当前土壤侵蚀研究的重点，也是国际土壤侵蚀研究的热点和前沿所在。据此，本书在以下方面具有一定的创新性：①建立了细沟侵蚀过程的自动监测方法，解决了细沟水流流速快、含沙量大且不易直接测量的技术难点，为深化细沟侵蚀过程动力机制研究提供了方法支持；②基于细沟沟头溯源侵蚀过程中的重力侵蚀和径流能量特征阐明了沟头溯源侵蚀过程，构建了基于水流剪切力和重力的细沟沟壁扩展模型，揭示了细沟不同主导发育方式交互作用下的细沟侵蚀产沙的机制，深化了细沟发育理论；③创新性地提出了表征坡面细沟网发育特征的指标体系，并量化了坡面细沟形态特征，为细沟形态定量刻画提供了方法支持；④基于雨滴打击对细沟侵蚀的贡献，将降雨因子嵌入 WEPP 模型坡面版本的细沟侵蚀模块中，并构建了包含细沟与细沟间侵蚀的坡面侵蚀框架模型，为精确预报坡面土壤侵蚀提供了技术支持。鉴于细沟侵蚀过程的复杂性及不确定性，以及坡面薄层水流侵蚀机理尚未完全明确，尤其是作者知识水平有限，本书的部分研究成果还是初步的，有些研究结论需进一步论证和深化。

本书以细沟侵蚀过程自动化监测方法研究为抓手，以细沟发育主导过程和细沟形态特征量化为纽带，以坡面细沟与细沟间侵蚀预报模型构建为目标，共安排 9 章内容。按其结构可分为四个部分：第一部分为细沟侵蚀过程自动监测方法研究，分别是第 1 章，坡面细沟形态和细沟水流参数的非接触测量方法；第 2 章，坡面细沟侵蚀过程的自动监测与数据处理。第二部分为细沟侵蚀主导过程量化与细沟不同主导发育方式的交互作用，分别是第 3 章，坡面细沟侵蚀主导过程研究；第 4 章，坡面细沟不同主导发育方式的交互作用。第三部分为细沟网发育过程与细沟形态特征诊断，分别是第 5 章，坡面细沟网发育过程研究；第 6 章，坡面细沟形态特征量化研究。第四部分为坡面水蚀预报模型构建，分别是第 7 章，影响坡面细沟发育的主要因子分析；第 8 章，坡面细沟侵蚀的水动力学机理；第 9 章，基于细沟和细沟间侵蚀的坡面水蚀预报框架模型。全书结构清晰，各章相对独立阐述一个中心问题，且章与章之间相互联系和前后递进，构成了本书的结构体系。本书的写作分工如下：第 1 章由郑粉莉和覃超执笔；第 2、3 章由覃超和郑粉莉执笔；第 4 章由郑粉莉和覃超执笔；第 5 章由郑粉莉、沈海鸥和覃超执笔；第 6 章由沈海鸥和郑粉莉执笔；第 7 章由沈海鸥、郑粉莉、覃超和韩勇执笔；第 8 由沈海鸥和郑粉莉执笔；第 9 章由沈海鸥、覃超和郑粉莉执笔；最后由郑粉莉统稿和审稿，覃超完成全书编辑工作。

本书研究成果主要来自作者承担的各类科研项目，包括国家重点研发计划战略性国际科技创新合作重点专项"黑土侵蚀防治机理与调控技术"（2016YFE0202900）、国家自然科学基金面上项目"黑土区多种外营力互作的坡面侵蚀过程与机制"（41571263）、国家自然科学基金面上项目"黄土丘陵沟壑区切沟发育过程与形态模拟"（41271299）、国家自然科学基金青年基金项目"黑土区坡耕地侵蚀沟发育及其形态特征研究"（41601281）、中国科学院国际合作局国际伙伴计划"气候变化对中国黄河中游和塞尔维亚萨瓦河流域农业水土环境影响评估及适应对策"（16146KYSB20170013）、国家博士后创新人才支持计划项目"黄河源区河网水系特征参数自动提取与应用"（BX20190177）和中国博士后科学基金资助项目"黄河源区多尺度流水侵蚀地貌特征及其自相似性研究"（2019M660656）。

作者在土壤侵蚀和水土保持的理论学习和实践过程中，始终得到国内许多前辈、外国专家和同仁的指教，及领导的支持与同事们的大力帮助，特别感谢恩师唐克丽老师的精心培养，感谢导师周佩华研究员的指导，感谢老前辈朱显谟院士的栽培和鼓励，感谢承继成、陈永宗、江忠善、景可、张信宝、蔡强国等老师的指导，感谢中国科学院水土保持研究所历届所长李玉山、田均良、李锐、邵明安、刘国彬的支持，还要特别感谢历届研究生肖培青、张新和、武敏、王建勋、李斌兵、安娟、王彬、张鹏、余叔同、张姣、温磊磊、徐锡蒙和吴红艳等的努力工作和辛勤劳动。

由于作者才识浅薄，书中难免有不妥之处，敬请读者不吝赐教。

郑粉莉
2019 年 10 月于杨凌

目 录

前言
第1章 坡面细沟形态和细沟水流参数的非接触测量方法 ······················· 1
   1.1 测量原理与试验设计 ······················· 2
   1.2 试验材料与步骤 ······················· 4
   1.3 试验结果与分析 ······················· 5
   1.4 讨论 ······················· 8
   1.5 结语 ······················· 9
   参考文献 ······················· 10

第2章 坡面细沟侵蚀过程的自动监测与数据处理 ······················· 12
   2.1 数据采集系统 ······················· 14
   2.2 数据采集过程 ······················· 15
   2.3 数据处理方法 ······················· 19
   2.4 三种细沟宽度计算方法的比较 ······················· 23
   2.5 细沟宽度变化对坡面产沙过程和径流流速的影响 ······················· 24
   2.6 结语 ······················· 27
   参考文献 ······················· 28

第3章 坡面细沟侵蚀主导过程研究 ······················· 30
   3.1 试验设计与研究方法 ······················· 32
   3.2 坡面细沟沟头溯源侵蚀过程研究 ······················· 39
   3.3 坡面细沟沟底下切侵蚀过程研究 ······················· 45
   3.4 坡面细沟沟壁扩张侵蚀过程研究 ······················· 55
   3.5 结语 ······················· 64
   参考文献 ······················· 65

第4章 坡面细沟不同主导发育方式的交互作用 ······················· 71
   4.1 试验设计与研究方法 ······················· 72
   4.2 细沟不同主导发育方式的量化研究 ······················· 73
   4.3 细沟不同主导发育方式的交互作用分析 ······················· 79
   4.4 结语 ······················· 80
   参考文献 ······················· 80

第5章 坡面细沟网发育过程研究 ······················· 83
   5.1 试验设计与研究方法 ······················· 84
   5.2 坡面细沟网发育过程 ······················· 87

    5.3   坡面细沟侵蚀的时空分布特征···102
    5.4   坡面侵蚀特征对细沟网发育过程的响应···104
    5.5   坡面水流特征对细沟网发育过程的响应···108
    5.6   结语···112
    参考文献···113

第 6 章　坡面细沟形态特征量化研究···117
    6.1   坡面细沟形态特征指标描述与计算··117
    6.2   坡面细沟几何形态特征的时空变化··119
    6.3   坡面细沟形态特征指标的时空变化··123
    6.4   坡面细沟侵蚀与细沟形态特征的关系···128
    6.5   基于细沟形态特征指标的坡面细沟侵蚀估算··································129
    6.6   结语···130
    参考文献···131

第 7 章　坡面细沟发育的主要影响因子分析···132
    7.1   试验设计与研究方法··132
    7.2   降雨因子对坡面细沟侵蚀的影响··141
    7.3   地形因子对坡面细沟侵蚀影响的模拟试验研究·····························155
    7.4   降雨因子对坡面细沟形态特征的影响···161
    7.5   野外自然坡面汇流对坡面细沟形态特征的影响······························167
    7.6   地形因子对坡面细沟形态特征影响的模拟试验研究·······················169
    7.7   坡耕地犁底层对坡面细沟形态特征的影响·····································171
    7.8   结语···174
    参考文献···175

第 8 章　坡面细沟侵蚀的水动力学机理···178
    8.1   不同试验条件下坡面细沟水流水力学特征·····································178
    8.2   不同试验条件下坡面细沟侵蚀动力学机制·····································182
    8.3   坡面细沟侵蚀和形态特征与水动力学参数的关系··························185
    8.4   结语···190
    参考文献···191

第 9 章　基于细沟和细沟间侵蚀的坡面水蚀框架模型······································193
    9.1   WEPP 模型的应用与评价··194
    9.2   基于细沟和细沟间侵蚀的坡面水蚀预报框架模型构建··················199
    9.3   结语···202
    参考文献···203

第1章 坡面细沟形态和细沟水流参数的非接触测量方法

细沟形态和细沟水流参数的准确测量是细沟侵蚀（见注释专栏 1-1）量化研究的技术保障。已有研究通过填土法、体积测量法、测针板法、高精度 GPS（RTK）、遥感和三维激光扫描等方法对细沟形态进行测量，取得了丰富的研究成果，极大加深了人们对坡面土壤侵蚀机理的认识（Milan et al.，2007；张姣等，2011；Momm et al.，2015；Vinci et al.，2015；覃超等，2015；2016；徐锡蒙等，2015；Wells et al.，2016；Qin et al.，2018b）。然而，上述方法存在对坡面扰动较大，测量精度较低，易受人工读数误差影响和耗时相对较长等缺点，且在模拟试验和野外观测过程中很难实时、动态获取坡面土壤侵蚀的真实信息。针对细沟水流具有的流速快、流深浅、含沙浓度大且细沟沟槽不断变化的特点，限制了常用的测深杆法、超声波法和红外光法等在坡面流参数测量中的运用，而目前坡面细沟水流常用的人工直接测量法及通过流速测量反推流深的间接测量法存在对坡面径流场扰动大和易产生二次计算误差等缺点（朱良君等，2013；施明新等，2015）。当前，基于遥感影像解译原理的近景立体摄影测量技术在获取高分辨率 DEM 上取得了新进展，且被成功运用在土壤侵蚀研究领域（Berger et al.，2010；Wells et al.，2013；2016；Eltner et al.，2015；Qin et al.，2018a；2018c；2019a；2019b；覃超等，2018），为动床条件下坡面细沟和细沟水流形态特征的实时动态监测提供了新途径和方法支持。

> **注释专栏 1-1**
>
> ### 细 沟 侵 蚀
>
> 细沟是坡面连续或不连续径流对地表土壤剥蚀和搬运过程中形成的可被耕作消除的细小槽型侵蚀形态，其深度一般小于 20 cm，宽度一般小于 30 cm，纵剖面与所在斜坡一致（朱显谟，1956；Carson and Kirkby，1972）。细沟侵蚀是降雨过程中坡面薄层水流汇集形成小股水流并对细沟沟头、沟底和沟壁土壤的侵蚀和搬运过程。坡面上一旦产生细沟，坡面侵蚀方式即由片蚀转变为细沟侵蚀，坡面径流流速和流深均不同程度增加，细沟内集中水流的侵蚀力与挟沙力远大于雨滴打击和坡面薄层水流所具有的侵蚀力和挟沙力，从而导致坡面侵蚀量显著增加。基于坡面水流水力学特征的差异，细沟的形成过程可分为 4 个阶段：片流阶段（sheetflow）、流路发展阶段（flowline development）、微型细沟阶段（micro-rills）和有下切沟头的微型细沟阶段（micro-rills with headcuts）（Merritt，1984）。

本章基于人工模拟径流冲刷试验，采用立体摄影测量技术，通过对有、无径流两种坡面条件的间歇性实时拍照，获取不同时段的高精度 DEM，探讨细沟宽度、深度，以及细沟水流宽度、深度的实时动态测量方法，以期为坡面土壤侵蚀监测提供新途径。

1.1 测量原理与试验设计

细沟沟底下切侵蚀的速率在细沟发育不同阶段有所不同，但在一段相对较短的时间内，可以认为细沟沟底下切侵蚀速率基本不变（Parker and Izumi，2000；Wells et al.，2010；Qin et al.，2018c）。因此，可基于立体摄影测量技术（见注释专栏1-2），获取某一时刻的细沟长度、宽度、深度和细沟水流宽度、深度。本书中的细沟水流是指细沟沟槽内的集中水流。

> **注释专栏 1-2**
> **立体摄影测量技术**
> 立体摄影测量技术是基于遥感影像解译原理，提取多张摄影影像重叠部分的共有信息，生成正射影像和数字高程模型（DEM），实现在计算机上提取侵蚀形态信息（本书指细沟长度、宽度、深度，以及细沟水流宽度、深度）的方法。
> 摄影测量技术包括模拟摄影测量、解析摄影测量和数字摄影测量。其中数字摄影测量是摄影测量发展的第三阶段，该技术通过对摄影影像的匹配结果进行人工交互编译，最终获得高精度的数字高程模型（胡文生等，2004）。在生产实践中，人们可通过对比土壤侵蚀发生前后监测对象的 DEM 数据，提取坡度、坡向、地表破碎度等地貌特征，估算监测对象的土壤侵蚀量和沉积量（Frankl et al.，2015；Momm et al.，2015）。在我国，天水水土保持实验站于 1963 年首次运用地面摄影测量法对滑坡体位移量和产沙量进行了观测，周佩华等（1984）研究了摄影测量技术在黄土高原沟蚀发育过程监测中的应用及其适用性。近年来，国内外众多学者利用立体摄影测量技术，在细沟发育过程与形态模拟、坡面侵蚀沉积预测和切沟沟壁崩塌等方面进行了大量探索，取得了一批前瞻性成果（Berger et al.，2010；Momm et al.，2015；Wells et al.，2013；覃超等，2018）。摄影测量技术因其测量速度快、精度高，且具有传统土壤侵蚀监测方法不可替代的优势，正被逐步运用在土壤侵蚀监测实践中，但如何消除雨滴影响，并将该技术运用在降水过程中的侵蚀地貌演变监测仍需深入探索。

1.1.1 细沟长度和宽度测量

经过比例尺校准和空间校准的影像可直接用于细沟长度的测量。由于细沟水流深度较浅，任意时刻的细沟宽度均远大于细沟水流宽度，由立体摄影测量影像得到的细沟宽度均不受细沟水流宽度的影响，因此，任意时刻细沟的宽度为 W_1，W_2，$\cdots$，W_n，W_{n+1}（cm）（图1-1）。

1.1.2 细沟深度测量

分别获取 T_1 时刻和 T_{n+1} 时刻坡面无径流情况下细沟形态的真实数据，测得 T_1 和 T_{n+1} 时刻细沟的真实深度分别是 H_1、H_{n+1}（cm）（图1-1）。

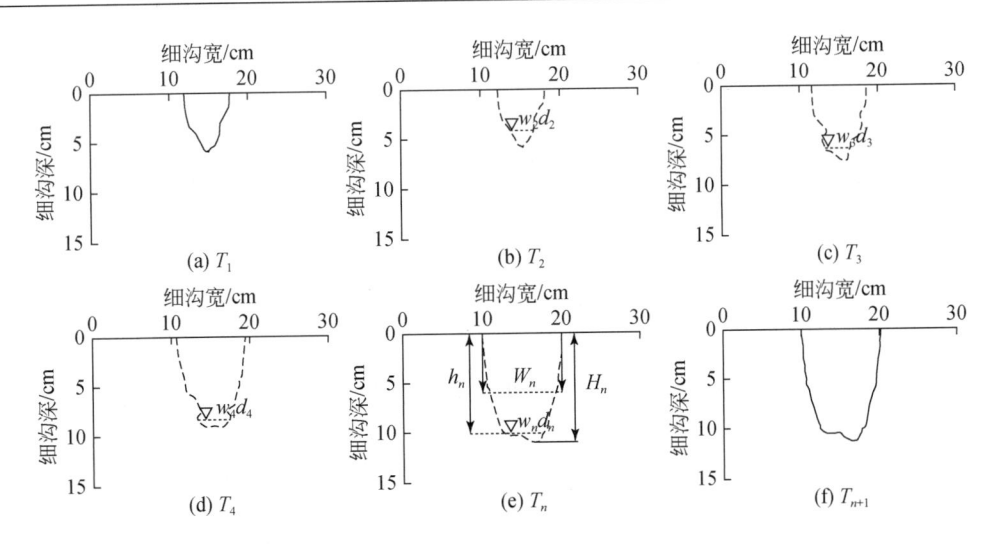

图 1-1 不同时刻细沟横截面特征示意图

在 $T_1 \sim T_{n+1}$ 时间段内每隔 t s 拍照 1 次（$t=10$s），共拍照 $n+1$ 次，历时 nt s（图 1-2）；假定在 $T_1 \sim T_{n+1}$ 时刻这一较短时间段内细沟深度的变化速率恒定，则第 m 个照相时刻 T_m 的细沟真实深度 H_m（$m=2,3,\cdots,n$）（cm）可用内插法计算，其计算式为

$$H_m = H_1 + \frac{T_m - T_2}{(n-2)t}(H_{n+1} - H_1) \tag{1-1}$$

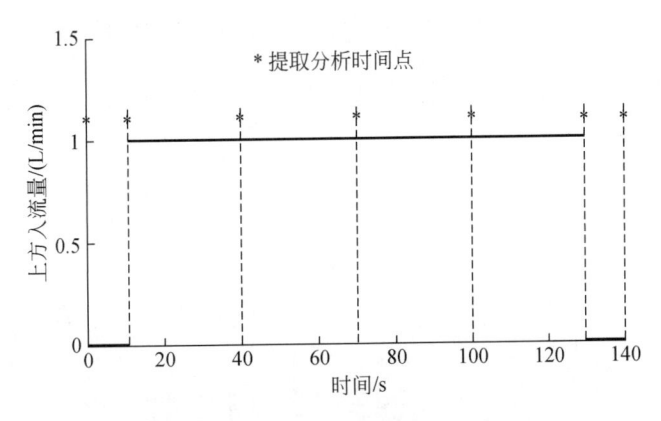

图 1-2 试验流程图

1.1.3 细沟水流深度测量

在坡面有径流的情况下，假设 T_m 时刻通过立体摄影测量获得的细沟深度为表征沟深 h_m（cm）（图 1-1），则表征沟深 h_m 和真实沟深 H_m 符合关系：

$$H_m = h_m + d_m \tag{1-2}$$

式中，d_m（cm）为 T_m 时刻的细沟水流深度，将式（1-2）代入式（1-1），则第 m 个拍照时刻 T_m 的细沟水流深度 d_m（$m=2,3,\cdots,n$）的计算式为

$$d_m = H_1 + \frac{T_m - T_2}{(n-2)t}(H_{n+1} - H_1) - h_m \qquad (1\text{-}3)$$

1.1.4 细沟水流宽度测量

经过比例尺校准，细沟水流的宽度可以通过立体摄影测量影像实时精确测量，则每个拍照时刻细沟水流的宽度为 w_2, w_3, …, w_n（cm）。

1.1.5 试验设计

试验设计包括 2 个坡度（15°和 20°）和一个流量（1.0 L/min），每次试验持续时间为 140 s，整个试验过程中每隔 10 s 拍照 1 次（图 1-2）。按照测量原理与方法 [式（1-1）~式（1-3）]，本试验中，$n = 14$，$t = 10$ s，$T_1 = 0$ s，$T_2 = 10$ s，$T_n = 130$ s，$T_{n+1} = 140$ s。选取如图 1-2 所示时间点的影像提取 DEM，对比分析坡面有、无径流 2 种情况下的细沟和细沟水流特征，其中，T_1 和 T_{15} 时刻为坡面无径流的时刻，T_2~T_{14} 时刻为坡面有径流的时刻。

为了形成更接近真实情况的细沟，本试验设计了前期预试验，即在正式试验开始前先将坡度调至 15°，率定上方汇流量，用 2.0 L/min 的汇流量对试验土槽坡面进行冲刷，待坡面细沟沟头溯源侵蚀结束并形成发育完好的细沟沟槽后（图 1-3），再开始正式模拟径流试验。

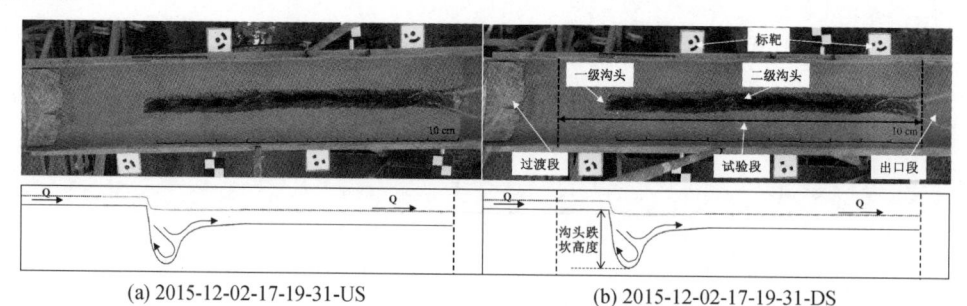

(a) 2015-12-02-17-19-31-US　　　　(b) 2015-12-02-17-19-31-DS

图 1-3　立体摄影测量相机同时拍摄的一组影像和沟头纵剖面示意图

（a）、（b）标题代表影像拍摄的年-月-日-时-分-秒，US 和 DS 分别代表试验土槽的上部和下部，下同

1.2 试验材料与步骤

1.2.1 试验材料与设备

供试土壤为黄土高原丘陵沟壑区安塞县的耕层黄绵土，其中黏粒、粉粒与砂粒质量分数分别为 13.6%、58.1%和 28.3%，土壤有机质质量比为 5.9 g/kg。供试土槽长 200 cm、宽 30 cm、深 50 cm，一端可升降，坡度调节范围是 0°~25°；上方有恒定水头供水装置，通过调节水阀开度控制汇流量大小，流量调节范围为 0~10 L/min；在坡长 70 cm、120 cm 处的土槽正上方（1.5 m 高）平行架有 2 台能手动对焦的数码照相机（Canon EOS 5D Mark II）（图 1-3）。

1.2.2 试验步骤

（1）试验土槽填土。试验土槽深 50 cm，其中 0~20 cm 装填细沙，20~40 cm 装填黄绵土，装土容重为 1.15 g/cm³，每 5 cm 填装一层；在装上层土之前，先扒松下层土壤表面，以减少土壤分层现象。其中，在装表层 5 cm 黄绵土时，需在坡长 170 cm 处放置一个 5 cm 高的挡板，仅在挡板的上方坡面装填黄绵土，目的是建造锥形沟头，以使细沟从沟头向坡面上部溯源直至土槽顶端，形成发育良好的细沟（Wells et al.，2010）。在完成试验土槽装土后，小心将 0~30 cm 坡长处的表层 10 cm 土壤取出，混以水泥（水泥和土的质量比为 5：2），然后回填坡面，其目的是减少上方汇流对坡顶过渡段的非正常冲刷。

（2）为保证试验前期土壤条件的一致性并使混有水泥的土壤表面充分凝固，正式试验的前一天将土槽坡度调至 3°，采用 30 mm/h 降雨强度进行预降雨至坡面产流为止。预降雨结束后，将试验土槽调平（0°），静置 10 h，以使土壤表面形成结皮（Wells et al.，2009）。

（3）正式试验开始前在土槽上方同一高度架设 2 台数码相机，设置影像的拍摄规格为 RAW，分辨率设置为相机的最大分辨率（2720×4080 像素），调节照相机的方向并使拍摄角度与坡面始终保持垂直；调节相机场景模式至"M 手动"，使光圈最大、ISO 感光度最低、快门速度适中，然后对焦，待图像清晰后将对焦模式设置成手动，并确保 2 台相机在整个试验过程中的焦距始终不变。

（4）在试验土槽四周设置 8 个黑白标靶，使标靶与试验土槽土壤表面保持平行，并保证任意 5 个标靶不在同一条直线上，试验前用全站仪测量每一个标靶的相对位置，以保证后期影像的拼接精度。

（5）进行预模拟径流试验，使锥形沟头溯源至过渡段末端，得到发育良好的细沟沟槽；然后调整土槽坡度，率定上方汇流量，当率定流量与设计目标流量（2 L/min）的相对误差小于 2%时即可开始正式试验。

（6）试验开始后即连续采集径流泥沙样，为使径流泥沙样的取样时间与拍照时间间隔一致，设计每个径流泥沙样的接样时间为 10 s；在拍照间隙，用钢尺分别循环测量细沟的宽度、深度和细沟水流的宽度、深度。

（7）冲刷结束后将径流泥沙样静置 12 h，去除径流泥沙样的上层清液，在烘箱内（105℃）烘干至恒重，然后计算径流量和侵蚀量。

1.2.3 数据处理

数据处理步骤包括标靶设置、图像拼接、空间校准、点云生成、降噪、DEM 生成及空间分析等。

1.3 试验结果与分析

1.3.1 无径流条件下坡面细沟形态特征

T_1 和 T_{15} 时刻是上方暂停供水的时刻，这 2 个时刻的坡面细沟形态特征参数是后续计算的基准，因此获取这 2 个时刻的坡面细沟形态特征将为用内插法计算任意时刻下细沟深度等其他形态特征指标提供基础数据。试验结果表明（表 1-1），T_1 和 T_{15} 时刻下 2 个试验坡度的细沟深度均随坡长的增加总体上呈增加趋势，细沟宽度随坡长均呈先增加后减小的趋势；在 15°坡度处理下坡长 74 cm 处，细沟深度比其相邻断面的细沟深度大，其原因为细沟内出现了新的二级下切沟头，二级沟头的出现能加快沟底下切侵蚀速率（Qin et al.，2018c）。经过 120 s 的径流冲刷，在 15°和 20°坡度下，细沟深度分别平均增加 1.16 cm 和 1.96 cm，细沟宽度分别平均增加 0.64 cm 和 0.80 cm，20°坡度下细沟宽度和深度的增加速率分别是 15°坡度下的 1.7 倍和 1.3 倍。2 个坡度下，下坡段（108～159 cm 坡长）细沟平均宽度的增加量大于上坡段（40～91 cm 坡长），而细沟平均深度在上、下坡段的增加量差别不明显。

表 1-1 T_1 和 T_{15} 时刻下细沟的真实深度和宽度

S_D/(°)	S_L/cm	T_1 时刻 H_1/cm	T_1 时刻 W_1/cm	T_{15} 时刻 H_{15}/cm	T_{15} 时刻 W_{15}/cm	ΔH/cm	ΔW/cm
15	142	6.45	7.33	7.37	8.08	0.92	0.75
	108	5.41	8.61	6.32	9.29	0.91	0.68
	74	5.78	7.08	6.58	7.60	0.80	0.52
	40	1.50	6.31	2.98	6.64	1.48	0.33
20	142	6.27	8.32	7.94	9.49	1.67	1.17
	108	5.06	8.17	7.20	9.28	2.14	1.11
	74	4.02	10.06	5.60	10.60	1.58	0.54
	40	1.01	8.58	2.75	8.80	1.74	0.22

注：表中 S_D 为坡度；S_L 为坡长；H 为细沟真实深度；W 为细沟宽度；ΔH 为细沟深度增加值；ΔW 为细沟宽度增加值，下同。

1.3.2 有径流条件下坡面细沟形态特征

在坡面有径流存在的情况下，现有测量方法如测尺法和三维激光扫描法均较难快速、准确剔除径流因素的影响并准确获取某一时刻细沟深度的变化情况。运用立体摄影测量技术，在试验过程中控制 2 台相机同时曝光，通过生成 DEM 获得的细沟深度为细沟的表征深度 h，表征深度 h 与细沟的真实深度 H 之间存在一个径流深的差值 d，运用 1.1.2 节中计算的无径流条件下细沟的真实深度进行内插，即可得到有径流条件下不同时间和坡长处的细沟真实深度 H（表 1-2）。结果表明，细沟的真实深度和宽度均随试验历时的增加（由 T_2 时刻变化到 T_{14} 时刻）而增加，这较好地模拟了黄土坡面细沟发育过程中坡面侵蚀形态的变化过程（韩鹏等，2002）；细沟宽度随试验历时的变化呈非线性（nonlinear curve fit）增加，这可归因于细沟沟壁崩塌具有随机性和不确定性的特点（Wells et al.，2013；Qin et al.，2018a；2018b；2019a）。在 2 个坡度处理下，细沟的真实深度随坡长的增加总体上呈增加趋势，细沟宽度随坡长则呈先增加后减小的趋势。

表 1-2　T_5、T_8、T_{11} 时刻下计算的细沟真实深度和细沟宽度

S_D/(°)	S_L/cm	T_5 时刻 H_5/cm	W_5/cm	T_8 时刻 H_8/cm	W_8/cm	T_{11} 时刻 H_{11}/cm	W_{11}/cm
15	142	6.68	7.65	6.91	7.71	7.14	8.07
	108	5.64	8.74	5.87	8.93	6.09	9.08
	74	5.98	7.25	6.18	7.33	6.38	7.44
	40	1.87	6.39	2.24	6.58	2.61	6.55
20	142	6.69	8.66	7.11	8.91	7.52	9.46
	108	5.60	8.40	6.13	8.73	6.67	8.99
	74	4.42	10.18	4.81	10.33	5.21	10.58
	40	1.45	8.60	1.88	8.69	2.32	8.73

1.3.3　有径流条件下坡面细沟水流特征

试验结果表明，运用立体摄影测量技术获取坡面细沟水流形态特征参数，可使细沟水流宽度和深度的测量精度达到毫米级且避免了对坡面的人为扰动。由表 1-3 可知，与细沟真实深度的变化规律相同，细沟表征深度随坡长总体上也呈增加趋势。2 个坡度处理下，随着坡长的增加，坡面细沟水流宽度逐渐减小（表 1-3）。造成这种现象的原因一是下坡段的流速大于上坡段流速（15°和 20°坡度处理下，下坡段流速分别比上坡段大 38.3%~41.9% 和 35.4%~38.7%）；二是上坡段的径流比较分散，下坡段径流相对集中，这可以归因于随着坡长的增加，细沟宽度和深度大体上均呈增加趋势（表 1-2），但细沟深度的增加速率远大于细沟宽度，从而导致上坡段细沟呈"宽浅型"，而下坡段细沟呈"窄深型"。细沟水流深度随坡长无明显变化规律。就坡面细沟水流的平均宽度和深度而言，15°坡度下细沟水流宽度略大于 20°坡度下的细沟水流宽度，偏大幅度为 1.7%~13.1%，而细沟水流深度在 2 个坡度下差别不明显。

表 1-3　T_2、T_5、T_8、T_{11}、T_{14} 时刻下细沟表征深度、计算的细沟水流深度和细沟水流宽度

S_D/(°)	S_L/cm	T_2 时刻 h_2/cm	d_2/cm	w_2/cm	T_5 时刻 h_5/cm	d_5/cm	w_5/cm	T_8 时刻 h_8/cm	d_8/cm	w_8/cm	T_{11} 时刻 h_{11}/cm	d_{11}/cm	w_{11}/cm	T_{14} 时刻 h_{14}/cm	d_{14}/cm	w_{14}/cm
15	142	6.28	0.17	1.66	6.50	0.18	1.77	6.72	0.19	1.73	6.93	0.21	1.85	7.15	0.22	1.76
	108	5.29	0.12	2.85	5.49	0.15	2.69	5.72	0.15	2.64	5.91	0.18	2.55	6.13	0.19	2.89
	74	5.60	0.18	3.25	5.78	0.20	3.10	5.97	0.21	3.19	6.16	0.22	3.29	6.36	0.22	3.16
	40	1.38	0.12	4.43	1.74	0.13	3.69	2.09	0.15	3.58	2.46	0.15	3.40	2.79	0.19	3.32
20	142	6.12	0.15	1.64	6.53	0.17	1.66	6.95	0.16	1.64	7.35	0.17	1.66	7.77	0.17	1.64
	108	4.88	0.18	2.38	5.43	0.17	2.40	5.96	0.17	2.46	6.48	0.19	2.28	7.02	0.18	2.21
	74	3.85	0.17	3.01	4.26	0.17	3.15	4.64	0.17	3.20	5.03	0.17	3.17	5.40	0.20	3.01
	40	0.83	0.18	3.75	1.26	0.19	3.66	1.68	0.20	3.42	2.11	0.21	3.79	2.54	0.21	3.64

注：表中 h 为细沟表征深度；d 为计算的细沟水流深度；w 为细沟水流宽度，下同。

1.4 讨 论

立体摄影测量技术通过 2 台数码相机在同一时刻拍摄的两幅影像,基于两幅影像交叉重叠的部分提取高精度 DEM,只需 2 台能手动对焦的普通单反相机即可实现对坡面微地形的实时精确测量,对被测物体的表面形态进行三维分析,具有速度快、精度高、非接触和有效克服遮挡等特点。由于目前还没有比较准确的测量动床条件下坡面细沟和细沟水流参数的方法,因此本研究在进行立体摄影测量的同时,还进行了传统的手工测量(测尺法),以期对比分析 2 种方法的异同。试验结果表明,立体摄影测量法与测尺法所测的细沟长度分别为 163.6 cm 和 164.0 cm,细沟深度、宽度和细沟水流深度、宽度随坡长和坡度均有相同的变化规律(表 1-4),说明立体摄影测量技术所测的数据是准确可靠的。与传统测量手段和三维激光扫描技术相比,立体摄影测量技术在刻画地表微地形、获取地面真实形态和测量坡面薄层水流参数方面有如下特点。

表 1-4 人工测尺法和立体摄影法测量的细沟深度、宽度和细沟水流深度、宽度

S_D / (°)	S_L/cm	测量方法	H 平均值/cm	H 标准差	W 平均值/cm	W 标准差	d 平均值/cm	d 标准差	w 平均值/cm	w 标准差
15	108	测尺	6.0	0.41	9.0	0.47	0.4	0.05	3.2	0.32
		摄影	5.81	0.39	8.89	0.30	0.16	0.03	2.72	0.14
	74	测尺	6.4	0.48	7.3	0.27	0.4	0.04	3.3	0.22
		摄影	6.13	0.34	7.32	0.22	0.21	0.02	3.20	0.07
20	108	测尺	6.3	1.08	8.7	0.52	0.3	0.05	2.7	0.23
		摄影	6.00	0.91	8.64	0.48	0.18	0.01	2.35	0.10
	74	测尺	5.0	0.76	10.4	0.26	0.4	0.05	3.4	0.22
		摄影	4.71	0.67	10.29	0.23	0.18	0.02	3.11	0.09

(1)速度快,立体摄影测量法获取一次坡面形态的时间小于 1 s,远小于三维激光扫描仪扫描坡面以及用测针板或钢尺人工测量坡面形态所需的时间,可以用于沟壁崩塌前的裂隙观测及滑坡侵蚀等发生发展迅速的侵蚀地貌演变过程监测。

(2)精度高,传统测量手段仅能达到厘米级精度,且所得重复数据之间的相对误差均大于立体摄影法的相对误差(表 1-4),三维激光扫描虽能达到毫米级精度,但受测量距离及角度的影响,扫描所得的点云密度不一,一般会呈现近密远疏的情况,立体摄影测量技术不仅能获得密度相对均一的点云数据且均能达到毫米级精度。

(3)非接触,立体摄影测量技术与三维激光扫描技术一样,都是非接触式测量方法,从而有效避免传统测量方法可能对坡面造成的扰动。

(4)有效克服沟壁遮挡的影响,立体摄影测量技术通过正射影像获取点云数据,能将弯曲的细沟沟底形态和洼地准确表达建模,减少遮挡"黑洞"的出现。

(5)立体摄影测量技术克服了人工目视观测带来的误差,通过毫米级精度影像生成的

DEM，可以直接精确量取坡面流的宽度，计算流深；2 种方法所测的细沟宽度与细沟水流宽度的相对误差分别为 0.2%~0.7%和 2.6%~16.0%。细沟深度与细沟水流深度虽有相同的变化趋势，但与立体摄影法相比，通过人工测尺法测量得到的细沟深度和细沟水流深度均偏大，偏大幅度分别为 3.3%~5.1%、91.0%~178.5%（表 1-4），这与 Vinci 等（2015）的研究有类似的结论，他们指出人工测量法比三维激光扫描法在估算细沟侵蚀量上偏大 15%。分析其原因，这主要与人工俯视读数有关，特别是在测量细沟水流深度时，测针或者钢尺插入含沙浓度较大的细沟水流内，较难控制插入的深度，会对细沟水流形成阻碍，使钢尺刻度无法看清且钢尺上方的水深明显偏大，因此，在运用测尺法测量细沟和细沟水流深度时，需要对原始读数进行相应的修正。

（6）通过无径流时刻地表真实形态的获取，能用内插法准确计算浑浊含沙水流的深度及相应时刻的细沟深度。

综上所述，立体摄影测量技术较好地解决了坡面土壤侵蚀过程中下垫面形态变化迅速这一动床条件下细沟深度和含沙水流深度的精确测量问题，为坡面细沟和细沟水流参数快速、准确测量提供了一种有效方法。然而，立体摄影测量技术受影像拍摄角度、光照条件变化、相机参数设置和土壤含水量等下垫面条件变化的影响，所得测量数据需与其他方法进行比对和校准。此外，这里的研究成果是在假定一段相对较短时间内，细沟深度呈线性变化的基础上获得，且仅限于上方汇流条件下单条细沟和细沟水流形态特征参数的测量，今后研究可继续探索在模拟降雨条件下坡面存在多条细沟时的测量方法。

1.5 结　　语

基于立体摄影测量技术，采用人工模拟径流试验，提出了动床条件下坡面细沟长度、宽度、深度以及细沟水流宽度、深度的测量方法，分析了 15°和 20°坡度处理下坡面细沟形态和细沟水流参数特征，探讨了立体摄影测量技术与其他测量方法在细沟形态及细沟水流特征参数测量方面的异同。主要研究结论如下。

（1）在坡面无径流条件下，基于立体摄影测量技术提取的高精度 DEM，能直接准确测量细沟的长度、宽度和深度；在坡面有径流条件下，通过立体摄影测量影像可以直接量取细沟长度、宽度和细沟水流宽度；运用内插法，基于细沟真实深度、细沟水流深度和细沟表征深度三者之间的关系，立体摄影测量技术能较准确地测量细沟深度和细沟水流深度的实时动态变化。

（2）与通过立体摄影测量技术获得的细沟形态和细沟水流特征相比，通过测尺法测量得到的细沟深度和细沟水流深度均不同程度偏大，细沟宽度和细沟水流宽度虽然差别不大，但测尺法的测量数据精度较低，重复性较差，相对误差均大于立体摄影测量法。

（3）随坡长的增加，细沟深度逐渐增大，细沟水流深度则无明显变化规律，细沟宽度先增大后减小，细沟水流宽度逐渐减小；20°坡度下细沟宽度和深度的增加速率分别是 15°坡度下的 1.7 倍和 1.3 倍，15°坡度下细沟水流的宽度比 20°坡度下的细沟水流宽度大 1.7%~13.1%，而水流深度差别不大。

参 考 文 献

韩鹏，倪晋仁，李天宏. 2002. 细沟发育过程中的溯源侵蚀与沟壁崩塌. 应用基础与工程科学学报，10（2）：115-125.

胡文生，蔡强国，陈浩. 2004. 摄影测量技术在土壤侵蚀研究中的应用. 水土保持研究，11（4）：150-153.

覃超，何超，郑粉莉，等. 2018. 黄土坡面细沟沟头溯源侵蚀的量化研究. 农业工程学报，34（6）：160-167.

覃超，吴红艳，郑粉莉，等. 2016. 黄土坡面细沟侵蚀及水动力学参数的时空变化特征. 农业机械学报，47（8）：146-154，207.

覃超，郑粉莉，徐锡蒙，等. 2015. 玉米秸秆缓冲带防治黄土坡面细沟侵蚀的效果. 中国水土保持科学，13（1）：35-42.

施明新，李陶陶，吴秉校，等. 2015. 地表粗糙度对坡面流水动力学参数的影响. 泥沙研究，（4）：59-65.

徐锡蒙，郑粉莉，吴红艳，等. 2015. 玉米秸秆覆盖缓冲带对细沟侵蚀及其水动力学特征的影响. 农业工程学报，31（24）：111-119.

张姣，郑粉莉，温磊磊，等. 2011. 利用三维激光扫描技术动态监测沟蚀发育过程的方法研究. 水土保持通报，31（6）：89-94.

周佩华，徐国礼，鲁翠瑚，等. 1984. 黄土高原的侵蚀沟及其摄影测量方法. 水土保持通报，（5）：38-43.

郑粉莉，唐克丽，周佩华. 1989. 坡耕地细沟侵蚀影响因素的研究. 土壤学报，26（2）：109-116.

朱良君，张光辉，胡国芳，等. 2013. 坡面流超声波水深测量系统研究. 水土保持学报，27（1）：235-239.

朱显谟. 1956. 黄土区土壤侵蚀的分类. 土壤学报，4（2）：99-116.

Berger C，Schulze M，Rieke-Zapp D，et al. 2010. Rill development and soil erosion：A laboratory study of slope and rainfall intensity. Earth Surface Processes and Landforms，35（12）：1456-1467.

Carson M A，Kirkby M. 1972. Hillslope Form and Process. New York：Cambridge University Press：475.

Eltner A，Baumgart P，Maas H，et al. 2015. Multi-temporal UAV data for automatic measurement of rill and interrill erosion on loess soil. Earth Surface Processes and Landforms，40（6）：741-755.

Frankl A，Stal C，Abraha A，et al. 2015. Detailed recording of gully morphology in 3D through image-based modelling. Catena，127：92-101.

Merritt E. 1984. The identification of four stages during micro-rill development. Earth Surface Processes and Landforms，9（5）：493-496.

Milan D J，Heritage G L，Hetherington D. 2007. Application of a 3D laser scanner in the assessment of erosion and deposition volumes and channel change in a proglacial river. Earth Surface Processes and Landforms，32（11）：1657-1674.

Momm H G，Wells R R，Bingner R L. 2015. GIS technology for spatiotemporal measurements of gully channel width evolution. Natural Hazards，79（S1）：97-112.

Parker G，Izumi N. 2000. Purely erosional cyclic and solitary steps created by flow over a cohesive bed. Journal of Fluid Mechanics，419：203-238.

Qin C，Wells R R，Momm H G，et al. 2019a. Photogrammetric analysis tools for channel widening quantification under laboratory conditions. Soil and Tillage Research，191：306-316.

Qin C，Zheng F，Wilson G V，et al. 2019b. Apportioning contributions of individual rill erosion processes and their interactions on loessial hillslopes. Catena, 181: 104099.

Qin C, Zheng F, Wells R R, et al. 2018a. A laboratory study of channel sidewall expansion in upland concentrated flows. Soil and Tillage Research, 178: 22-31.

Qin C, Zheng F, Xu X, et al. 2018b. A laboratory study on rill network development and morphological characteristics on loessial hillslope. Journal of Soils and Sediments, 18: 1679-1690.

Qin C, Zheng F, Zhang J X, et al. 2018c. A simulation of rill bed incision processes in upland concentrated flows. Catena, 165: 310-319.

Vinci A, Brigante R, Todisco F, et al. 2015. Measuring rill erosion by laser scanning. Catena, 124: 97-108.

Wells R R, Alonso C V, Bennett S J. 2009. Morphodynamics of headcut development and soil erosion in upland concentrated flows. Soil Science Society of America Journal, 73(2): 521-530.

Wells R R, Bennett S J, Alonso C V. 2010. Modulation of headcut soil erosion in rills due to upstream sediment loads. Water Resources Research, 46(12): 1-16.

Wells R R, Momm H G, Bennett S J, et al. 2016. A measurement method for rill and ephemeral gully erosion assessments. Soil Science Society of America Journal, 80(1): 203.

Wells R R, Momm H G, Rigby J R, et al. 2013. An empirical investigation of gully widening rates in upland concentrated flows. Catena, 101: 114-121.

第 2 章 坡面细沟侵蚀过程的自动监测与数据处理

细沟侵蚀过程复杂多变且具有不确定性，导致传统手工测量细沟形态和细沟水流参数（见注释专栏 2-1）的方法难以满足研究者准确、实时、高效获取下垫面形态变化的需求（沈海鸥等，2015）。三维激光扫描法虽然精度高且测量速度相对较快，但因其价格昂贵，使许多研究者对其望而却步。遥感和摄影测量等技术在土壤侵蚀领域的成功运用不仅提高了研究人员准确获取细沟形态的效率，还大大节省了试验开支。然而，上述方法数据量庞大，仅靠研究人员手工操作获取数据并进行处理不仅费时费力，还容易造成二次误差（Momm et al.，2015；Wells et al.，2016；Qin et al.，2019）。为此，开发一套细沟侵蚀过程的自动监测及数据处理系统就显得尤为必要。

> **注释专栏 2-1**
>
> **细沟水流参数**
>
> 坡面薄层水流塑造了细沟和细沟间两种侵蚀形态，在细沟沟槽内流动的细沟水流作为坡面细沟形成后的重要径流形式，是沟头溯源、沟底下切和沟壁崩塌的主要侵蚀动力（蔡强国等，2004）。细沟水流参数包括水力学参数和水动力学参数，其中，水力学参数包括流宽、流深、流速、水力半径、水流阻力系数、雷诺数和弗劳德数等，水动力学参数包括径流剪切力、径流功率和单位径流功率等。
>
> 细沟水流宽度和深度是计算其他水动力学要素，如雷诺数、弗劳德数和径流剪切力、径流功率的基础，其与流速、流量和水力半径等水力学参数密切相关（Zhang et al.，2003；DE Lima and Abrantes，2014）。然而，由于细沟水流具有流速快、流深浅、含沙浓度大等特点，导致动床条件下实时动态监测细沟水流宽度和深度相当困难。由于坡面细沟水流的宽度和深度均在毫米级到厘米级，致使河流中常用的测深杆法、超声波法和红外光法等测量方法均不适用于坡面流的测量（朱良君等，2013）。因此，目前坡面细沟水流宽度和深度的测量大多仍采用人工直接测量，测量工具包括钢尺、游标卡尺和水位测针，以及通过流速测量反推流深的间接测量。然而，直接测量不但有人为误差，更重要的是测量工具对坡面径流场扰动较大，而间接测量又受流速测量精度影响，且容易产生二次计算误差。因此，本书的第 1 章和第 2 章分别提出了基于立体摄影测量技术和超声波测距原理的细沟水流参数的非接触测量方法。

本章利用人工模拟径流试验，基于立体摄影测量技术和超声波测距原理，采用 Linux 操作系统控制 2 台相机同时曝光，以沟壁扩张侵蚀过程为例，建立细沟侵蚀过程中细沟宽度和细沟水流参数动态变化的实时自动监测方法；利用 Matlab 的编程功能和 ArcGIS 的三维分析功能，以人工精准测量为基准，对比单幅图像法、双图像色差法和双图像 DEM 法等 3 种方法量算细沟宽度的优劣（图 2-1）。

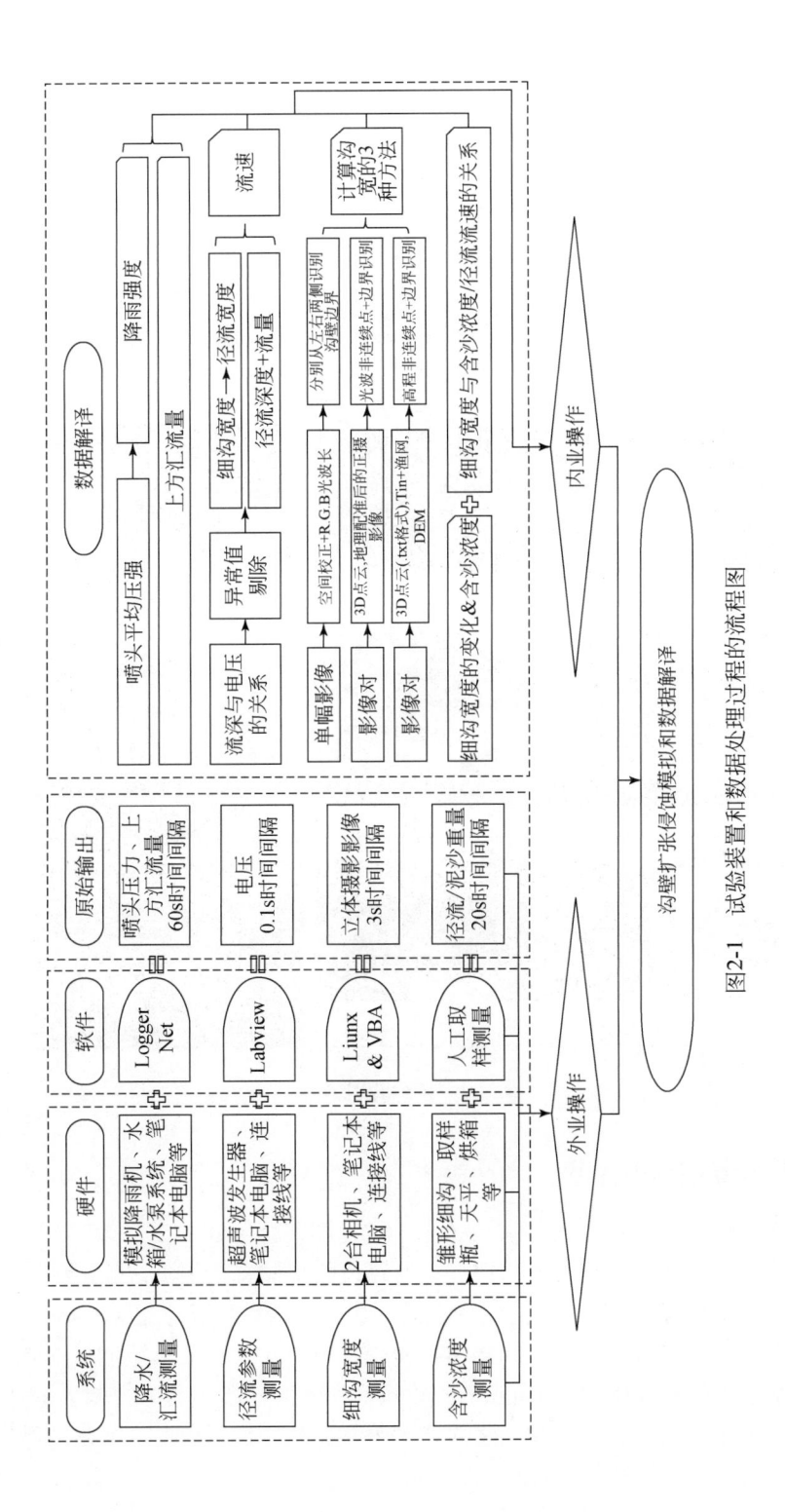

第 2 章　坡面细沟侵蚀过程的自动监测与数据处理

图2-1　试验装置和侵蚀模拟和数据解译过程的流程图

2.1 数据采集系统

2.1.1 摄影测量影像采集系统

立体摄影测量影像采集系统包括笔记本电脑、2 台可以定焦的数码相机、连接线及相应的配套软件（图 2-1、图 2-2）。在 Linux 操作系统框架下编写应用程序以控制 2 台相机同时曝光并设置曝光时间间隔。试验所用相机型号为尼康 D7000（Nikon Inc.，Melville，NY，USA）。两根 USB 线将相机与笔记本电脑相连，由于传输距离和存储速度的限制，相机曝光的最短时间间隔为 2 s。

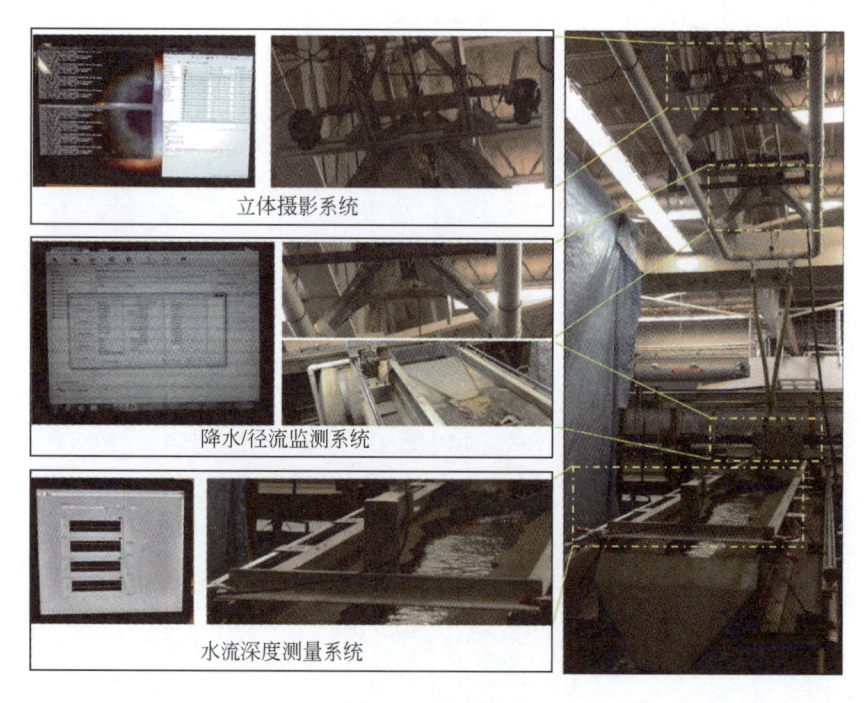

图 2-2 试验装置

2.1.2 细沟侵蚀模拟系统

试验土槽长 3.89 m，宽 0.61 m，深 0.30 m，坡度调节范围 0~12%，调节步长 0.1%，底部设有排水装置（图 2-2）。在土槽出口处设有径流收集装置，用于试验过程中的径流泥沙样品采集。供试土壤为美国密西西比河中下游平原常见的砂质黏壤土（atwood），在美国土壤分类标准中属于 *Typic Paleudalfs*（USDA NRCS，1999）。该土壤色暗且偏砖红色、埋藏深度大，透水性一般，砂粒（>50 μm）、粉粒（2~50 μm）和黏粒（<2 μm）含量分别为 46%、35% 和 19%。装填试验土槽之前需对土壤样品进行预处理，主要过程包括：去除土壤中的杂质（大块有机物、碎石），烘干（50~60℃），粉碎，过筛（4 mm）等。预处理过后的土壤含水量为 2.5%±0.5%。

2.1.3 模拟降雨和模拟径流系统

模拟降雨系统由 3 个喷头和水循环装置组成（Meyer and Harmon，1979），降雨强度通过调节喷头供水压强和喷头摆动时间间隔控制（图 2-1、图 2-2）。为获得 21 mm/h 的预降雨强度，本试验保持喷头压强不变（6.0±0.2 MPa），喷头摆动的时间间隔为 6 s。模拟上方汇流系统包括水箱、水泵、压强监测系统和粗、细双调节阀门（Wells et al.，2013；Qin et al.，2019）。上述两套系统共用一台笔记本电脑和配套软件（LoggerNet 4.2.1，Campbell Scientific Incorporation）以完成降雨强度和汇流强度的实时动态监测。喷头的压强数据和流量数据可从电脑端实时获取并自动记录，数据记录的时间间隔为 1 min，所有记录数据均能以.xls 文件格式导出，供研究者进行后续处理。

2.1.4 径流深度测量系统

超声波径流深度测量系统包括 1 台电脑、2 个超声波发射器和配套软件（图 2-1、图 2-2）。超声波发射器与电脑通过数据转换盒连接，控制软件为 Labview 7.1（National Instruments Corp.，Austin，TX，USA），编程语言为 Labview 支持的图形化语言。超声波发射器可设置的最小声波发射间隔是 1 ms，返回的声波信号通过.dat 文件记录，存储信息包括：时间、上坡位电压（upstream voltage）、下坡位电压（downstream voltage）和字符串电压（string pot voltage）。

2.2 数据采集过程

2.2.1 细沟实体模型构建

在 Wells 等（2013）构建细沟实体模型方法的基础上，这里对该方法进行了改进，具体如下。

（1）试验土槽填土：在土槽底部排水系统上方铺一层高透水性纱布，以隔离排水管道与土壤；分层装填土槽，每层的装填厚度为 0.03 m，用土 75 kg，共装填土层厚度为 0.15 m；每装填一层土壤均在土层上方用一个安装有 3 个马达且与试验土槽规格一致的木质平板振荡器进行震荡，时长 5 min。

（2）不易侵蚀层的建造：将土壤与水泥粉末以 5∶1 的比例均匀混合，用孔径为 1 mm 筛子将混合物均匀撒在土壤表面，厚度约 0.01 m，该层模拟的是自然条件下由于人为耕作形成的犁底层；为使该层达到一定的硬度，需进行 1 h 的预降雨并控制降雨强度为 21 mm/h，待坡面积水完全入渗后，用振荡器震荡 12 min，再用风扇加快该层表面的空气流动 24 h。

（3）细沟沟槽模型的建造：当不易侵蚀层完全干透后，将铝制细沟沟槽模型（2.5 m 长、0.04 m 宽、0.04 m 深且一端开口）置于土槽中央，在模型两侧装填土壤，装填高度以土槽出口处的内凹型边缘为基准（内凹弧的半径为 2 m，从沟槽模型中央到土槽边缘的高度差为 0.02 m），震荡 5 min 后用刮板刮平，在表面均匀撒上粒径小于 0.5 mm 的极细土壤，然后静置 12 h（图 2-3）。调整土槽坡度至 5%，进行降雨强度为 21 mm/h，历时 3 h 的第二次预降雨。第二次预降雨的目的是通过雨滴打击使疏松的土壤表面变得紧实，且土壤表层水分分布均匀。第二次预降雨结束后立即将铝制细沟沟槽模型缓慢拉出，并用特制涂料（Rust-Oleum truck bed coating①）喷涂土槽上部土壤与巴歇尔堰的连接处，用风扇加快土槽表面的空气流动 50 min 后方可进行正式的模拟径流试验。

图 2-3　细沟沟槽模型

2.2.2　摄影测量标靶布设

结合 PhotoModeler Scanner 软件（2017.0.1 version，Eos Systems Inc.，Vancouver，Canada）对试验标靶的布设要求，这里对 Wells 等（2013）在沟壁扩张侵蚀试验中采用的摄影测量方法进行了改进，即在土槽两侧固定 10 个与土壤表面平行的标靶 [图 2-4、图 2-5（a）]。为获取每一个标靶的三维坐标（x，y，z），用精度为 1 mm 的钢尺分别测量两两标靶中心点之间的距离，将土槽左下角标靶的相对坐标设置为（100，100，100），其余标靶的相对坐标即可通过标靶间的相对距离计算得到（图 2-4）。测量距离与核验距离的误差为-1.63～0.55 mm，达到了令人满意的精度。与第 1 章用全站仪测量标靶坐标的方法相比，本章所述方法具有操作便捷、费用低和省时省力等优点。

2.2.3　摄影测量影像拍摄

本研究运用立体摄影测量技术定量获取细沟两侧土壤表面的微小形变及细沟宽度随时间的变化规律。在坡长 150 cm 处距土壤表面 3 m 的降雨机支架上，架设 2 台尼康（D7000）相机（图 2-1、图 2-2），根据 PhotoModeler Scanner 软件的标准程序对 2 台相机进行参数率定，以使相机能充分适应实验室条件下的特定光照强度和反射率，且保证整个试验过程中的光照强度不变。微调 2 台相机的角度，使它们拍摄的影像与土槽表面保持平行并最大限度重叠，然后进行试验前的相机参数设定与曝光设置。

---

① 制造商：Rust-Oleum Corporation, 11 Hawthorn Pkwy., Vernon Hills, IL, USA, 60061

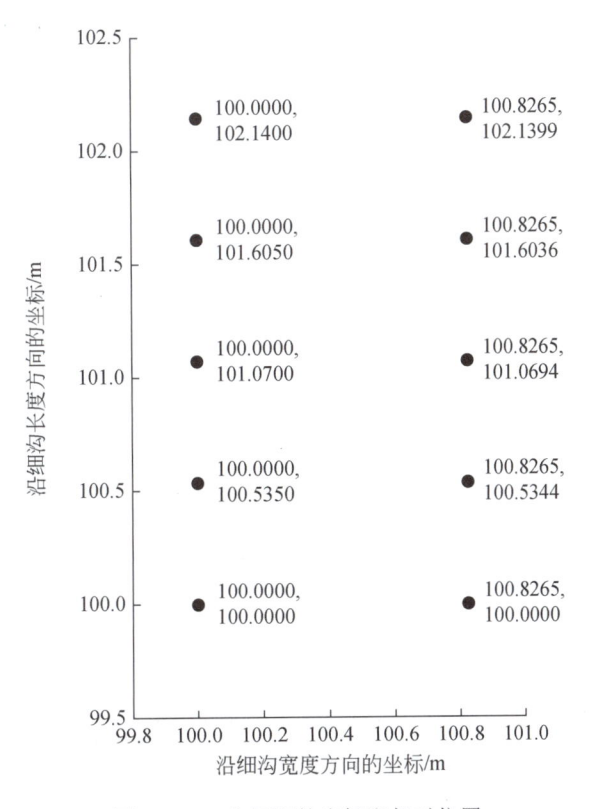

图 2-4 10 个标靶的坐标和相对位置

（1）设置拍摄的影像类型为 RAW，分辨率为相机的最大分辨率（4928×3264 像素，300×300 dpi）。

（2）选择自动对焦模式（AF），轻按曝光键使镜头对焦，然后将曝光模式设置为手动（MF），具体参数设置如下：f/2.8 光圈、800 ISO、1/60 s 快门、20 mm 焦距。

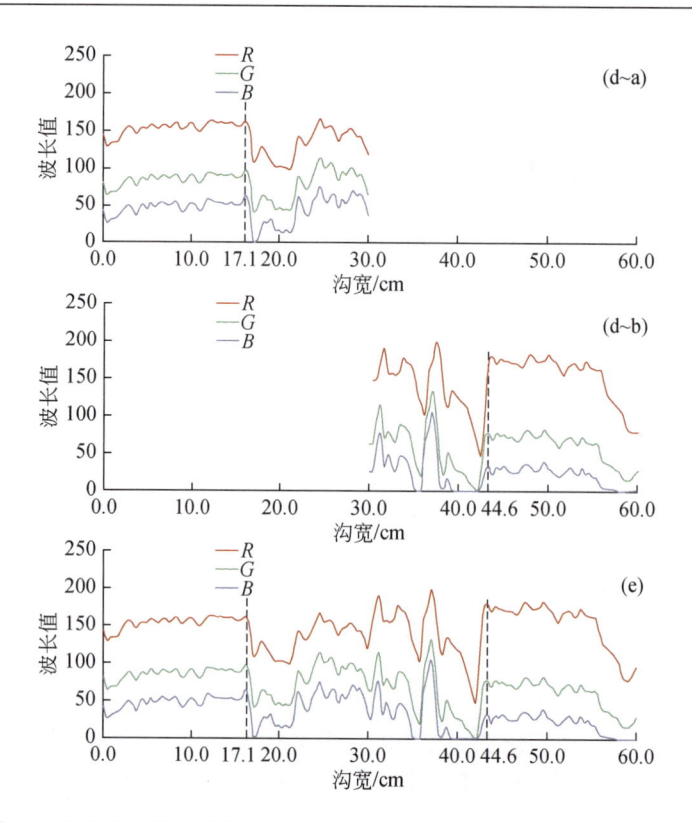

图 2-5　试验过程中同时拍摄的一组影像[（a），（b）]；空间校正后用于颜色分析的影像[（c～a）、（c～b）]；用于提取间断点的单幅影像光谱图（红、绿、蓝），分别从土槽的左侧[（d～a）]和右侧拍摄[（d～b）]；左右光谱合并后的光谱图（e）

（3）由于相机存储卡容量有限，为使拍摄的影像通过正确的端口实时传输至电脑硬盘，在命令窗口中输入"gphooto2-auto-detect"以使系统自动分配端口，然后设置曝光间隔时间为 3 s。

（4）在命令窗口输入"./triger-A.sh"和"./triger-B.sh"使 2 台相机开始同时曝光。

（5）试验结束后将影像导入 PhotoModeler 软件，然后进行影像数据的内业处理（图 2-1）。

2.2.4　坡面水流深度和径流泥沙数据的获取

试验设计上方汇流量为 1.08 L/s，试验过程中用 0.5 L 的玻璃瓶采集径流泥沙样以获取径流含沙浓度，采样时间间隔为 20 s。试验过程中采集径流泥沙样后即实时称量，然后静置 24 h，去除上层清液后置于 105℃烘箱，烘干 24 h 后再次称量（图 2-1）。分别在试验土槽上部和下部安装一个超声波距离探测仪（TS-30S1-IV，Senix Co.，TV，USA），两者相距 150.5 cm，用来测量集中水流的深度，探测仪探头发射超声波的时间间隔为 10 ms（图 2-1、图 2-2）。试验结束后，分别用环刀在试验土槽中部的细沟左岸和右岸测定土壤容重。

为进行立体摄影测量影像数据处理，以研究区域（2 个超声波发射器之间的坡面）右上角的像素为原点（0，0，0）重新定义一个新的坐标系统[图 2-5（c～a）]。在模拟径流试验结束后取土壤容重样之前，用 1 mm 精度钢尺以 5 cm 为测量间隔量取细沟宽度（0～150.5 cm 坡长），并将其与立体摄影测量法测量的细沟宽度进行对比。

2.3 数据处理方法

2.3.1 影像数据处理过程

立体摄影测量影像处理有 3 种方法，其中 2 种基于影像每个像素点可见光（红、绿、蓝）波段的突变点，提取影像中的不连续点，从而确定细沟沟壁的位置；另一种则是基于沟壁和沟底的高度差来确定细沟沟壁的位置。

（1）单幅图像法。Yang 等（2017）指出，红、绿、蓝三原色具有不同的电磁波能量，分析单幅影像中某一横截面每一个像素点的红、绿、蓝三原色电磁波能量，可获取细沟集中水流和沟壁交界处的突变点，这些突变点连成的线可作为提取地物边界的间接方法。Momm 等（2015）认为，虽然影像的微小形变会使不连续像素点的绝对位置发生偏移，但经过适当的空间校正处理，该方法能有效保证沟宽的计算精度。这里运用仿射变换方法，基于 10 个标靶的精确坐标，在 ArcGIS 10.4 软件中对每一组影像进行空间校正处理 [图 2-5（c～a）、（c～b）]。然后在 Matlab 2014b（Mathworks Inc.，Massachusetts，USA）框架下编写程序，根据超声波发射器位置，框定研究区域范围，对每一张影像进行裁剪以减小运算量，然后读取研究范围内每一个像素点的 R，G，B 值，以 5 cm 为步长从坡上到坡下进行边界识别。边界识别程序从新定义的坐标系原点（研究区域右上角）开始同时沿 X 和 Y 方向读取像素点的 R，G，B 值 [图 2-5（c～a）]。由于 2 台相机在架设的空间位置上存在差别，对于从右边视角获取的影像，边界识别程序从左边界开始至土槽中央结束；对于从左边视角获取的影像，边界识别程序从右边界开始至土槽中央结束 [图 2-5（c～a）、（c～b）、（d～a）、（d～b）]。通过电磁波能量曲线的拼接，得到完整的横截面红、绿、蓝三原色电磁波能量图 [图 2-5（e）]。不连续像素点的相对坐标由程序自动识别并记录，细沟宽度即为同一横截面上 2 个不连续点的 X 轴坐标差值 [图 2-5（e）]。对于单图像法和双图像色差法，可以用指标 α 来识别电磁波能量曲线的突变点：

$$\alpha_i = \frac{|E_{W_{i-4}} - E_{W_i}|}{E_{W_i}} \times 100 \qquad (2-1)$$

式中，W_i 为细沟宽度（mm），i = 0，4，8，…，596 mm；E_{W_i} 为细沟宽度为 i mm 处的电磁波能量。如果某两个相邻像元的 $\alpha_i>20\%$，则认为这两个像元交线的中点为电磁波能量曲线的突变点；如果某两个相邻像元的 $\alpha_i \leq 20\%$，则认为这两个像元同属于沟床或者沟壁的一部分。

（2）双图像色差法。正摄图是一种可以用于直接测量的影像。PhotoModel 的新版本（2016.0.4）增加了脚本功能，用户可通过向动态数据交换模块（dynamic data exchange，DDE）导入.txt 格式的文件达到数据批量化处理的目的。基于此，通过编写程序化操作模块，完成以下步骤的自动运算：3D 点云的生成、初始正摄影像的生成、标靶识别、坐标导入和有地理坐标的正摄影像的生成（图 2-6）。然后，把 PhotoModeler 中生成的正摄影像导入 Matlab

2014b 软件，进行下一步的细沟宽度量算，具体操作步骤与单幅图像法相同。

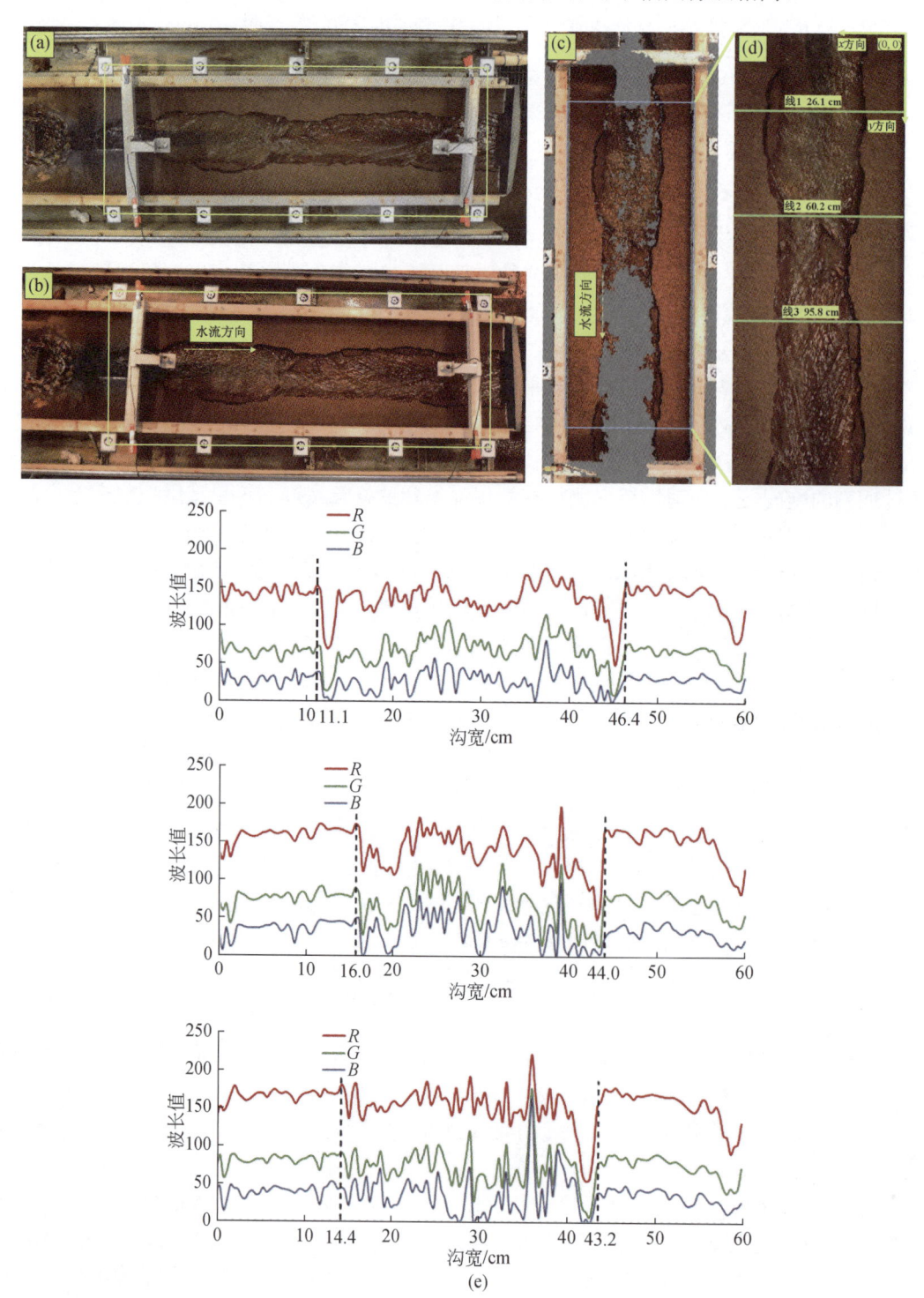

图 2-6 试验过程中同时拍摄的一组影像 [(a)、(b)]，用于生成正摄影像的点云（c），裁剪后带有地理坐标信息的正摄影像（d），依次位于坡面上、中、下部特定横截面的光谱图（e）

（3）双图像 DEM 法。已有研究表明，数字高程模型 DEM 被广泛运用在地表形态的分析和研究中（Nouwakpo and Huang，2012；Frankl et al.，2015；Bingner et al.，2016；Guo et al.，2016；Masoodi et al.，2018；Qin et al.，2018b；Wu et al.，2018）。从立体摄影测量技术获取的初始影像对到最终输出的细沟宽度需进行以下操作（图 2-7）：在 PhotoModeler Scanner 软件中生成有地理坐标的 3D 点云（包括标靶识别、影像配准、坐标转换和拼接等步骤），以.txt 格式导出点云，点云导入 ArcGIS 10.4 软件，生成高精度 DEM（包括建立 x，y 事件图层、建立不规则三角网 Tin、建立渔网、重建 Tin、Tin 转栅格等步骤），基于高程差的细沟沟壁识别，细沟宽度的计算与导出。对于双图像 DEM 法，可以用指标 β 来识别高程曲线的突变点：

$$\beta_i = \frac{|H_{W_{i-4}} - H_{W_i}|}{H_{W_i}} \times 100 \qquad (2-2)$$

式中，W_i 为细沟宽度（mm），i = 0，4，8，…，596 mm；H_{W_i} 为细沟宽度为 i mm 处的高程值。如果某两个相邻像元的 β_i>20%，则认为这两个像元交线的中点为高程曲线的突变点；如果某两个相邻像元的 β_i≤20%，则认为这两个像元同属于沟床或者沟壁的一部分。

基于上述 3 种方法，分别计算了不同试验历时下沿坡长的细沟宽度。某一时刻下的细沟宽度等于该时刻下坡面所有研究断面细沟宽度的算数平均值，本试验沿 0～150.5 cm 坡长每隔 5 cm 选取一个研究断面，共计选取 20 个。

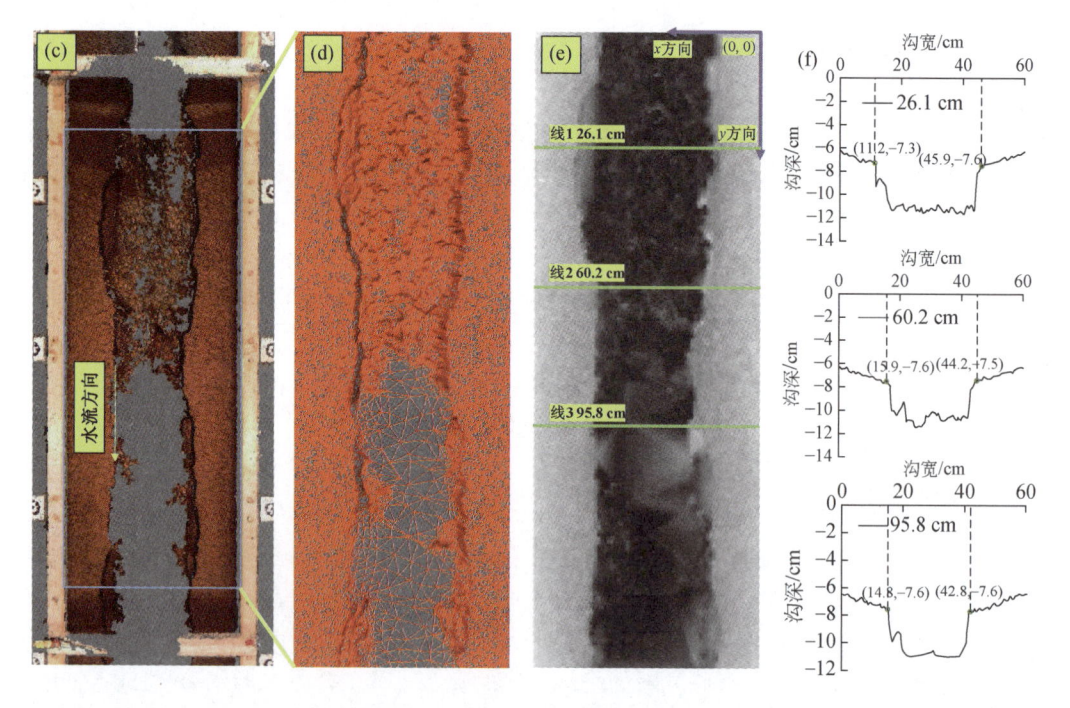

图 2-7 试验过程中同时拍摄的一组影像[（a）、（b）]，高密度点云（c），用于生成 DEM 的 TIN 三角网（d），高精度 DEM（e），依次位于坡面上、中、下部特定横截面的高程图（f）

2.3.2 集中水流宽度、深度和流速计算

本研究基于超声波测距原理并结合超声波发射器的固有性质，在测量径流深度前，需先对 2 个超声波发射器进行率定。具体方法为：打开超声波发射器，分别将 0、1、2、…、10 片已知厚度的钢板叠放在超声波发射器下方用于模拟试验过程中的不同水流深度，在 Labview 框架下编写程序，用以记录不同金属片厚度对应的电压值，计算每个厚度下 2 个超声波发射器历时 2 min 的平均电压，然后以平均电压为横坐标，以钢板厚度为纵坐标绘制两者关系图，求得不同等效径流深度条件下的电压值（图 2-8）。以任意时刻下的细沟平均宽度为径流宽度，则任意过流断面的横截面面积等于集中水流宽度与深度的乘积（图 2-1），借鉴 Moore 和 Burch（1986）的研究成果，集中水流流速可以用下式计算：

$$V = 0.25\left(\frac{1000(Q-I)}{J}\right)\frac{s^{0.375}}{n^{0.75}}W \quad (2-3)$$

式中，V 为流速（cm/s）；Q 为上方汇流量（L/s）；I 为入渗速率（L/s），这里为 4.17×10^{-3} L/s；J 为经过某一断面的细沟条数，本研究取值为 1；s 为坡度（m/m），本研究取值为 0.05；W 为细沟形状系数，等于 $C^{0.5}$；C 为由细沟断面形态决定的常数，等于 $R/A^{0.5}$；R 为水力半径（cm）；A 为过水断面面积（cm^2）；n 为曼宁粗糙度系数，其量纲为（T/L$^{1/3}$），本研究取值为 0.05。

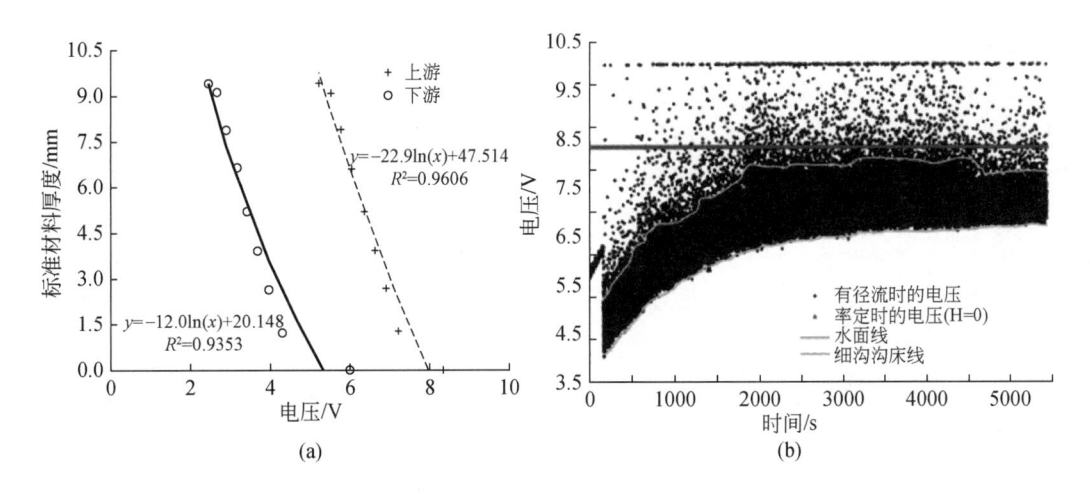

图 2-8 超声波发射器的率定（展示电压与标准金属片的厚度的关系）和超声波数据示例

2.4 三种细沟宽度计算方法的比较

由图 2-9（a）可知，上述 3 种细沟宽度计算方法所得的结果较为接近，其平均相对误差为 0.3%～7.0%。以人工测量所得的细沟宽度为基准，单幅图像法、双图像色差法、双图像 DEM 法的相对误差分别为-1.5%～1.8%，-2.7%～2.3%和-1.5%～2.7% [图 2-9（b）]，说明 3 种细沟宽度计算方法在细沟沟壁特征提取上有较好的应用价值。

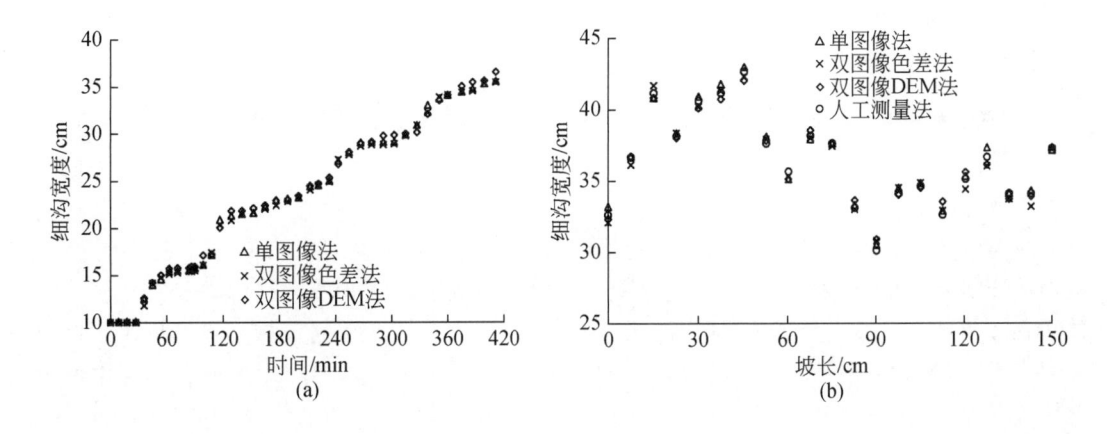

图 2-9 基于单幅图像法、双图像色差法和双图像 DEM 法计算的细沟宽度随时间的变化（a），基于单幅图像法、双图像色差法、双图像 DEM 法和人工测量法得到的细沟宽度随坡长的变化（b）

双图像 DEM 法广泛适用于高度差存在情况下的地物边界及地形地貌特征的提取。Alonso 和 Bennett（2002）认为，由于水面对光的反射率与土壤表面不同，由水体表面生成的点云密度较低，精度相对较差，可能无法准确反映水面的实际高程，但该方法能准确区分水体与土体边界，以准确提取侵蚀沟宽度（Sofia et al.，2017）。这里的结果表明，通过立体摄影测量影像提取的 DEM，在试验条件下能准确区分细沟沟壁与细沟集中水流的相对高度，细沟沟壁能被准确识别［图 2-7（e）、(f)］。选取 3 个典型横截面进一步分析本研究运用双图像 DEM 法提取细沟沟壁的可行性，线 1 和线 2 代表了在有足够点云的情况下，双图像 DEM 法提取的横截面高程特征；线 3 代表了在点云不足情况下提取的横截面高程特征［图 2-7（e）］。结果表明，双图像 DEM 法能较准确地区分 3 个典型横截面细沟沟壁和沟床的突变点［图 2-7（f）］。细沟宽度可根据同一横截面相同 Y 坐标值下的 X 坐标差值计算得到。该方法与单幅图像法和双图像色差法相比，在提取无常流水沟道和受植物阴影影响较大的窄深型沟道的沟壁特征时有一定的优势。

当细沟沟壁和沟床色差较大时，单幅图像法和双图像色差法在计算细沟宽度时有一定优势（Yang et al., 2017）［图 2-5（c～a）、(c～b)、图 2-6（d）］。由于相机架设的角度不同，单幅图像法能更好地捕捉细沟沟脚的水流淘涮侵蚀特征［图 2-5（c～a）、(c～b)］；然而空间校正过程中个别像素点的位置偏移是该方法的主要误差来源。在完成相机校准且光照条件控制较好的情况下，双图像色差法能有效减少像素点变形和位移带来的误差；但正摄影像上每一个像素点的 R，G，B 值等于左、右 2 台相机拍摄影像像素点 R，G，B 信息的平均值，在平均化过程中会导致单个像素点某些重要信息的缺失，从而影响细沟沟壁边界的自动识别。在进行野外较大尺度地物边界特征的分析时，上述 2 种方法适用于水体与土壤表面分界线的识别与提取，如水库边界、河流边界、有常流水的沟道边界和不同含水量的土壤地块边界等。

2.5　细沟宽度变化对坡面产沙过程和径流流速的影响

2.5.1　细沟宽度变化对坡面产沙过程的影响

根据上述分析，单幅图像法、双图像色差法和双图像 DEM 法计算得到的细沟宽度值基本一致，结果具有较高的可比性和可信度。因此，下面所讨论的细沟宽度均是用双图像色差法计算得到的。

坡面侵蚀产沙率和细沟宽度随时间整体呈上升的变化趋势且存在数个平台［图 2-10（a）］。分别以 0 kg 和 10 cm 作为坡面产沙率和细沟宽度的初始值，产沙率和细沟宽度随时间有非常相似的变化趋势。240 s 是细沟宽度开始大于产沙率的转折点，其原因可能是坡面产沙来源发生了变化。回归分析结果表明，累积产沙量与细沟宽度呈极显著的线性正相关关系：

$$SL = 1.1332W - 8.424 \quad (R^2 = 0.985，P < 0.005，n = 21) \quad (2\text{-}4)$$

式中，SL 为累计产沙量（kg）；W 为细沟宽度（cm）。

在坡面土壤容重为 1.49 kg/m^3，试验段坡面长度为 150.5 cm，土层厚度从土槽中心的 0.04 m 增加到土槽边壁的 0.05 m 的情况下，由双图像色差法计算得到的总产沙量为 25.88 kg，与人工取样法计算得到的总产沙量（31.55 kg）相比偏小 18.0%（表 2-1）。对于不同的取样时刻，与人工取样法计算的产沙量相比，双图像色差法计算产沙量的相对误差为 −82.8%～121.3%。

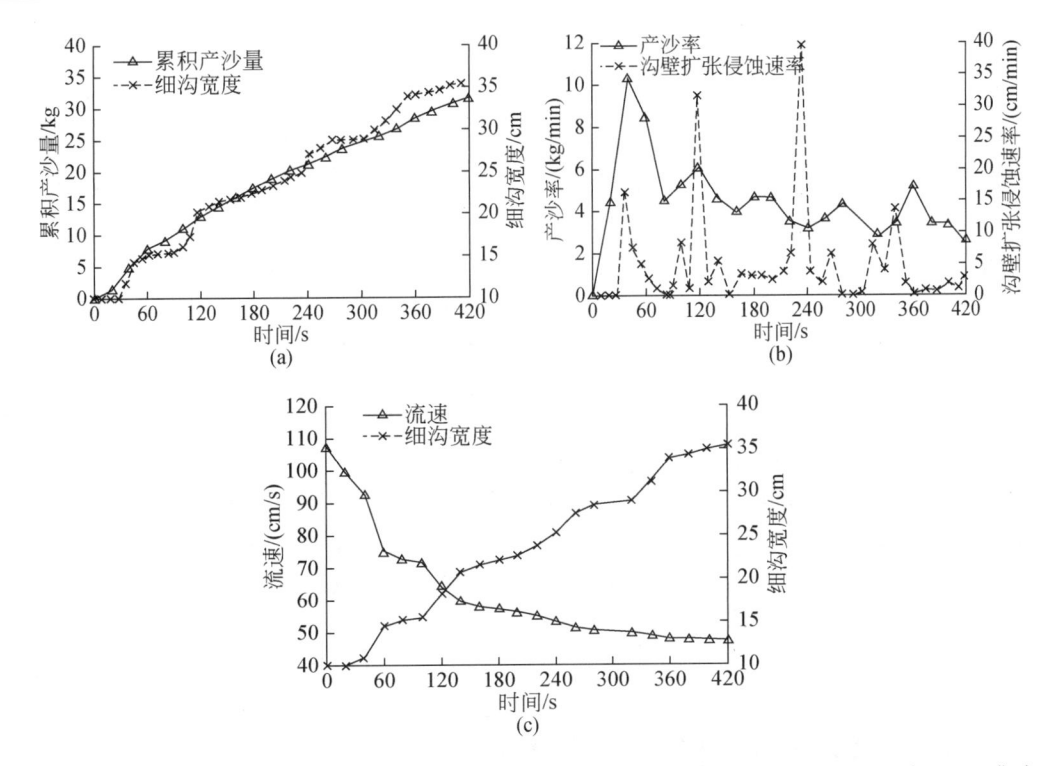

图 2-10　不同试验历时下的（a）累积产沙量和细沟宽度，（b）产沙率和沟壁扩张侵蚀速率，（c）集中水流流速和细沟宽度

表 2-1　不同试验时刻下的细沟宽度变化值（ΔW）、双图像色差法计算得到的产沙量（ΔSL_P）、人工取样法计算得到的产沙量（ΔSL_M）和他们的相对误差（RE）

T/s	ΔW/cm	ΔSL_P/kg	ΔSL_M/kg	RE/%
0	0	0	0	—
20	0	0	1.47	—
40	0.98	0.91	3.43	−73.5
60	3.49	3.26	2.80	16.4
80	0.75	0.71	1.48	−51.6
100	0.32	0.30	1.75	−82.8
120	2.75	2.66	2.04	30.5
140	2.48	2.43	1.52	59.5
160	0.82	0.81	1.30	−37.5
180	0.57	0.57	1.56	−63.3
200	0.55	0.56	1.55	−63.9
220	1.03	1.06	1.17	−9.2
240	1.51	1.57	1.05	49.1
260	2.25	2.36	1.21	95.1
280	1.03	1.09	1.45	−24.7

续表

T/s	ΔW/cm	ΔSL_P/kg	ΔSL_M/kg	RE/%
320	0.43	0.46	1.83	-74.7
340	2.33	2.52	1.14	121.3
360	2.60	2.84	1.72	64.7
380	0.42	0.47	1.13	-58.7
400	0.61	0.68	1.13	-40.0
420	0.55	0.62	0.82	-24.5
合计	25.5	25.9	31.6	-18.0

出现上述现象的原因可能是：①2个超声波发射器的坡面上部和下部虽然不是框定的研究区域，但也存在侵蚀产沙，由图2-5可知，被2个超声波发射器框定的研究区域面积约占整个土槽表面积的75%；②从沟壁土块崩塌到崩塌土块被径流搬运至土槽出口存在一定的时间差。从产沙量和细沟宽度具有较高的相关性，以及双图像色差法和人工取样法计算得到的总产沙量之间有较低的相对误差可以看出，这里建立的沟壁扩张侵蚀自动监测方法在坡面细沟侵蚀过程监测和数据处理方面有一定的理论价值和实用意义。上述结果验证了Prosdocimi课题组的结论（Prosdocimi et al.，2015；2017），即立体摄影测量法可以较准确地估算人工模拟降雨条件下的坡面土壤侵蚀量。

试验的前30 s细沟沟壁扩张侵蚀速率为0，没有沟壁崩塌发生；接下来的9 s沟壁扩张侵蚀速率急剧上升至0.50 cm/s［图2-10（b）］，然后进入一个相对平缓的沟壁扩张侵蚀阶段，扩张侵蚀速率为0.01～0.12 cm/s；110 s以后沟壁扩张侵蚀速率呈现3个峰值。与之对应，坡面产沙率也呈现相应的峰值并波动变化，变化幅度为40.8～101.9 g/s。与沟壁扩张侵蚀速率的峰值相比，产沙率峰值的出现时间较晚，时间差为5～25 s，出现时间差的原因可能有以下几点：①崩塌土块被集中水流搬运至土槽出口的时间受径流搬运能力的影响，主要制约因素是细沟宽度、径流流速和坡度；②沟壁扩张侵蚀速率不能准确反映由集中水流剪切力引起的沟脚淘涮侵蚀量；③尚未考虑发生在2个超声波发射器的坡面上部和下部的沟壁扩张侵蚀量。

试验土槽出口处的泥沙有2个来源：由集中水流剪切力引起的沟脚淘涮侵蚀和沟壁土块整体崩塌造成的重力侵蚀。在0～30 s试验历时内，细沟沟脚淘涮侵蚀是唯一的坡面产沙来源，虽然没有沟壁崩塌，但产沙率的增加速率仍然较快，沟脚淘涮侵蚀速率随细沟宽度的增加而降低。整个试验过程中沟壁扩张侵蚀速率的最大值（发生在114～237 s试验历时）并未造成产沙率的峰值，其中，第一次较明显的沟壁扩张侵蚀过程发生在33～42 s试验历时，沟壁崩塌产生的泥沙与沟脚淘涮侵蚀产生的泥沙相互叠加，使产沙率急剧增大。崩塌土块在细沟沟槽中的运动形式包括2种：被径流分散的悬移质泥沙和未被径流分散的相对较大土块/团聚体的推移/跃移运动［图2-5（a）］。集中水流对崩塌土块的分散作用可以使土块体积减小，当径流的拖拽力大于土块本身的重力时，土块便会被集中水流以推移质的形式搬运到土槽出口，导致产沙量的急剧增加，而集中水流搬运崩塌土块的形式主要受土块大小、土块与水流的接触面积和接触方式，以及距土槽出口距离的影响。Wilson（2009）

在研究土壤管道侵蚀过程时也发现，管道内发生的土块崩塌会导致管道出口处产沙量的急剧增加，而崩塌土块所在管道位置的不同也会使管道内的水压力发生变化，从而导致崩塌土块运动形式的差异。

2.5.2 细沟宽度变化对坡面径流流速的影响

为使径流泥沙采样的时间间隔与径流流速和细沟宽度采样的时间间隔相同，每 20 s 对径流流速和细沟宽度的测量数据取一次平均值［图 2-10（c）］。结果表明，径流流速随时间呈下降的变化趋势，在试验历时为 0~60 s 和 100~140 s 时，径流流速有 2 次较快的降低过程，且径流流速的 2 次快速降低对应了细沟宽度的 2 次快速增加。但在试验开始和即将结束的 2 个阶段，集中水流流速与细沟宽度的变化不太一致。具体表现为，在试验开始的前 20 s 径流流速降低了 7.4%而细沟宽度保持不变，主要原因为集中水流剪切力对沟脚的淘刷作用使径流宽度大幅增加、径流深度大幅降低，从而使流速降低，沟脚淘刷高度随淘刷深度的增加而降低，并且能较好地反映径流深度随时间的变化过程（Qin et al. 2018a）；在试验历时为 320~360 s 时，细沟宽度增加了 17.0%而集中水流流速仅降低 4.4%，其原因可能为在径流剪切力引起的沟脚淘刷侵蚀速率基本不变的情况下产生了较多的沟壁扩张侵蚀。回归分析结果表明，径流流速与细沟宽度呈显著的负相关关系，可用幂函数表示：

$$V = 388.17W^{-0.605} \quad (R^2 = 0.971，P < 0.005，n = 21) \qquad (2\text{-}5)$$

式中，V 为径流流速（m/s）；W 为细沟宽度（cm）。

2.6 结　　语

利用人工模拟径流试验，基于立体摄影测量技术和超声波测距原理，建立了细沟侵蚀过程的自动监测方法；采用 Linux 操作系统控制 2 台相机同时曝光，实现沟壁扩张侵蚀过程和集中水流参数的实时动态监测；利用 Matlab 的编程功能和 ArcGIS 的三维分析功能，以人工测量为参照，分析比较单幅图像法、双图像色差法和双图像 DEM 法在量算细沟宽度上的优点和局限性。主要研究结论如下。

（1）建立了细沟侵蚀过程的自动监测方法，大幅度提高了细沟宽度测量的时间精度和空间精度，实现了细沟宽度数据采集的自动化，运用超声波测距原理和立体摄影测量技术，实现了不易侵蚀层存在条件下细沟水流深度、宽度和流速的实时测量。

（2）试验条件下，基于单幅图像法、双图像色差法和双图像 DEM 法计算的细沟宽度皆达到满意精度。与人工测量相比，3 种方法计算细沟宽度的平均相对误差仅为-2.7%~2.7%，说明 3 种方法在坡面细沟沟壁特征的提取上有较好的应用和推广价值。

（3）累积产沙量与细沟宽度呈极显著的正相关关系，双图像色差法计算得到的总产沙量与人工取样法计算得到的总产沙量相比偏小 18.0%。相同时间段内，人工取样法和立体摄影测量法计算得到的产沙量存在明显的时间差，说明沟壁扩张侵蚀对坡面产沙过程的影响受细沟水流搬运能力的制约。因此，在分析坡面产沙过程和布设坡面水土保持措施时需对沟壁悬空土体的崩塌-搬运过程进行系统分析并采取相应措施。

参 考 文 献

蔡强国，朱远达，王石英. 2004. 几种土壤的细沟侵蚀过程及其影响因素. 水科学进展，15（1）：12-18.

沈海鸥，郑粉莉，温磊磊，等. 2015. 降雨强度和坡度对细沟形态特征的综合影响. 农业机械学报，46（7）：162-170.

朱良君，张光辉，胡国芳，等. 2013. 坡面流超声波水深测量系统研究. 水土保持学报，27（1）：235-239.

Alonso C V，Bennett S J. 2002. Predicting head cut erosion and migration in concentrated flows typical of upland areas. Water Resources Research，38（12）：31-39.

Bingner R L，Wells R R，Momm H G，et al. 2016. Ephemeral gully channel width and erosion simulation technology. Natural Hazards，80（3）：1949-1966.

DE Lima J L M P，Abrantes J R C B. 2014. Using a thermal tracer to estimate overland and rill flow velocities. Earth Surface Processes and Landforms，39（10）：1293-1300.

Frankl A，Stal C，Abraha A，et al. 2015. Detailed recording of gully morphology in 3D through image-based modelling. Catena，127：92-101.

Guo M，Shi H，Zhao J，et al. 2016. Digital close-range photogrammetry for the study of rill development at flume scale. Catena，143：265-274.

Masoodi A，Noorzad A，Majdzadeh Tabatabai M R，et al. 2018. Application of short-range photogrammetry for monitoring seepage erosion of riverbank by laboratory experiments. Journal of Hydrology，558：380-391.

Meyer L D，Harmon W C. 1979. Multiple-intensity rainfall simulator for erosion research on row sideslopes. Transactions of the ASAE，22：100-103.

Momm H G，Wells R R，Bingner R L. 2015. GIS technology for spatiotemporal measurements of gully channel width evolution. Natural Hazards，79（S1）：97-112.

Moore I D，Burch G J. 1986. Sediment transport capacity of sheet and rill flow: application of unit stream power theory. Water Resources Research，22：1350-1360.

Nouwakpo S K，Huang C. 2012. A simplified close-range photogrammetric technique for soil erosion assessment. Soil Science Society of America Journal，76（1）：70.

Prosdocimi M，Burguet M，Di Prima S，et al. 2017. Rainfall simulation and structure-from-motion photogrammetry for the analysis of soil water erosion in Mediterranean vineyards. Science of the Total Environment，574：204-215.

Prosdocimi M，Calligaro S，Sofia G，et al. 2015. Bank erosion in agricultural drainage networks: new challenges from structure-from-motion photogrammetry for post-event analysis. Earth Surface Processes and Landforms，40：1891-1906.

Qin C，Wells R R，Momm H G，et al. 2019. Photogrammetric analysis tools for channel widening quantification under laboratory conditions. Soil and Tillage Research，191：306-316.

Qin C，Zheng F，Wells R R，et al. 2018a. A laboratory study of channel sidewall expansion in upland concentrated flows. Soil and Tillage Research，178：22-31.

Qin C，Zheng F，Xu X，et al. 2018b. A laboratory study on rill network development and morphological characteristics on loessial hillslope. Journal of Soils and Sediments，18：1679-1690.

Sofia G, Di Stefano C, Ferro V, et al. 2017. Morphological similarity of channels: From linear erosional features (rill, gully) to Alpine Rivers. Land Degradation & Development, 28 (5): 1717-1728.

USDA NRCS. 1999. Soil Taxonomy: A basic system of soil classification for making and interpreting soil surveys. Agricultural Handbook 436, 2nd edition. Washington DC: U.S. Government Printing Office.

Wells R R, Momm H G, Bennett S J, et al. 2016. A measurement method for rill and ephemeral gully erosion assessments. Soil Science Society of America Journal, 80 (1): 203.

Wells R R, Momm H G, Rigby J R, et al. 2013. An empirical investigation of gully widening rates in upland concentrated flows. Catena, 101: 114-121.

Wilson G V. 2009. Mechanisms of ephemeral gully erosion caused by constant flow through a continuous soil-pipe. Earth Surface Processes and Landforms, 34: 1858-1866.

Wu H, Xu X, Zheng F, et al. 2018. Gully morphological characteristics in the loess hilly-gully region based on 3D laser scanning technique. Earth Surface Processes and Landforms, 43 (8): 1701-1710.

Yang X, Dai W, Tang G, et al. 2017. Deriving ephemeral gullies from VHR image in loess hilly areas through directional edge detection. ISPRS International Journal of Geo-Information, 6: 371.

Zhang G H, Liu B Y, Liu G B, et al. 2003. Detachment of undisturbed soil by shallow flow. Soil Science Society of America Journal, 67: 713-719.

第3章　坡面细沟侵蚀主导过程研究

沟头溯源侵蚀是细沟侵蚀的开始，在坡面侵蚀产沙中占有重要地位，在沟头溯源至临界坡长前，沟头溯源侵蚀量占坡面细沟侵蚀量的比例可达60%（Bennett et al.，2000）。沟头溯源侵蚀决定了初始细沟宽度和细沟深度，是细沟长度增加的决定性因素。基于野外调查、定位观测和航片解译等手段，许多学者对坡面细沟沟头（见注释专栏3-1）在一场或多场降雨、汇流过程中的溯源过程、沟长增加过程、溯源侵蚀对坡面侵蚀的产沙贡献、影响因素及沟头的潜在发生位置和提取方法等进行了研究（Knapen and Poesen，2010；Wirtz et al.，2012；Cox et al.，2016），发现沟头溯源侵蚀是使细沟水流含沙浓度大于径流挟沙能力的原因之一（Wirtz et al.，2012），该过程主要决定于土壤可蚀性，尤其是土壤中的黏粒含量（Alonso and Bennett，2002）。有的学者在室内建造实体坡面模型和沟头模型，研究沟头溯源侵蚀过程机理，发现沟头溯源侵蚀距离与时间呈线性函数增加趋势，且细沟长度与土壤粒级分布、上方汇流流量及含沙浓度、土壤固结时间和跌坎高度有关（Babazadeh et al.，2017）。现有沟头溯源侵蚀研究多侧重沟头的形成过程及其溯源特征，而对沟头溯源侵蚀过程中细沟沟槽底部进一步发育的二级沟头的侵蚀机理及其对产沙的影响较少涉及（Bennett et al.，2000；Robinson et al.，2000；Wells et al.，2009a；2009b；覃超等，2018）。由于沟头形态及其附近水流流态的复杂性（Parker and Izumi，2000；Jia et al.，2005；Nan et al.，2013）和溯源侵蚀过程的多变性（Bennett，1999；Wells et al.，2009b），现有的侵蚀预报模型很难准确预测沟头附近区域的土壤侵蚀量，从而导致这些模型在模拟沟头溯源侵蚀时常常做了简化和假设（Bennett et al.，2000）。此外，由于坡面细沟发育速度快，其沟槽形态具有宽度窄和深度大的特征，且细沟水流含沙浓度大，沟头溯源侵蚀过程中沟头附近的水流流态复杂，导致动床条件下实时动态准确监测沟头形态和跌坎上、下方的水动力学特征相当困难（Römkens et al.，1990；Slattery and Bryan，1992），阻碍了沟头溯源侵蚀过程数据的准确获取，也是造成细沟沟头溯源侵蚀量化研究薄弱的主要原因之一（覃超等，2018；Qin et al.，2019b）。

沟底下切侵蚀是一级沟头溯源至临界坡长后坡面细沟的主导发育方式之一，且在特定的地形和土壤条件下，细沟沟底下切侵蚀扮演了比沟壁扩张侵蚀更重要的角色（Bingner et al.，2016）。现有关于细沟沟底下切侵蚀的研究多集中在下切侵蚀对总侵蚀量的贡献（Shen et al.，2016；覃超等，2016）、下切侵蚀的循环性（Bryan and Poesen，1989；Bennett et al.，2000）、下切侵蚀的影响因素（土壤可蚀性、坡度、上方汇流量、汇流含沙浓度和近地表水文条件等）（Bryan and Poesen，1989；Slattery and Bryan，1992；Bennett et al.，2000；Alonso and Bennett，2002；Liu et al.，2015）和下切侵蚀过程的数值模拟（Zhu et al.，1995；Favis-Mortlock，1998；Favis-Mortlock et al.，2000；Parker and Izumi，2000；Casalí et al.，2003；Jia et al.，2005）等方面。土壤机械结皮的形成（mechanical seal）在一定程度上减弱了细沟沟槽（Römkens et al.，1990）侵蚀的发生，使细沟中的集中水流对土壤的剥蚀速率维持在一个较低的水平。然而，这层结皮一旦遭到破坏，细沟沟槽内则会形成新的下切沟头（二级沟头，见注释专栏3-1），沟底下切侵蚀速率将明显增大（Römkens et al.，1990；Bennett et al.，2000）。由于细沟沟槽较窄较深，宽深比相对较小，且细沟水流含沙浓度大，导致动床条件下实时动态准确监测细沟深度的变化过程相当困难（Römkens et al.，1990；Slattery and Bryan，1992）；加之机械结皮被破坏前和破坏后沟底下切侵蚀的过程和机理目前还不甚明晰，也在一定程度上制约了细沟侵蚀预报模型的发展（Qin et al. 2018c；2019b）。

> **注释专栏3-1**
> **一级和二级细沟沟头**
> 　　坡面同一流路上形成的相对高差大于 1 cm 且有连接成完整细沟沟槽潜力的跌坎（knickpoint/headcut）。根据跌坎的发生位置不同，可将细沟沟头分为一级沟头和二级沟头，其中，一级沟头是在平整坡面上由雏形跌坎发育而来的沟头，二级沟头是在一级沟头溯源侵蚀形成的细沟沟槽内再次快速下切形成的跌坎（图 1-3）。本书对一级、二级细沟沟头的定义借鉴了 Brayan 和 Poesen（1989）对 A 型和 B 型下切沟头的定义。已有研究认为下切沟头是发生在细沟沟槽内且具有高度变化的跌坎（Mosley，1974；Gardner，1983），而根据下切沟头产生的时间和位置，可把其分为 A 型沟头和 B 型沟头两大类（Bryan and Poesen，1989；Slattery and Bryan，1992）。初始下切沟头（A 型沟头）的发育伴随着细沟沟头溯源侵蚀过程，同时也决定了细沟的初始下切深度，而二级/三级沟头（B 型沟头）发育在已有的细沟沟槽中，很大程度上决定了细沟形成后的沟底下切侵蚀速率。

沟壁扩张侵蚀过程出现在细沟发育后期，特别是当沟头溯源侵蚀结束，沟底下切至不易侵蚀层后，沟壁扩张侵蚀量占总侵蚀量的比例可达 80%以上。沟壁扩张侵蚀过程受包括流量、坡度、土壤性质和管理条件等在内的诸多因素影响（Bingner et al.，2016），且沟壁扩张侵蚀速率随坡度和上方汇流量的增加而增加（Wells et al.，2013；Qin et al.，2018a）。由于不同尺度侵蚀沟（细沟—浅沟—切沟—河沟）的发育过程是一个统一体，因此不同尺度侵蚀沟沟壁扩张的基本原理是一致的（Govindaraju and Kavvas，1992；Sofia et al.，2017），其一致性主要体现在沟壁侧方的流水侵蚀、沟脚的集中水流侵蚀、沟壁的壤中流侵蚀、土壤管道的内部侵蚀，以及与土体稳定性有关的沟岸崩塌侵蚀等（Lawler et al.，1997；Rinaldi and Darby，2007；Fox and Wilson，2010；Midgley et al.，2013；Masoodi et al.，2018）。沟脚被集中水流淘刷后，当驱动力（土体自身重力）大于阻力（土壤颗粒间的黏结力和摩擦力等）时，沟壁内侧容易形成张力裂隙（Istanbulluoglu，2005；Thomas et al.，2009）。随着沟脚被集中水流进一步淘刷，悬空土体体积增大，沟壁开始随机性崩塌，沟宽增大（Billi and Dramis，2003；Martinez-Casasnovas et al.，2004；Chen et al.，2013；Qin et al.，2018a；2019a）。然而，在目前众多预测侵蚀沟宽度的方程中，有相当一部分未将侵蚀沟深度限制考虑在内，导致这些方程在模拟不易侵蚀层存在时的沟壁扩张侵蚀过程精度较低（Wells et al.，2013；El Kadi Abderrezzak et al.，2014；Bingner et al.，2016）。现有研究对沟脚淘涮、张力裂隙的形成与发展等沟壁扩张侵蚀关键过程的研究还十分薄弱，仍需通过大量的原位观测和模型模拟等手段揭示沟壁扩张侵蚀过程，解释发生发展机理（Chaplot，2013；Bingner et al.，2016）。

本章利用人工模拟径流试验，结合立体摄影测量技术，分析了 4 个流量（1 L/min、2 L/min、3 L/min、4 L/min）、2 个坡度（15°和 20°）和 2 个初始细沟宽度（仅限沟壁扩张侵蚀试验，4 cm 和 8 cm）处理下黄土坡面细沟沟头溯源侵蚀、沟底下切侵蚀和沟壁扩张侵蚀过程及其侵蚀特征，探讨了影响上述过程的主要影响因素，建立了不同主导发育方式下的坡面侵蚀方程式。

3.1　试验设计与研究方法

3.1.1　细沟沟头溯源侵蚀

1. 试验材料与设备

供试土壤为黄土高原丘陵沟壑区安塞县的耕层黄绵土。试验土槽有 4 个，其规格为长 200 cm、宽 30 cm 和深 50 cm，一端可升降，坡度调节范围是 0°~25°，每次随机选择其中的一个土槽进行试验以减小系统误差；土槽上方 2.5 m 处架有恒定水头的供水装置，通过调节水阀开度控制流量大小，流量调节范围为 0~10 L/min；在坡长 70 cm 和 120 cm 处的土槽正上方（1.5 m 高）平行架有 2 台能手动对焦的数码照相机（Canon EOS 5D Mark II），基于立体摄影测量技术，获取试验过程中土壤表面的高精度 DEM（图 3-1）。

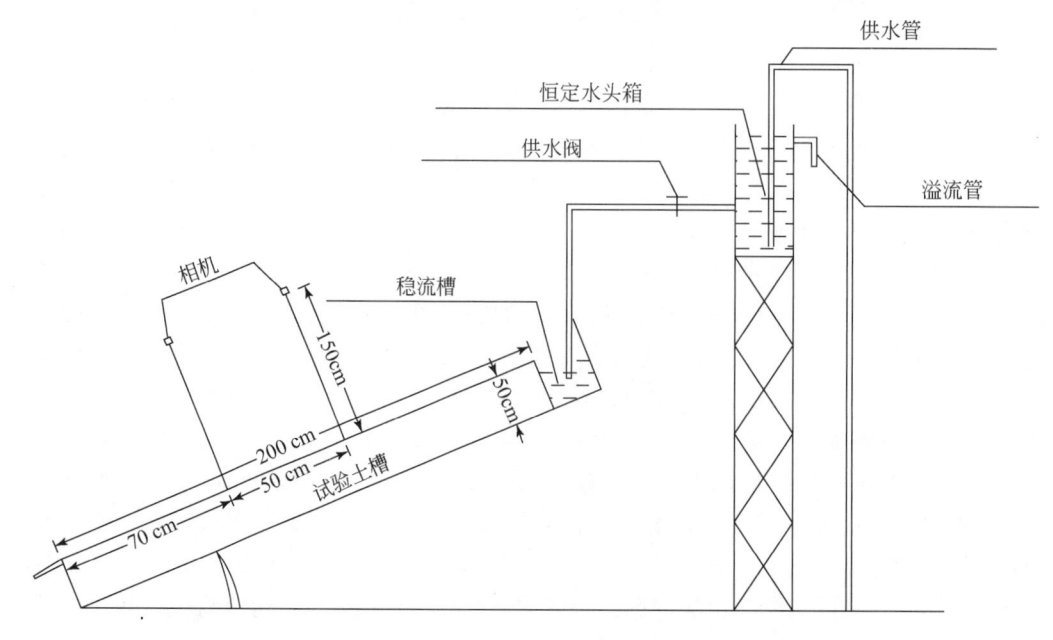

图 3-1　模拟上方汇水试验装置图

2. 试验设计

根据黄土高原常见的短历时、高强度侵蚀性降雨标准（10.5~234.8 mm/h）（周佩华和王占礼，1987），设计汇水流量为 1 L/min、2 L/min、3 L/min、4 L/min（相当于在 10 m 汇水坡长、0.3 m 坡宽、径流系数为 0.8 的条件下分别发生 25 mm/h、50 mm/h、75 mm/h、100 mm/h 降雨强度的侵蚀性暴雨）。根据已有研究，当地表坡度大于 15°后，坡面细沟侵蚀发育强烈，再者在实施退耕还林工程近 20 年后的今天，陕北无定河等流域还存在大量坡度大于 15°的坡耕地，而 25°是黄土高原退耕的上限；所以此研究设计试验坡度为 15°和 20°（表 3-1）。根据野外实测资料（黄土坡面耕作层深度 15~20 cm），设计黄绵土填土厚度为 20 cm；为模拟黄土坡面连续细沟形成前沟头的溯源侵蚀过程，在坡长 170 cm 处建造高 5 cm 的雏形沟头（Bennett，1999；Bennett et al.，2000；Wells et al.，2009a；2009b；2010；He et al.，2014）。每个试验处理重复 2 次，本研究所述结果为 2 次重复试验的平均值。整个试验过程中 2 台相机均由红外遥控器控制，每隔 30~60 s 同时曝光 1 次。

表 3-1 试验设计基本参数

场次	坡度/(°)	设计流量/(L/min)	冲刷历时/min
1	15	1	60
2	15	2	30
3	15	3	20
4	15	4	15
5	20	1	60
6	20	2	30
7	20	3	20
8	20	4	15

3. 试验步骤

（1）装填试验土槽。试验土槽深 50 cm，其中 0~20 cm 装填细沙，20~40 cm 装填黄绵土，装土容重为 1.10 g/cm^3，每 5 cm 填装一层；在装上层土之前，先抓毛下层土壤表面，以减少土壤分层现象。其中，在装表层 5 cm 黄绵土时，首先需在坡长 170 cm 处放置一个细沟沟头模型并固定其位置（模型长、宽、高分别为 30 cm、5 cm 和 5 cm），然后分两层在模型上方装填黄绵土，第一层装填 3 cm，第二层装填 2 cm，且装填表层 2 cm 土壤前需将黄绵土与 Ca(OH)$_2$ 粉末混匀[Ca(OH)$_2$ 的质量百分数为 5%]。添加 Ca(OH)$_2$ 粉末的目的是使表层土壤在预降雨时更好地产生结皮，从而确保雏形沟头上方坡面的土壤剥蚀速率接近于 0（Gordon et al.，2007a）。建造雏形沟头的目的是模拟黄土坡面细沟沟头的溯源侵蚀过程。另外，用制作的这个细沟沟头模型可保证每次试验中人为建筑的细沟沟头形态完全相同，保证不同试验处理下垫面的一致性和研究结果的可比性。在完成试验土槽装土后，小心将 0~30 cm 坡长处的表层 10 cm 土壤取出，混以水泥（水泥和土的质量比为 5:2），然后回填坡面，其目的是使试验段的土壤颗粒与过渡段的混合物颗粒紧密结合，减少上方汇流对坡顶过渡段的非正常冲刷（Qin et al.，2018a；2018b；2019b）（图 1-3）。

（2）为保证试验前期土壤条件的一致性，使混有水泥的土壤表面充分凝固并使土壤表层形成结皮，正式降雨的前一天将土槽坡度调至 3°，采用 30 mm/h 降雨强度进行预降雨至坡面产流为止。预降雨结束后，将试验土槽调平（0°），静置 12 h（Wells et al.，2009a；2010）。

（3）正式试验开始前在土槽上方同一高度架设 2 台数码相机，设置影像的拍摄规格为 RAW，分辨率设置为相机的最大分辨率（2720×4080 像素），调节照相机的方向并使其拍摄角度与坡面始终保持垂直；调节相机场景模式至"M 手动"，并分别调节光圈（f/2.8）、ISO 感光度（250）、快门（1/20），然后对焦，待图像清晰后将对焦模式设置成自动，并使 2 台相机在整个试验过程中的焦距保持 24 mm 不变（图 1-3、图 3-1）。

（4）在试验土槽四周设置 4 个固定标靶和 3 个活动标靶，且使标靶与试验土槽土壤表面保持平行，并保证任意 3 个标靶不在同一条直线上（图 1-3），试验前用钢尺（1 mm 精度）分别测量每个标靶中心点之间的距离，以土槽右岸最下方的标靶中心点为坐标原点（0，0，0），分别计算其他坐标中心点的相对坐标，以保证后期影像的拼接精度。

（5）调整土槽坡度，率定上方汇流量，当率定流量与设计目标流量的相对误差小于 5%时即可开始正式试验（表 3-1）。

（6）试验开始后即连续采集径流泥沙样并实时称量径流桶+径流泥沙样重量，为使径流泥沙样的取样时间与拍照时间间隔一致，设计每个径流泥沙样的取样时间为 30 s；在拍照间隙，以 2 min 为时间步长，30～50 cm 为测距，分别在沟头上方和下方循环测量细沟水流流速，以及相对应的流宽和流深。其中流速测量采用染色剂示踪法，每个流速数据以 3 次重复测量的表层流速的平均值乘以 0.75 为最终结果（Shen et al.，2016）；流深测量采用精度为 0.1 mm 的 SX40-1 型水位测针，流宽测量采用普通钢尺（1 mm 精度），同样以 3 次重复测量的平均值为最终结果。

（7）冲刷结束后将径流泥沙样静置 12 h，去除径流泥沙样的上层清液并转移至铝制饭盒，在烘箱内（105℃）烘干至恒重，然后计算产流量和产沙量。

4. 沟头的定义

根据 Bryan 和 Poesen（1989）以及 Slattery 和 Bryan（1992）对 A 型沟头（平整坡面上发育的沟头）和 B 型沟头（A 型沟头溯源后在下方沟槽内发育的沟头）的定义，这里对细沟一级沟头、二级沟头和细沟沟头跌坎高度作如下定义：细沟一级沟头是由雏形沟头发育而来的初始沟头，细沟二级沟头是在一级沟头溯源侵蚀过程中产生的细沟沟槽内出现的细沟下切沟头（图 1-3）。

根据 Bennett（1999）对最大冲刷深度（maximum depth of scour）的定义，这里将沟头裂点（knickpoint）到水涮窝最低点的垂直距离定义为沟头跌坎高度（图 1-3）。

3.1.2 细沟沟底下切侵蚀

1. 试验材料与设备

供试土壤为黄土高原丘陵沟壑区安塞县的耕层黄绵土。试验土槽、供水装置和立体摄影相机与沟头溯源侵蚀试验相同（图 3-1）。

2. 试验设计

根据黄土高原侵蚀性降雨标准和细沟侵蚀的实测资料，试验设计 4 个汇水流量（1 L/min、2 L/min、3 L/min、4 L/min）和 2 个坡度（15°和 20°）（表 3-1）。

3. 试验步骤

（1）细沟沟槽实体模型建造。试验土槽宽 30 cm，分别在宽 11 cm 和 19 cm 处放置两块长 2 m 的钢板以限制细沟的横向扩张，在钢板内部粘贴平均粒径为 0.5 mm 的砂纸以模拟粗糙的细沟沟壁，减少边壁效应的影响（图 3-2）。本试验中的细沟沟槽实体模型是模拟由初始下切沟头（initial headcut）溯源侵蚀后发育而来的细沟。对于沟头的定义与 3.1.1 节相同。

(a) 2015-12-19-11-16-11-US　　(b) 2015-12-19-11-16-11-DS

图 3-2　立体摄影测量相机同时拍摄的一组影像

（2）装填试验土槽。试验土槽深 50 cm，细沟实体模型外全部装填细沙，细沟实体模型内 0~20 cm 装填细沙，20~40 cm 装填黄绵土，装土容重为 1.10 g/cm³，每 5 cm 填装一层；在装上层土之前，先扒松下层土壤表面，以减少土壤分层现象。在完成试验土槽装土后，慢慢地将 0~30 cm 坡长处的表层 10 cm 土壤取出，混以水泥（水泥和土的质量比为 5∶2），然后回填坡面作为模型细沟沟槽的过渡段，其目的是减少上方汇流对坡顶的非正常冲刷。

（3）进行预降雨、相机设置、标靶设置、流量率定等正式试验前的准备工作。

（4）试验开始后即连续采集径流泥沙样，为使径流泥沙样的取样时间与拍照时间间隔一致，设计每个径流泥沙样的取样时间为 30 s；在拍照间隙，以 2 min 的时间步长循环测量细沟水流的流速、流宽和流深，其中流速测量采用染色剂示踪法，分别选取坡长 10~60 cm 和 90~140 cm 为测量断面，每个流速数据以 3 次重复测量的表层流速的平均值乘以 0.75 为最终结果；分别采用 SX40-1 型水位测针和普通钢尺测量流深和流宽，同样以 3 次重复测量的平均值为最终结果。

（5）去除径流泥沙样的上层清液后烘干称重，并计算产流量和产沙量。

3.1.3　细沟沟壁扩张侵蚀

1. 试验材料与设备

供试土壤为黄土高原丘陵沟壑区安塞县的耕层黄绵土。试验土槽、供水装置和立体摄影相机与沟头溯源侵蚀试验相同（图 3-1）。

2. 试验设计

本试验由 12 个试验处理组成，其中包括 4 个上方汇水流量（1 L/min、2 L/min、3 L/min、4 L/min）、2 个坡度（15°和 20°）和 2 个初始细沟宽度（4 cm 和 8 cm）。当初始细沟宽度为 8 cm 时，只进行 20°坡度下的 4 个流量试验，每个试验处理重复 2 次。根据野外调查和前人的实测资料（周佩华和王占礼，1987；Wu and Chen，2005；Wang et al.，2014），对比了野外实际情况与本研究的试验设计，具体如表 3-2 所示。

表 3-2　黄土高原自然条件与试验模拟的细沟形态、降水特征和地形特征的对比

因子	自然条件	试验设计
侵蚀性降水强度（上方汇水流量）/(mm/h)	10.5～234.8	10，20，30，40
侵蚀性降水历时（试验时长）/min	5～600	15，20，30，60
坡度/(°)	10～30	15，20
宽深比	0.24～1.47	1，2
不易侵蚀层	犁底层	不易侵蚀层
不易侵蚀层深度/cm	15～25	4
土壤容重/(g/cm^3)	0.93～1.85	耕层 1.10 耕层下方 1.35

3. 试验步骤

（1）装填试验土槽。试验土槽深 50 cm，其中 0～20 cm 装填细沙，20～35 cm 装填黄绵土，装土容重为 1.35 g/cm^3，每 5 cm 填装一层；35～36 cm 为不易侵蚀层；36～40 cm 模拟的是沟底下切至不易侵蚀层，以沟壁扩张侵蚀为主导发育方式的耕层细沟，装土容重 1.10 g/cm^3；在装上层土之前，先抓毛下层土壤表面，以减少土壤分层现象。表层 5 cm 的装填方法如下：装填完 20～35 cm 的土层后，将土壤与水泥以 5∶1 比例混匀，然后用 0.5 mm 的筛子将混合物均匀撒在土壤表面，控制厚度约 1 cm，然后将土槽坡度调至 1°，进行 30 min 降雨强度为 20 mm/h 的预降雨，后将坡度调平，静置 24 h 并用风扇加快不易侵蚀层表面的空气流动，使其达到一定强度；在坡长 170 cm 处放置一个细沟沟头模型并固定其位置（模型长、宽、高分别为 30 cm、5 cm 和 4 cm），然后在模型上方装填 4 cm 厚的黄绵土（图 3-3）。

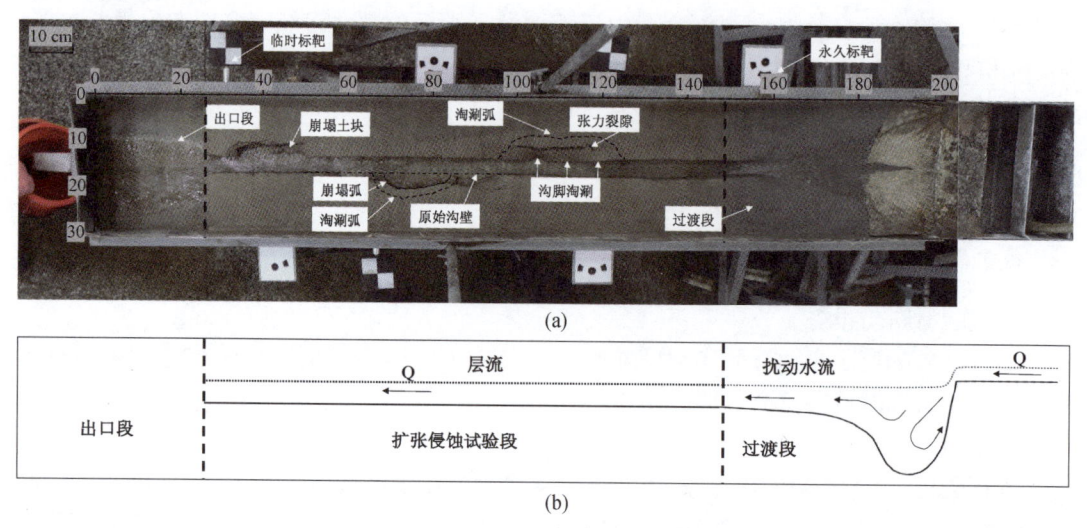

图 3-3　(a) 沟壁扩张侵蚀试验装置及部分用于描述沟壁扩张过程的参数；(b) 沟壁扩张侵蚀试验的过渡段、试验段和出口段示意图

（2）雏形细沟建造。根据设计的雏形细沟宽度，在土槽宽 13 cm 和 17 cm（当模拟初始细沟宽度为 4 cm 时）或 11 cm 和 19 cm 处（当模拟初始细沟宽度为 8 cm 时）固定两条线作为制作雏形细沟的基准；缓慢地将长 140 cm，高 4 cm，宽 4 cm 或 8 cm 的模型沟槽在框定的基准范围内插入表层土壤后小心取出，并将基准范围内的土壤清除；然后在坡长 0~30 cm 处用水泥建造过渡段，使上方汇流能均匀平稳地进入挖制好的雏形细沟内（图 3-3）。

（3）进行预降雨、相机设置、标靶设置、流量率定等正式试验前的准备工作。

（4）试验开始后即连续采集径流泥沙样，径流泥沙样的取样时长与相机拍照的间隔时间均为 30 s，在张力裂隙形成期和沟壁崩塌瞬间缩短拍照时间间隔；在拍照间隙，以 2 min 的时间步长循环测量细沟水流的流速、流宽和流深，以及集中水流淘涮细沟沟脚的形态指标，其中流速测量采用染色剂示踪法，分别选取坡长 40~90 cm 和 110~160 cm 为测量断面，每个流速数据以 3 次重复测量表层流速的平均值乘以 0.75 为最终结果；流深和流宽的测量分别采用 SX40-1 型水位测针和普通钢尺（1 mm 精度），同样以 3 次重复测量的平均值为最终结果。

（5）去除径流泥沙样的上层清液后烘干称重，并计算产流量和产沙量。

3.1.4 数据处理与分析

1. 立体摄影测量影像数据处理

试验结束后将拍摄影像［图 3-4（a）、(b)］导入 Agisoft Photoscan Professional 1.2.4 软件，在完成影像标靶设置、图像拼接、校正后，生成高密度点云数据［图 3-4（c）］后导出

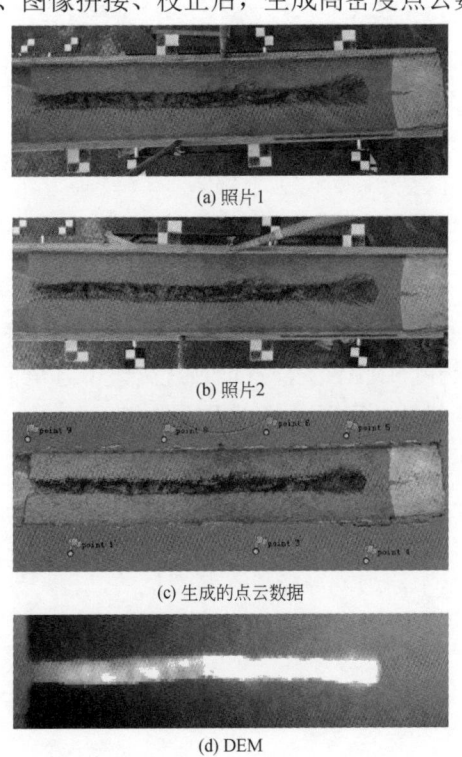

图 3-4　立体摄影测量相机同时拍摄的一组影像、生成的点云数据和 DEM

（.txt 格式）；然后将处理后的数据导入 ArcGIS 10.4（ESRI Inc.，Redlands，CA，USA）软件，进行进一步的降噪、坐标系设置等处理，生成渔网并进行空间校正，然后生成高精度 DEM［精度为 2 mm×2 mm，图 3-4（d）、图 3-5］，通过三维分析和表面分析模块，获取坡面细沟形态特征及细沟水流参数等指标，具体操作步骤与三维激光扫描技术所获点云数据的后期处理步骤类似（覃超等，2016；Qin et al.，2018b）。

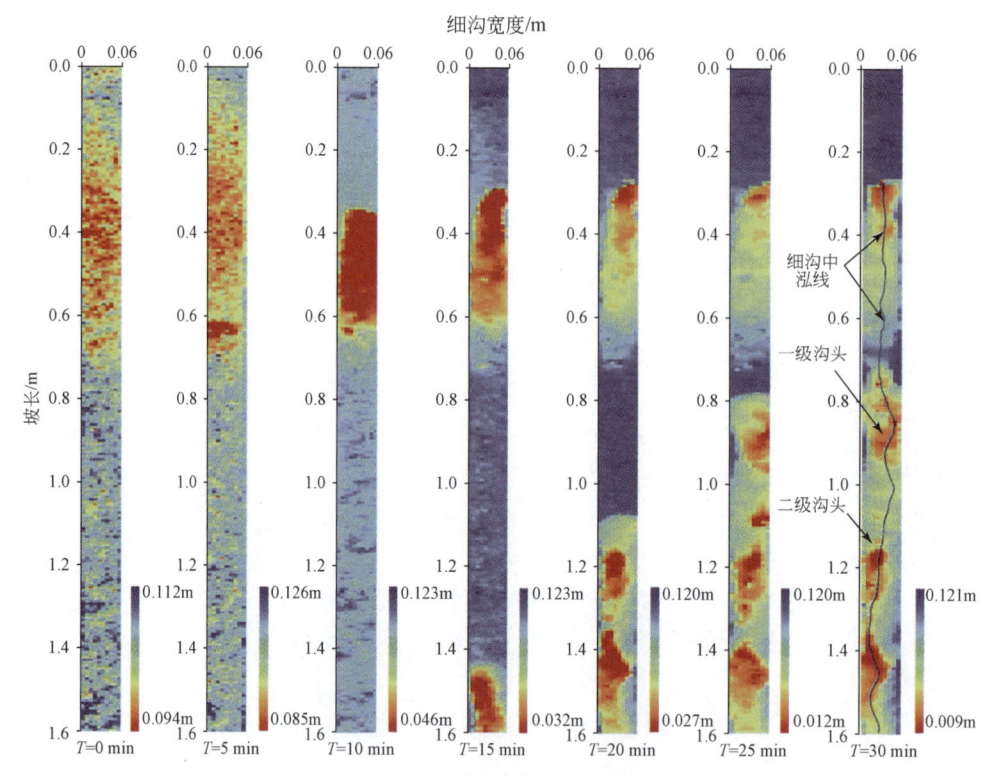

图 3-5　沟底下切侵蚀试验不同历时下由立体摄影测量影像提取的高精度 DEM（选自上方汇流量为 2 L/min，坡度为 20°的试验处理）

为了研究细沟形态随时间的变化过程，在经过空间校准的正摄影像上能直接测量任意时刻下的细沟长度；在高精度 DEM 上，从坡顶过渡段下方至模型细沟出口处建立渔网，利用 ArcGIS 中的三维分析模块，每隔 5 cm 选取一个断面，共选取 30～33 个断面来分别量测细沟的宽度和深度，某一时刻下的细沟平均宽度和平均深度为所有量测断面细沟宽度/深度的平均值。

2. 水动力学参数计算

坡面侵蚀过程实质上是水流做功、能量不断消耗的过程，因此，选用径流剪切力（τ）、径流功率（ω）和单位径流功率（φ）等 3 个水动力学参数来描述总侵蚀量和细沟侵蚀量的时空分布特征。

（1）径流剪切力是破坏和分散土壤颗粒的主要动力，其计算公式（Foster et al.，1984）如下：

$$\tau = \gamma R J \tag{3-1}$$

式中，τ 为径流剪切力（Pa）；γ 为水的容重（g/cm）；R 为水力半径；J 为水力坡度（m/m），可用土槽坡度的正切值代替（Zhu et al.，1995），其中 $R=Bh/(B+2h)$，B 为径流宽度（cm），h 为径流深度（cm）。

（2）Bagnold（1966）认为径流功率和径流剪切力存在显著的相关关系，二者的关系可用下式表达：

$$\omega = \tau V \tag{3-2}$$

式中，ω 为径流功率 [N/(cm·s)]；V 为断面平均水流流速（cm/s），其值等于试验中测得的表层径流最大流速乘以流速修正系数 0.75。

（3）基于前人的研究结果和试验数据，Yang（1973）提出了适用于明渠水流的单位径流功率的计算公式，而 Moore 和 Burch（1986）随后用该公式进行了坡面细沟侵蚀率的计算，结果表明该公式能够较准确地预测坡面流和细沟水流的输沙率。在长度为 x，总落差为 y 的一条明渠上，单位重量的水体所具备的用于输送水和泥沙的功率为

$$\varphi = \frac{\mathrm{d}y}{\mathrm{d}t} = \frac{\mathrm{d}x}{\mathrm{d}t}\frac{\mathrm{d}y}{\mathrm{d}x} = VJ \tag{3-3}$$

式中，φ 为单位径流功率（cm/s）；t 为时间（s）。

3. 模型验证和率定的指标选取

为验证拟合方程的有效性，选取模型有效性系数 R^2 和纳什系数 E_{NS}（Nash and Sutcliffe，1970）作为评价指标：

$$R^2 = \frac{[\sum_{i=1}^{n}(O_i-\overline{O})(Y_i-\overline{Y})]^2}{\sum_{i=1}^{n}(O_i-\overline{O})^2 \sum_{i=1}^{n}(Y_i-\overline{Y})^2} \tag{3-4}$$

$$E_{\mathrm{NS}} = \frac{1-\sum_{i=1}^{n}(Y_i-O_i)^2}{\sum_{i=1}^{n}(O_i-\overline{O})^2} \tag{3-5}$$

式中，O_i 为试验观测值；Y_i 为模型预测值；$\overline{O}$ 为试验观测值的平均值；$\overline{Y}$ 为模型预测值的平均值；n 为样本个数。

R^2 表示观测值与预测值之间关系的紧密程度，E_{NS} 表示观测值和预测值在 1∶1 线附近的分布情况。R^2 和 E_{NS} 越接近 1，表明模型的预测效果越好；R^2 和 E_{NS} 趋向于 0 则表明模型预测值与实际观测值之间有较大误差。通常情况下，当 R^2 大于 0.6 且 E_{NS} 大于 0.5 时可认为模型预测达到可接受的精度（Santhi et al.，2001）。

3.2 坡面细沟沟头溯源侵蚀过程研究

3.2.1 细沟沟头溯源侵蚀过程的动态变化

1. 细沟沟头溯源侵蚀过程

为研究细沟长度随时间、流量和坡度的变化特征，且尽量减少坡顶过渡段对试验结果

的影响，这里绘制了不同试验处理下细沟沟头溯源长度达到 100 cm（选取坡长 70~170 cm 为试验段）的细沟长度随时间的变化过程（图 3-6）。结果表明，沟头溯源长度达到 100 cm 所需的时间随流量和坡度的增加逐渐缩短。在 15°坡度和流量为 1 L/min、2 L/min、3 L/min、4 L/min 时，沟头溯源长度达到 100 cm 所需时间分别为 38.6 min、19.6 min、18.5 min 和 15.9 min；在坡度为 20°的 4 种流量下沟头溯源长度达到 100 cm 所需时间分别为 29.1 min、16.9 min、14.9 min 和 13.6 min。由此可见，在相同坡度下，当流量大于 1 L/min 时，沟头溯源长度达到 100 cm 所需时间较流量为 1 L/min 的试验处理缩短 12 min 以上；当流量为 2 L/min、3 L/min、4 L/min 时，不同试验处理间沟头溯源长度达到 100 cm 所需时间仅相差 3.3~3.7 min，且数据点的分布在试验前期十分接近，因此可以认为 2 L/min 是试验条件下使沟头溯源侵蚀速率明显增加的一个临界值；坡度对细沟长度随时间的变化影响十分明显，且这一影响随流量的增加逐渐减弱。图 3-6 还表明，细沟长度随时间基本呈线性增加趋势，沟头溯源侵蚀速率基本保持不变。

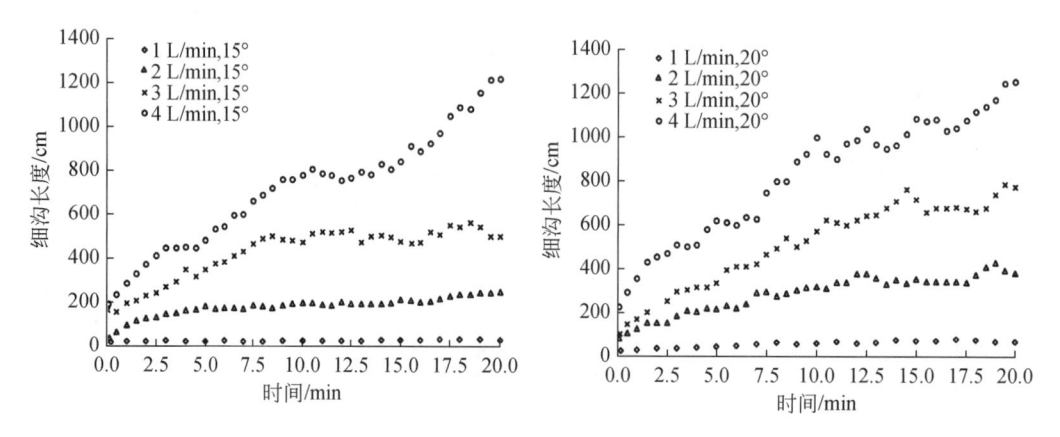

图 3-6 不同试验处理下细沟长度随时间的变化

2. 细沟长度的动态变化分析

参考前人的研究结果（Wells et al.，2009b；2010），即在一定的流量和坡度条件下，细沟沟头溯源侵蚀速率随时间推移基本保持不变，本研究选用线性函数 $L = aT$ 来描述细沟长度随时间的变化规律。基于此，针对每一个试验处理，建立了细沟长度随时间变化的方程（表 3-3）。为建立一个通用的细沟长度随时间变化的方程，需要确定系数 a 的通用表达式。Zhu 等（1995）在研究细沟侵蚀与流量和坡度的关系时指出，坡度×流量的交互作用是预测沟头溯源侵蚀量的较好因子。这里通过分析 a 与单宽流量（q），坡度（s），qs 和 qs^2 等流量和坡度组合的关系得知，系数 a 受 q 和 s 的共同影响，且这一影响随流量和坡度的增加呈减弱趋势，因此两者关系可由对数函数表达。随机选取 12 场次的试验数据（场次 1、2、3、6、7、8 及其重复，表 3-3，非阴影表示）进行参数拟合，发现 a 可由下式表达：

$$a = 2.685\ln(qs) - 1.184 \quad (R^2=0.959, P<0.005, n=12) \quad (3\text{-}6)$$

式中，q 为单宽流量 [L/（min·m）]；s 为坡度（m/m）。

将式（3-6）代入 $L = aT$ 可得：

$$L = [2.685\ln(qs) - 1.184] T \quad (3\text{-}7)$$

式中，L 为细沟长度（cm）；T 为试验历时（min）。

表 3-3 细沟长度随时间变化方程的建立及相关参数

场次	方程	样点个数	R^2	q	s	qs
1	$L = 2.4994T$	30	0.990	16.7	0.2679	4.5
2	$L = 4.7929T$	20	0.973	28.6	0.2679	7.7
3	$L = 5.1248T$	22	0.984	41.7	0.2679	11.2
4	$L = 6.2655T$	16	0.998	53.3	0.2679	14.3
5	$L = 3.2055T$	30	0.998	18.2	0.3640	6.6
6	$L = 5.4781T$	16	0.993	30.8	0.3640	11.2
7	$L = 6.3063T$	15	0.964	44.1	0.3640	16.1
8	$L = 6.6342T$	21	0.965	54.8	0.3640	20.0

注：阴影行表示用于验证模型的数据，下同。

为进一步验证式（3-7）预测细沟长度随时间变化的效果，选取剩余两组且与建模场次相互独立的试验数据进行验证（场次 4、场次 5，表 3-3，阴影所示）。结果表明，场次 4 和场次 5 的方程模拟值与实际观测值均有较好的相关关系，平均相对误差分别为 15.7%和 4.0%，最终相对误差（即细沟沟头溯源长度达到 100 cm 时的相对误差）分别为 1.6%和-2.8%，决定性系数 R^2 分别为 0.995 和 0.999，纳什有效性系数 E_{NS} 分别达到 0.955 和 0.995，说明式（3-7）符合模型有效性验证的基本要求（图 3-7），对预测不同流量和坡度条件下黄土坡面细沟长度随时间的变化过程有一定的参考价值。

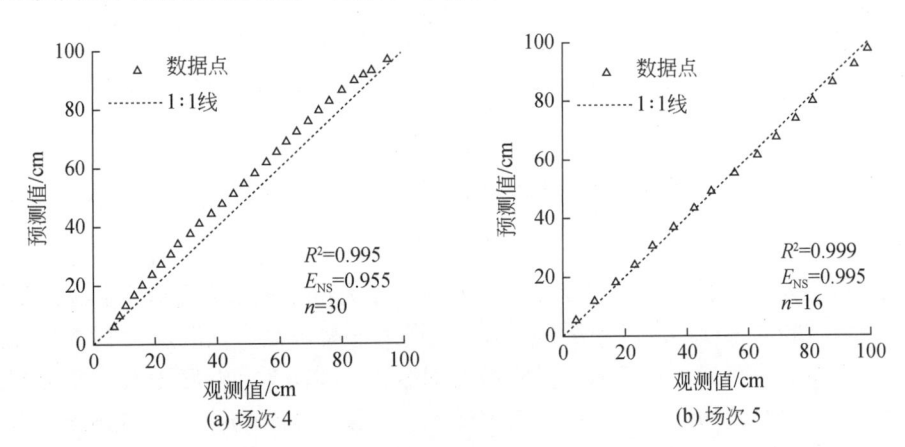

图 3-7 细沟长度的预测值和实际观测值

3.2.2 细沟沟头溯源侵蚀对坡面侵蚀的作用

不同试验处理下的坡面产流率均小于设计流量，偏小幅度为 6.5%~28.0%，说明模拟试验过程中有少量入渗发生，符合超渗产流规律，较好地模拟了裸露黄土坡面上发育细沟的产流过程（表 3-4）。不同试验处理下的坡面产沙率随流量和坡度的增加而增大（表 3-4、图 3-8）。在坡度不变的情况下，流量每增加 1 L/min，坡面产沙率增加 155~301 g/min，增加幅度为 0.59~5.34 倍；流量每增加一倍，坡面产沙率增加 155~529 g/min，增加倍数为

1.86~5.34 倍。在流量不变的情况下，坡度增加 5°，坡面产沙率增加 26~101 g/min，增加幅度为 14.0%~89.7%。

表 3-4　不同试验处理下的坡面产流率和产沙率

场次	坡度/(°)	设计流量/(L/min)	产流率/(L/min) 平均值	产流率/(L/min) 标准差	产沙率/(g/min) 平均值	产沙率/(g/min) 标准差
1	15	1	0.72	0.04	29	6
2	15	2	1.88	0.12	184	27
3	15	3	2.73	0.08	429	35
4	15	4	3.74	0.14	713	21
5	20	1	0.72	0.04	55	10
6	20	2	1.80	0.07	285	21
7	20	3	2.71	0.12	512	15
8	20	4	3.69	0.10	813	33

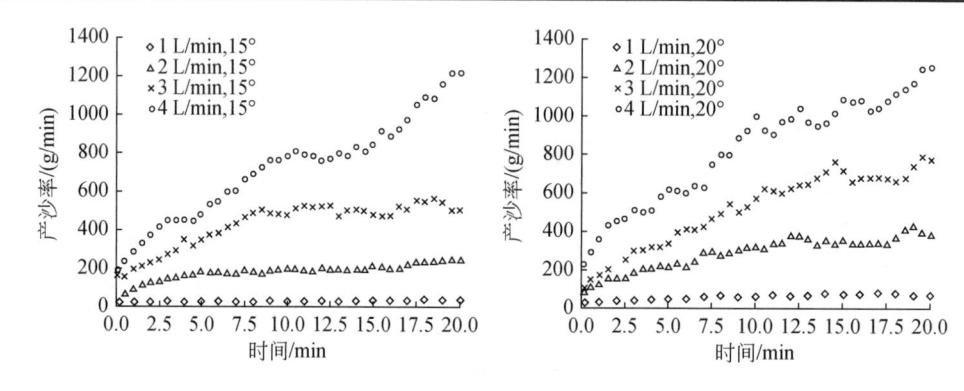

图 3-8　不同试验处理下产沙率随时间的变化

坡面产沙率随时间总体上呈上升的变化趋势，但在不同的流量和坡度处理下，其上升的变化过程有所差异（图 3-8）。当流量小于或等于 2 L/min 时，坡面产沙率在试验初期增加较快，随着试验的进行，产沙率缓慢上升，并伴有小幅波动。当流量大于 2 L/min 时，产沙率始终保持上升趋势，且随着流量和坡度的增加，波动上升幅度增大。产沙率随时间变化波动的原因可归纳为以下几点：①当流量大于或等于 2 L/min 时（3 L/min 流量和 15°坡度处理除外），细沟沟槽内均有二级沟头产生，因此，在一级沟头溯源侵蚀速率基本不变且沟头跌坎高度仅缓慢增加的情况下，二级沟头的生成增加了坡面产沙率。本结果证实了前人（Bryan and Poesen，1989；Slattery and Bryan，1992；Bennett et al.，2000）的观点，即细沟沟头的形成是细沟侵蚀初期坡面产沙的主要来源。②在相同试验历时下，大坡度和大流量的试验处理拥有较长的细沟长度、较复杂的细沟沟槽形态，以及处于动态变化的以侵蚀为主的过程或以沉积为主的过程，造成坡面产沙率波动变化，这与 Wells 等（2010）在缓坡（<3°坡面）上的研究结果类似，他们发现在沟头水溅窝下方存在明显的泥沙沉积区。③随着细沟长度的增加，产沙率同时受沟头溯源侵蚀速率、沟头跌坎高度、侵蚀-沉积动态变化和二级沟头产生、溯源的影响，因此波动更明显。

不同试验处理下细沟的宽度、深度及宽深比分别为 3.0~10.0 cm、2.8~20.0 cm 和 0.5~3.0 cm。试验所得细沟宽度、深度符合前人有关黄土坡面细沟宽度（3~30 cm）和深度（3~20 cm）的野外调查和室内模拟结果（和继军等，2013；郑粉莉等，1989）。然而，在 3 L/min，20°、4 L/min，15°和 4 L/min，20°试验处理下，由于一级沟头下方的细沟沟槽内产生了二级沟头，而二级沟头的进一步下切，使部分坡长处的细沟深度已达 20 cm（沟底已下切至细沙层），由此导致部分坡段细沟宽深比略小于前人调查和模拟的结果（0.75~8.75）。

3.2.3 细沟沟头溯源侵蚀的主要影响因子

有的研究指出，以沟头溯源侵蚀为主的坡面侵蚀过程其坡面产沙率主要受沟头溯源侵蚀速率和沟头跌坎高度影响（Bennett and Casalí，2001；张宝军等，2017）。Bennett 等（2000）和 Wells 等（2009a）在研究沟头溯源侵蚀过程中沟头形态时也指出，沟头下方水涮窝深度和沟头溯源速率受上方来水来沙和坡度的共同制约，并显著影响产沙过程，产沙量、水涮窝深度和沟头溯源侵蚀速率均随流量和坡度的增加而增大。由于不同尺度侵蚀沟道在形态上具有自相似性（Govindaraju and Kavvas，1992；Sofia et al.，2017），对于纵比降较大的山间河流，河床的下切和河流源头的溯源也广泛存在跌水-深潭相间分布的形式，且 2 个跌水之间的距离与跌水高度和河床比降存在明显相关关系（Maxwell and Papanicolaou，2001；刘怀湘等，2011；余国安等，2011；张晨笛，2017；Zhang et al.，2018）。

基于上述分析，分别统计了不同试验处理下的平均沟头跌坎高度和平均溯源侵蚀速率（表 3-5），并将两者与产沙率进行回归分析。结果表明，产沙率与沟头跌坎高度和溯源侵蚀速率呈极显著的正相关关系（$P<0.001$），相关系数分别为 0.727 和 0.902。然而，在大流量和大坡度的试验处理组合下，沟头跌坎高度并不随流量和坡度的增加而严格增大。特别是当流量达到 4 L/min 时，15°坡度下的沟头跌坎高度明显大于 20°坡度下的跌坎高度，而产沙率却小于坡度为 20°时的产沙率。分析其原因，发现在流量和坡度较大时，一级沟头下方发育二级沟头的概率明显增加，而二级沟头数与产沙率也存在显著相关关系（$R^2=0.675$，$P=0.002$）。Bryan 和 Poesen（1989）以及 Slattery 和 Bryan（1992）也认为，二级沟头的产生是细沟沟槽下切侵蚀的重要组成部分，在一级沟头尚未溯源至上方汇水面积与坡度平方乘积 AS^2 临界值的情况下（Torri and Poesen，2014），沟头溯源侵蚀和沟底下切侵蚀同时主导坡面侵蚀过程，坡面产沙量达到峰值。以上结果还从侧面证实了 Gordon 及其合作者（Gordon et al.，2007a；2007b）的研究结论，他们指出，沟头跌坎高度的增加促使集中水流进入沟头的入射角度增加，从而增大了固定涡流区域（captive eddy region）的径流侵蚀力，使沟头溯源速率和坡面产沙率增加。

表 3-5 不同试验处理下一级沟头的沟头跌坎高度、溯源侵蚀速率和一级沟头下方发育的二级沟头数

Q/（L/min）	S/（°）	SL/（g/min）	H/cm	V/（cm/min）	N
1	15	25	3.7	2.7	0
1	15	33	3.9	2.8	0
2	15	165	6.2	5.1	1
2	15	203	6.8	5.3	2

续表

Q/（L/min）	S/（°）	SL/（g/min）	H/cm	V/（cm/min）	N
3	15	404	11.4	5.5	0
3	15	453	11.7	5.9	1
4	15	698	13.0	6.3	3
4	15	728	13.5	6.8	4
1	20	48	7.0	3.5	0
1	20	62	7.3	3.7	0
2	20	270	7.6	5.8	2
2	20	300	7.9	6.2	1
3	20	501	8.2	7.0	4
3	20	522	8.8	7.3	4
4	20	789	8.4	7.5	4
4	20	836	8.9	7.9	4

注：表中 SL 为产沙率；H 为一级沟头的跌坎高度；V 为一级沟头的溯源侵蚀速率；N 为一级沟头下方沟槽内发育的二级沟头数。阴影行表示用于模型验证的数据，下同。

综上所述，以沟头溯源侵蚀为主导发育方式的坡面产沙率受沟头溯源侵蚀速率、沟头跌坎高度和沟头下方沟槽内发育的二级沟头数及其相关特征影响，因此，在布设坡面水土保持措施时需要对沟头上方的来水进行拦截，以防止沟头溯源侵蚀并降低沟槽内集中水流能量，从而阻止二级沟头的形成及下切侵蚀的进一步发生，从而达到防治土壤侵蚀的目的。

3.2.4 细沟沟头溯源侵蚀的定量表达

通过产沙率与沟头跌坎高度、一级沟头溯源侵蚀速率、二级沟头数的回归分析得知，产沙率随沟头跌坎高度或沟头溯源侵蚀速率的增加呈幂函数（$y = aX^b$）增加，而产沙率和二级沟头数的关系，由于 0 的存在，则根据情况可用一次函数或指数函数来表达。因此，初步拟定了以下几种基本形式的方程：

$$F(\mathrm{SL}) = af_1(H)^m + bf_2(V)^n + cN \tag{3-8}$$

$$F(\mathrm{SL}) = a \times b^N [cf_1(H)^m + df_2(V)^n] \tag{3-9}$$

$$F(\mathrm{SL}) = a \times b^N \times cf_1(H)^m + df_2(V)^n \tag{3-10}$$

式中，H 为一级沟头跌坎高度（cm）；V 为一级沟头溯源侵蚀速率（cm/min）；N 为一级沟头下方沟槽内发育的二级沟头数；a，b，c，d，m，n 为待定系数。

利用 Origin 9.0 软件的非线性拟合功能，随机选取 12 组数据用于方程拟合（表 3-5，非阴影表示），分别用上述初拟的关系式进行多元非线性回归分析，发现式（3-8）的决定性系数 R^2 最大，达到 0.932。该方程中的 H 和 V 分别符合幂函数关系，反映了沟头溯源侵蚀过程中的重力侵蚀特征和径流能量特征，有一定的物理意义（Parker and Izumi, 2000; Alonso and Bennett, 2002; Zhu et al., 2008）；为使方程左右两边量纲平衡，首先对产沙率

(SL)、一级沟头跌坎高度（H）和一级沟头溯源侵蚀速率（V）进行无量纲处理：

$$SL' = \frac{1000SL}{\rho V_0 A} \quad (3-11)$$

$$H' = \frac{10H}{H_0} \quad (3-12)$$

$$V' = \frac{100H}{V_0} \quad (3-13)$$

式中，SL 为产沙率（g/min）；SL'为无量纲的产沙率；ρ 为细沟水流密度，取 1.0 g/cm³；V_0 为使沟头恰好发生溯源侵蚀的临界流速，根据覃超等（2016）的数据计算，取 105.8 cm/min；A 为土槽的有效试验面积，取 3000 cm²；H_0 为沟头最大可下切深度，与土层厚度相等，取 20 cm；H'为无量纲的一级沟头跌坎高度；V'为无量纲的一级沟头溯源侵蚀速率。

将式（3-11）~式（3-13）分别代入式（3-8），得到其最终表达式：

$$SL' = 0.085(H')^{1.288} + 0.085(V')^{2.638} + N \quad (R^2=0.905, P<0.005, n=12) \quad (3-14)$$

为验证式（3-14）的模拟结果，选取剩余 4 场次数据（表 3-5，阴影表示）进行模型有效性验证。结果表明，R^2 和 E_{NS} 分别为 0.892 和 0.799，符合模型有效性验证的基本要求。由式（3-14）中的待定系数 a、b 和 m、n 的相对大小关系可知，沟头溯源侵蚀速率对产沙率的影响大于沟头跌坎高度对产沙率的影响，且两者通过影响一级沟头下方沟槽内发育的二级沟头数，共同决定沟头溯源侵蚀过程中的坡面产沙率。Wirtz 等（2012）指出目前细沟侵蚀预报模型多用径流功率和径流剪切力代表细沟水流能量来估算细沟侵蚀量，对在坡面侵蚀过程中是否有沟头产生及其溯源侵蚀的产沙贡献尚未考虑。因此，上式在一定程度上有助于细化细沟侵蚀预报模型，并为建立基于物理过程的土壤侵蚀预报模型提供借鉴。

3.3 坡面细沟沟底下切侵蚀过程研究

3.3.1 细沟沟底下切侵蚀过程的动态变化

1. 细沟沟底下切侵蚀过程

细沟平均深度随时间呈总体上升的变化趋势（图 3-9）。与产沙率随时间的变化类似，对于较小坡度和流量的试验处理，细沟平均深度在试验初期也存在明显的平台阶段，且该阶段的持续时间随坡度和流量的增加而缩短。当流量小于 2 L/min 时，细沟深度的变化曲线在试验中后期也存在平台或斜率较低的阶段，这是由于最初产生的二级沟头已经溯源至坡长较短的位置，溯源侵蚀速率降低，而三级沟头或第二个二级沟头还未产生，因此细沟沟底下切侵蚀速率呈整体下降趋势。当流量大于 3 L/min 时，细沟深度随时间基本呈直线上升，这说明细沟内有下切沟头不断溯源且平均溯源侵蚀速率和下切侵蚀速率基本保持稳定。在试验结束时，细沟的最终平均深度随流量和坡度的增加而增加，在 15°坡度下，流量为 1 L/min、2 L/min、3 L/min、4 L/min 时，细沟的最终平均深度分别为 8.0 cm、10.1 cm、11.0 cm 和 11.2 cm，在 20°坡度下，细沟的最终平均深度分别为 9.0 cm、10.5 cm、11.2 cm 和 12.9 cm（图 3-9）。

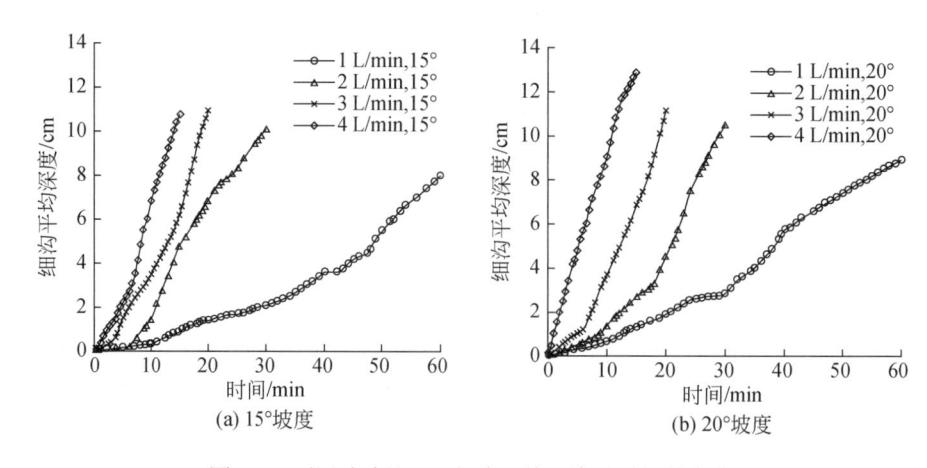

图 3-9　不同试验处理下细沟平均深度随时间的变化

2. 细沟深度的动态变化分析

研究结果表明，细沟平均深度随时间的增加而增加，且增加速率基本保持不变，因此选用线性函数 H=aT 来描述细沟平均深度随时间的变化规律。基于此，针对每一个试验处理，建立了细沟平均深度随时间变化的方程（表 3-6）。为建立一个通用的细沟长度随时间变化的方程，需要确定系数 a 的通用表达式。上方汇流面积和坡度是 2 个重要的地形因子，决定了坡面细沟/浅沟沟头的可能发生位置、发育过程和坡面泥沙输移过程（Cheng et al.，2007；Torri and Poesen，2014）。Zhu 等（1995）分析了沟底下切侵蚀速率与坡度、流量、坡度与流量的乘积及其交互作用的关系，发现坡度×流量是预测沟底下切速率的关键因子。这里通过分析 a 与单宽流量（q）、坡度（s）、qs、q^2s 和 qs^2 等流量和坡度组合的关系得知，系数 a 受 q 和 s 的共同影响，且这一影响随流量和坡度的增加而减弱，因此两者关系可由幂函数表达。随机选取 12 场次的试验数据（场次 1、2、3、5、6、7 及其重复，表 3-6，非阴影表示）进行参数拟合，发现 a 可由下式表达：

$$a = 0.0034 (q^2s)^{0.7872} \quad (R^2=0.944, P<0.005, n=12) \tag{3-15}$$

式中，q 为单宽流量 [L/(min·m)]；s 为坡度（m/m）。

将式（3-15）代入 H = aT 可得：

$$H = 0.0034 (q^2s)^{0.7872} T \tag{3-16}$$

式中，H 为细沟平均深度（cm）；T 为试验历时（min）。

表 3-6　细沟平均深度随时间变化方程的建立及相关参数

场次	方程	样点个数	R^2	q	s	qs	q^2s
1	H=0.1003T	60	0.8789	16.7	0.2679	4.5	74.7
2	H=0.3228T	34	0.9347	28.6	0.2679	7.7	219.1
3	H=0.4445T	41	0.9208	41.7	0.2679	11.2	465.8
4	H=0.6943T	29	0.9448	53.3	0.2679	14.3	761.1
5	H=0.1336T	59	0.9399	18.2	0.3640	6.6	120.6

续表

场次	方程	样点个数	R^2	q	s	qs	q^2s
6	$H=0.2776T$	36	0.8483	30.8	0.3640	11.2	345.3
7	$H=0.4628T$	32	0.9206	44.1	0.3640	16.1	707.9
8	$H=0.9130T$	30	0.9953	54.8	0.3640	20.0	1093.1

为进一步验证式（3-16）预测细沟平均深度随时间变化的效果，选取剩余 2 组且与建模场次相互独立的试验数据（场次 4、场次 8，表 3-6，阴影表示）对式（3-16）进行验证。结果表明，场次 4 和场次 8 的方程模拟值与实际观测值均有较好的相关关系，平均相对误差分别为 16.4%和 10.7%，最终相对误差分别为-12.1%和-2.4%，决定性系数 R^2 分别为 0.986 和 0.997，纳什有效性系数 E_{NS} 分别达到 0.943 和 0.969，说明式（3-16）符合模型有效性验证的基本要求（图 3-10），对预测不同流量和坡度条件下黄土坡面细沟平均深度随时间的变化过程有一定的参考价值。

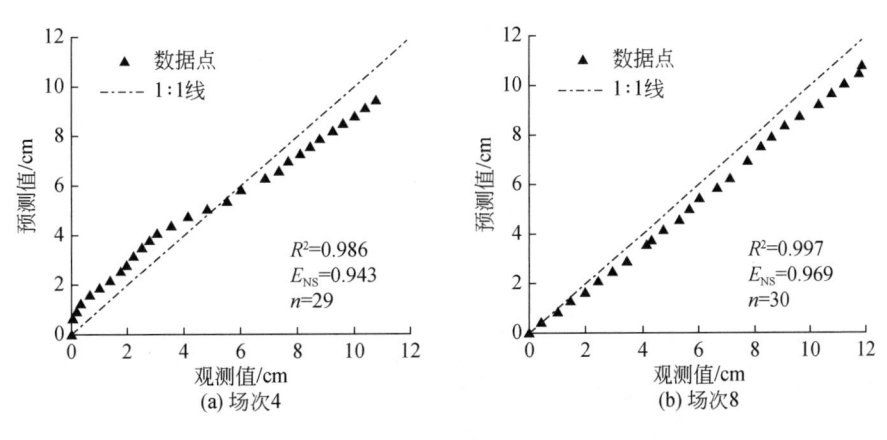

图 3-10 细沟平均深度的预测值和实际观测值

3. 坡面细沟深度分布特征

基于高精度 DEM，图 3-11 展示了细沟深度随坡长的变化规律。在没有二级沟头产生的前提下，小坡度和小流量的试验处理（处理 1、2、5），细沟沟床形态在初级沟头下切至某一横截面前、后基本保持不变［图 3-11（a）、（b）］。由于二级沟头在大坡度和大流量的试验处理（处理 3、4、6、7、8）形成的细沟沟槽内广泛发育，因此沟底下切侵蚀速率明显高于没有二级沟头发育的试验处理。沟头下切侵蚀过后，泥沙普遍沉积在沟头下方区域［图 3-11（c）］。下面概述发育完好的细沟沟槽内细沟深度随坡长的变化特征。

（1）在初级沟头溯源至某一横截面前，由径流剪切力引起的沟底下切侵蚀速率较低且沿坡长均匀分布。

（2）初级沟头高度在试验开始的前一小段时间内基本保持不变，该结果证实了 Bennett 等（2000）在研究砂质黏壤土时的观点，但与 Lewis（1944）在研究无黏性沙时所得的研究结果不同，Lewis 认为沟头高度随沟头的溯源过程逐渐减小，土壤内在性质是影响沟头形态特征的因素之一。

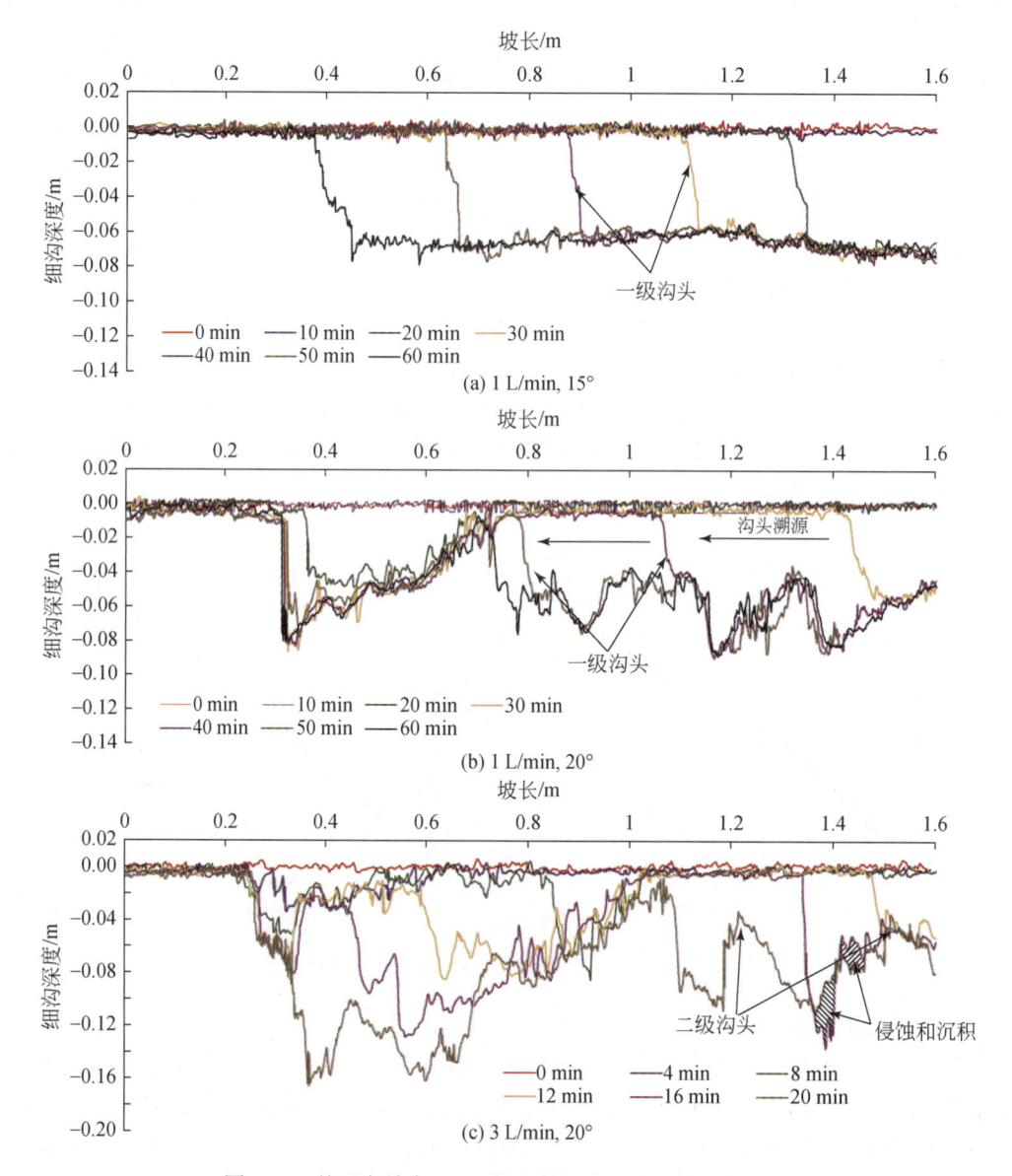

图 3-11 基于高精度 DEM 提取的细沟深度随坡长变化图

（3）二级沟头发育在初始沟头溯源侵蚀过后形成的细沟沟槽内并呈现不同的侵蚀-沉积特征［图 3-11（c）］，下切沟头下方的沟槽坡度小于试验设计坡度。

（4）初始沟头的溯源侵蚀速率在相同流量和坡度的试验处理下基本保持一致，该结果验证了 Bennett 等（2000）用上方汇流试验研究沟头溯源侵蚀的结论。

（5）2 个初始沟头间的距离随上方汇流量和坡度的增加而减小，其原因可能与滚动波理论和径流剪切力的增加有关（李鹏等，2010）。

3.3.2 细沟沟底下切侵蚀对坡面侵蚀的作用

不同试验处理下的产流率均小于设计流量（表 3-1、表 3-7），偏小幅度为 3.7%~7.1%，说明试验过程中模型细沟的入渗性能良好，较好地模拟了裸露黄土坡面上发育细沟的产流过程。不同试验处理下的产沙率随流量和坡度的增大而增大，其中，在坡度不变的情况下，流量每增加 1 L/min，产沙率增加 60~226 g/min，增加幅度为 41.7%~122.1%；流量每增加一倍，产沙率增加 60~424 g/min，增加倍数为 0.78~2.42 倍。在流量不变的情况下，坡度增加 5°，产沙率增加 43~207 g/min，增加幅度为 44.2%~83.1%。

表 3-7 不同试验处理下的产流率和产沙率

场次	产流率/（L/min） 平均值	标准差	产沙率/（g/min） 平均值	标准差
1	0.91	0.00	75.7	0.1
2	1.96	0.03	13.7	0.4
3	2.88	0.03	30.4	0.3
4	3.79	0.03	46.8	1.0
5	0.94	0.04	11.9	0.4
6	1.97	0.00	25.0	1.4
7	2.94	0.10	47.6	0.9
8	3.77	0.01	67.5	2.5

产沙率随时间总体呈上升的变化趋势，但在不同的流量和坡度处理下，其上升的变化过程有所差异（图 3-12）。当流量小于 2 L/min 时，在产沙率明显上升前，其变化曲线存在明显的低位波动平台，且流量越小，平台期的持续时间越长；当流量大于 3 L/min 时，试验开始时产沙率即急剧上升，低位波动平台期的持续时间很短。当流量大于 2 L/min 时，试验后期的产沙率均存在下降并波动变化的过程，这与流量为 1 L/min 时产沙率在试验中

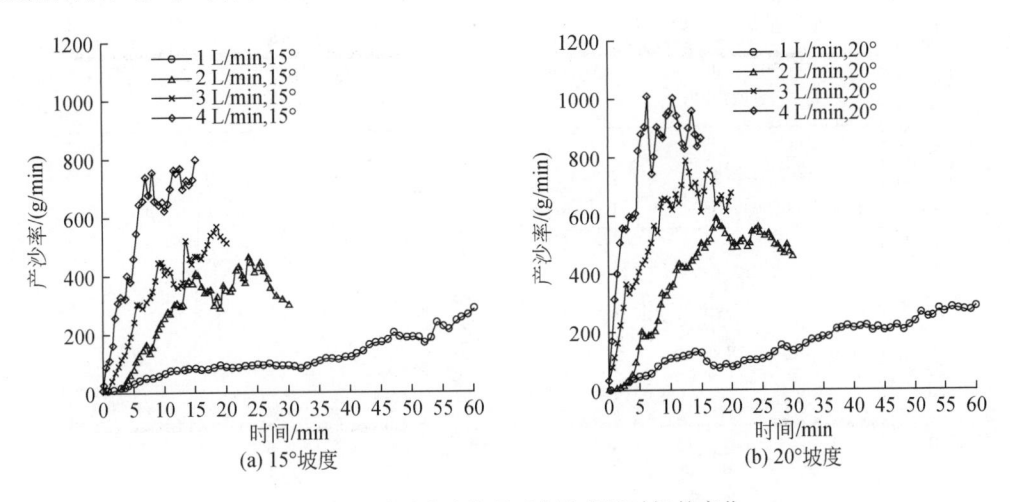

(a) 15°坡度　　　　(b) 20°坡度

图 3-12 不同试验处理下产沙率随时间的变化

前期下降不同。不同试验处理下最大产沙率出现的时刻随流量的增大而提前，在15°和20°坡度下，最大产沙率出现的时间分别为15.0～60.0 min 和 10.5～60.0 min，最大产沙率分别为283.4～797.0 g/min 和 288.5～1000.2 g/min。

3.3.3 细沟沟底下切侵蚀阶段的划分

为阐明细沟沟底下切侵蚀机理，在不同流量的试验处理下，我们选取了4个特殊横截面，通过分析大比例尺 DEM（图3-5），研究了沟底下切侵蚀速率随时间的变化过程。4个特殊横截面选取的依据是：①距坡顶过渡段末端和细沟出口处的距离大于 30 cm；②试验开始阶段沟底下切侵蚀速率有一段较长的低位徘徊波动期；③试验过程中至少有一个初级沟头溯源经过研究断面。

试验结果表明，沟底下切侵蚀速率随时间的变化呈低位波动-突然增高-下降波动的变化趋势。下切侵蚀速率的峰值数量、持续时间，以及低位波动期的持续时间随上方汇流量和坡度的变化而变化。在发育完好的细沟沟槽内，对某一特定横截面，沟底下切侵蚀过程可分为3个阶段（图3-13）。

（1）下切沟头形成前期，该过程发生在二级沟头形成之前，主导过程是细沟水流剪切力下切，细沟底部的土壤颗粒被细沟水流缓慢、均匀地剥蚀，剥蚀速率取决于细沟水流流速、水力半径和水力坡度，此时沟底下切速率为0.1～4.7 mm/min（图3-13），这与Bennett等（2000）的观点一致，他们认为在沟底下切侵蚀前的表层土壤剥蚀速率几乎为0。

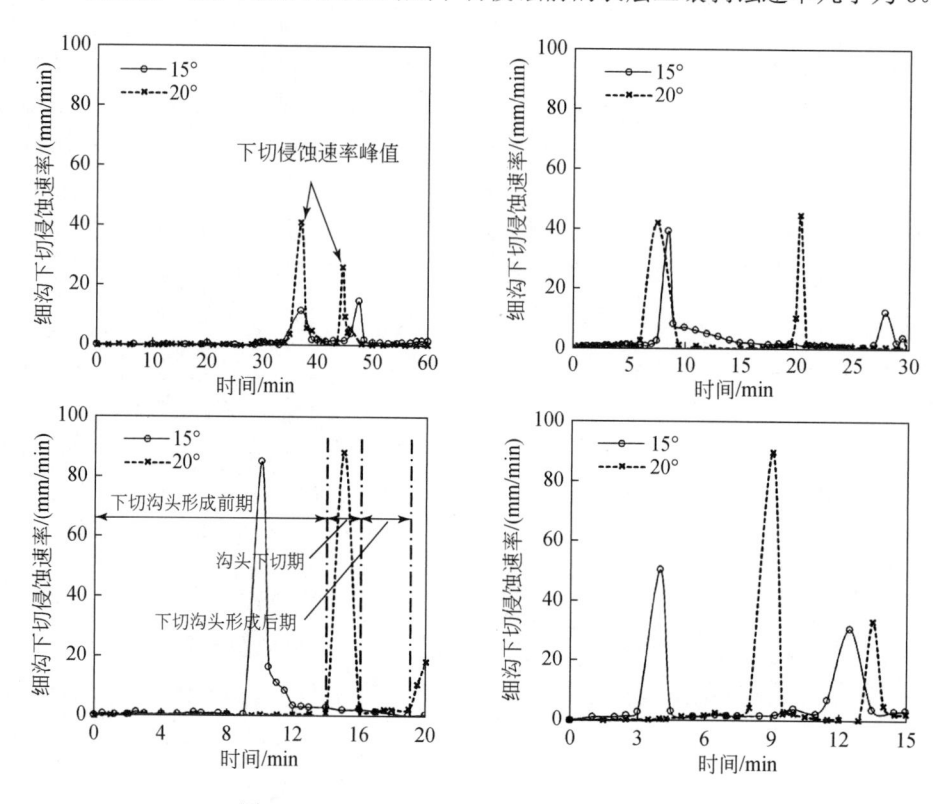

图3-13 不同试验处理下的沟底下切侵蚀速率

（2）二级/三级沟头下切期，该时期是细沟下切发展的主要阶段，由于细沟沟底的机械结皮在某一薄弱处被破坏（但并不一定在细沟水流流速最大处），结皮下方可蚀性较强的土壤出露，被细沟水流快速剥蚀，导致二级沟头迅速形成并开始新一轮的溯源侵蚀，研究表明，沟头溯源侵蚀过程中内凹型土体的深度与细沟水流流量呈正相关关系，而涡流产生于沟头下方的悬空土体内，是沟头溯源侵蚀过程中剥蚀土壤的主要动力（Wells et al.，2009a），此时沟底下切侵蚀速率急剧增大，沟底下切速率为 11.5~90.1 mm/min，是下切沟头形成前期沟底下切侵蚀速率的 19~115 倍（图 3-13）。此外，与其他 2 个阶段相比，该阶段的持续时间最短，占总试验时长的比例仅为 5.0%~13.3%，但该阶段的下切侵蚀量占总下切量的比例却高达 65.0%~86.2%。

（3）下切沟头形成后期，该过程以细沟水流剪切力下切为主，由于细沟底部的机械结皮被破坏且新的结皮还未形成，此时流过该断面的细沟水流能量被大量消耗于上部二级/三级沟头的溯源侵蚀和泥沙搬运，虽然缺少结皮保护的土壤抗蚀性较差，但还不足以形成新的下切沟头，细沟底部的土壤只能被细沟水流以相对第一阶段较高的速率剥蚀，此时沟底下切侵蚀速率为 2.0~16.4 mm/min。

上述试验结果证实了 Zhu 等（1995）的观点，他们认为沟头下方的沟底下切侵蚀量仅占总细沟侵蚀量的 2%左右。Jia 等（2005）在用数学模型模拟沟头溯源侵蚀过程时也指出，初级沟头下方沟槽内是否产生新的下切沟头受临界径流剪切力控制。Bryan 和 Poesen（1989）认为沟底下切侵蚀和沟头溯源侵蚀是两个相辅相成、同时发生的过程，沟底下切侵蚀最活跃的时期必定伴随沟头的产生和不断溯源，本结果证实了他们的结论。此外，本研究还指出，在沟头下切前、后，虽然由径流剪切力引起的沟底下切侵蚀很轻微，但也不能忽略（Qin et al.，2018c）。细沟的初始深度与一级下切沟头（初始下切沟头）的下切深度相同，在此后的沟底下切侵蚀过程中，二级/三级沟头的下切深度和溯源速率很大程度上决定了细沟深度的增加速率。因此，细沟侵蚀防治应重点考虑防止一级沟头在平整坡面上的产生，这样就能最大限度降低由沟头溯源侵蚀和沟底下切侵蚀导致的侵蚀产沙。

初级沟头溯源侵蚀速率在某种程度上决定了细沟沟槽的下切侵蚀速率。以下 3 个因素对初始沟头的溯源侵蚀速率有显著影响：土壤性质、径流能量和沟头高度。表 3-8 列出了拟合初级沟头溯源侵蚀速率所需的数据。细沟水流特征（径流剪切力/径流功率）受上方汇流量和坡度的影响，当沟头上方的细沟水流剪切力（τ）大于土壤临界剪切力时，沟床内的土壤颗粒将被集中水流分散、搬运。沟头高度随上方汇流量和坡度的增加而增加，是沟头溯源侵蚀过程中重力侵蚀的直接反映，因此也被用来描述沟头溯源侵蚀过程（Bennett and Casalí，2001；Babazadeh et al.，2017）。β是一个反映土壤内在性质的系数，在一定程度上代表了土壤可蚀性及其临界剪切力（土壤抵抗沟头重力侵蚀和细沟水流剪切力侵蚀的能力），该系数与土壤黏粒含量直接相关并被部分土壤侵蚀预报模型用来预测沟头溯源侵蚀与沟壁扩张侵蚀（Gordon et al.，2007b）。拟合方程如下：

$$F(V) = \beta \times f(\tau, H) \tag{3-17}$$

式中，τ为细沟水流剪切力（Pa）；H为沟头平均跌坎高度（cm）；V为沟头平均溯源侵蚀速率（cm/s）；β为表征土壤可蚀性和临界剪切力的系数。

表 3-8　沟头上方的细沟水流剪切力（τ），沟头平均高度（h）和不同试验处理下的沟头溯源侵蚀速率（V）

场次	τ/Pa	h/cm	V/(cm/s)
1	0.4	6.8	2.8
2	0.8	9.1	5.2
3	1.0	12.1	5.7
4	1.2	15.5	6.6
5	1.0	7.8	3.6
6	1.2	11.1	6.0
7	1.4	13.3	7.2
8	1.7	16.0	7.7

注：阴影行表示用于方程验证的数据，下同。

为使方程左右两边量纲平衡，必须对细沟沟头平均溯源侵蚀速率（V）、细沟水流剪切力（τ）和细沟沟头平均跌坎高度（H）进行无量纲处理：

$$V' = \frac{V}{V_0} \tag{3-18}$$

$$\tau' = \frac{1000\tau}{\rho V_0^2} \tag{3-19}$$

$$H' = \frac{10H}{H_0} \tag{3-20}$$

式中，V'为无量纲的沟头平均溯源侵蚀速率；V_0为使沟头恰好发生溯源侵蚀的临界流速，根据覃超等（2016）的数据计算，取 1.76 cm/s；τ'为无量纲的细沟水流剪切力；ρ为细沟水流密度，取 1000kg/m³；H'为无量纲的细沟沟头平均跌坎高度；H_0为细沟最大可下切深度，与土层厚度相等，取 20 cm。

为确定式（3-17）的最终形式，分别拟合细沟水流剪切力 τ、细沟沟头平均跌坎高度 H 与沟头平均溯源侵蚀速率 V 之间的关系式，发现幂函数可较好地模拟上述关系。分别将式（3-18）~式（3-20）代入式（3-17），运用多元非线性回归分析法得到该方程的最终表达式：

$$V' = 0.622 \times (\tau'^{0.893} + H'^{0.894}) \quad (R^2 = 0.867, \ P < 0.005, \ n = 12) \tag{3-21}$$

式（3-21）的验证结果表明，不同试验处理下预测值和实测值的相对误差为-9.3%~9.5%，决定性系数 R^2 和纳什有效性系数 E_{NS} 分别为 0.976 和 0.973，说明式（3-21）符合模型有效性验证的基本要求。

3.3.4　细沟沟底下切侵蚀的水动力学参数特征

细沟水流的水动力学特征在沟底下切侵蚀的不同阶段呈现不同的动态变化规律（图 3-14）。选取坡长 10~60 cm 和 90~140 cm 为测量断面，在下切沟头形成前期，细沟水流流速、剪切力和径流功率随流量和坡度的增加而增加。在二级/三级沟头下切期，剪切力和径流功率随流量和坡度的增加而增加，但细沟水流流速随坡度和流量的增加呈不规则变化。与下切沟头形成前期相比，二级/三级沟头下切期的细沟水流流速明显降低，下降幅度为21.4%～57.9%；径流剪切力明显增加，增加幅度为0.5～1.8倍；径流功率也增加0.7%～107.0%，且增加幅度基本随流量和坡度的增加而减小。在下切沟头形成后期，剪切力和径流功率随流量和坡度的增加而增加，但细沟水流流速随坡度和流量的增加则无明显变化规律；与前一阶段相比，细沟水流流速差别不大，径流剪切力和径流功率在流量为1～2 L/min时有所降低，而当流量大于3 L/min时，径流剪切力和径流功率分别增加5.8%～19.7%和1.4%～31.6%。

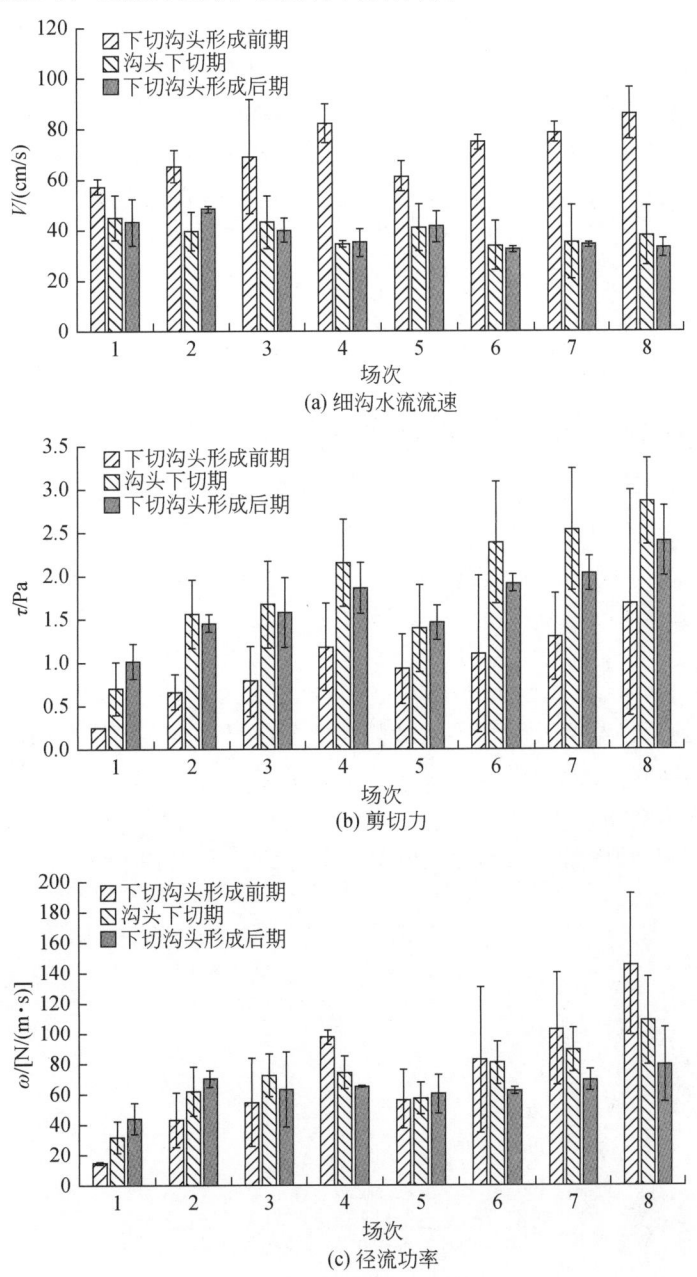

(a) 细沟水流流速

(b) 剪切力

(c) 径流功率

图 3-14　沟底下切侵蚀不同阶段的细沟水流流速、剪切力和径流功率

出现上述现象的原因可归纳为：①下切沟头形成前期，细沟沟槽粗糙度较小，流宽较大，流深较小，导致细沟水流流速在 3 个阶段里面最大，而剪切力和径流功率较小，径流剥蚀土壤的速率较低，产沙率和沟底下切侵蚀速率徘徊在较低水平；②二级/三级沟头下切期，测量断面出现一个或多个二级/三级下切沟头，且随着坡度和流量的增加，沟头的下切深度增大，细沟水流紧贴沟头内壁流动产生涡流，流动过程较为复杂，沟头个数越多、下切越深，径流流经沟头所需的时间越长，因此径流流速并不随流量的增加而严格增大；但是在沟头下方，与前一阶段相比，径流被限制在一个相对狭小的沟槽内流动，流宽减小，流深增大，径流剪切力和径流功率都增加，下切速率随时间的变化曲线呈现明显波峰，细沟深度随时间的变化曲线斜率突然增大，产沙率亦增大；③下切沟头形成后期，细沟水流在二级/三级沟头重新塑造的细沟沟槽内流动，细沟沟槽相对弯曲，粗糙度增大，且细沟水流能量被大量消耗于上方沟头的溯源侵蚀及泥沙搬运，因此流速低于下切沟头形成前期，但由于细沟水流更加集中，流宽为 0.8~3.6 cm（低于下切沟头形成前期的 5.0~6.5 cm），流深为 0.5~4.0 cm（高于下切沟头形成前期的 0.1~0.4 cm），所以径流剪切力大于下切沟头形成前期，但由于径流功率是流速和剪切力的函数，因此径流功率与前一时期相比没有明显的大小关系。

3.3.5 细沟沟底下切侵蚀与流量和坡度的关系

从 8 场次试验中随机选取 5 场次（场次 1、3、5、6、7 及其重复，表 3-7，非阴影表示）的试验数据用于方程拟合，另外 3 场次的数据（场次 2、场次 4、8 场次，表 3-7，阴影表示）用于方程验证，结果发现产沙率与单宽流量和坡度的组合呈线性增加的关系，因此，坡面侵蚀速率与 q 和 s 的关系可由线性函数表达：

$$SL = 0.5817q^2s + 35.356 \qquad (3-22)$$

式中，q 为上方单宽汇流量[L/(min·m)]；s 为坡度（m/m）；SL 为坡面侵蚀速率（g/min）。

式（3-22）的验证结果表明，不同试验处理下预测值和实测值的相对误差为-4.8%~19.3%，预测值与实测值的比值平均分布在 1:1 线两侧，决定性系数 R^2 和纳什有效性系数 E_{NS} 分别为 0.995 和 0.989，说明式（3-22）符合模型有效性验证的基本要求（图 3-15），可用于预测不同流量和坡度条件下的黄土坡面细沟沟底下切侵蚀量。

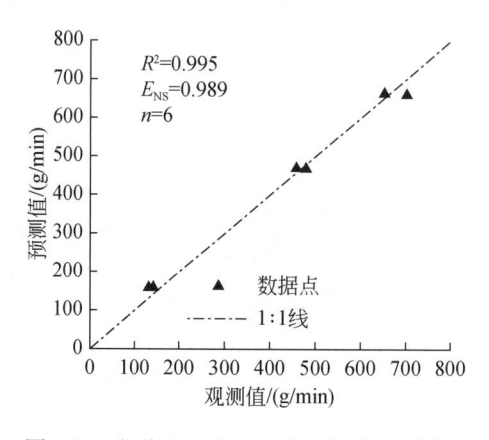

图 3-15 细沟下切侵蚀量的实测值和预测值

目前，细沟侵蚀预报模型多以径流侵蚀力为输入因子（径流剪切力，单位径流剪切力和径流功率），在有些细沟侵蚀模型中，沟头溯源侵蚀过程尚未被考虑（Wirtz et al.，2012）。因此，式（3-21）在综合考虑土壤可蚀性、集中水流特征和溯源侵蚀过程中的重力侵蚀因素后，为模拟细沟下切沟头溯源侵蚀速率提供了一种思路。式（3-22）则可用于预测黄土坡面由细沟沟底下切侵蚀引起的细沟侵蚀量，也佐证了前人的研究成果，即细沟侵蚀量随坡度和流量的增加而增大，且与流量和坡度的乘积呈显著相关关系（Meyer et al.，1975；Slattery and Bryan，1992；Zhu et al.，1995；Berger et al.，2010）。

3.4 坡面细沟沟壁扩张侵蚀过程研究

3.4.1 表达细沟沟壁扩张侵蚀的指标选取

本书选取 9 个形态指标来描述沟壁扩张侵蚀过程，具体解释如下（图 3-16）：

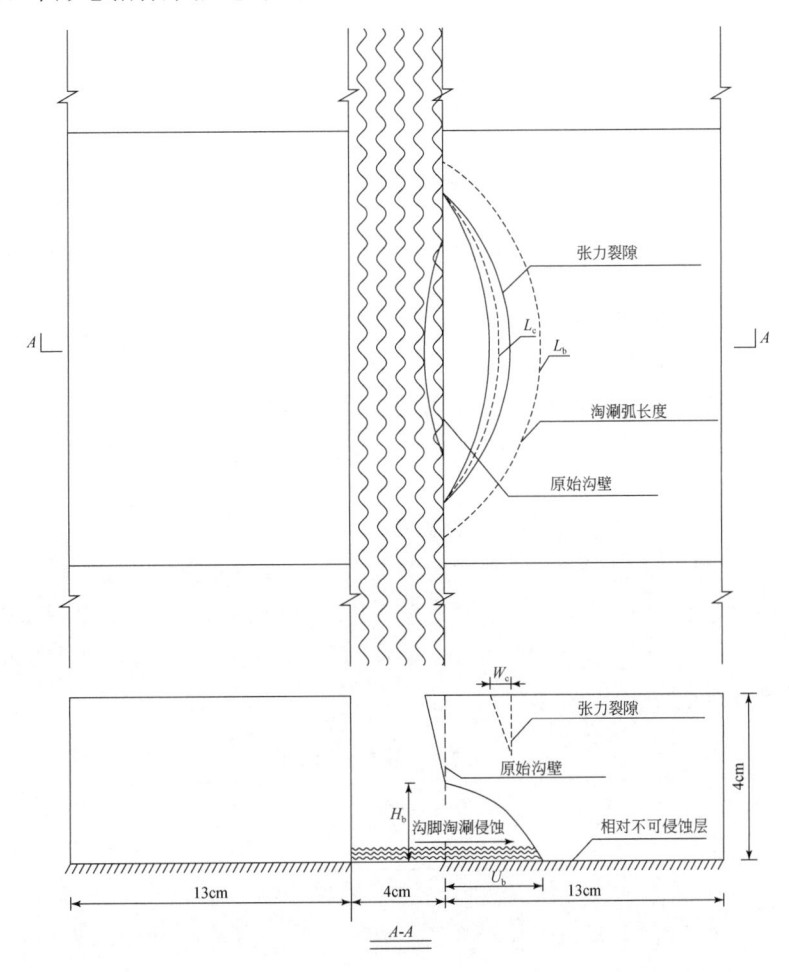

图 3-16 细沟沟槽的俯视图和剖面图，分别展示张力裂隙长度（L_c）、淘涮弧长度（L_b）、沟脚淘涮高度（H_b）、沟脚淘涮深度（U_b）和张力裂隙宽度（W_c）

（1）沟脚淘涮深度（cm，U_b）：用软钢尺测量每个沟脚淘涮弧的淘涮深度，以3~6次测量的平均值为每个淘涮弧的最终沟脚淘涮深度值。

（2）淘涮弧长度（cm，L_b）：用钢尺测量每个淘涮弧裂隙边缘到原始沟壁的距离，然后计算淘涮弧长度。

（3）沟脚淘涮高度（cm，H_b）：用钢尺测量每个沟脚淘涮弧的淘涮高度，以3~6次测量的平均值为每个淘涮弧的最终沟脚淘涮高度的值。

（4）张力裂隙长度（cm，L_c）：首先进行立体摄影测量影像的比例尺校准和空间校准，然后直接测量影像上的张力裂隙长度。

（5）张力裂隙加长速率（cm/min，V_{cl}）：单位时间内张力裂隙长度的增加量，可通过量取立体摄影测量影像上的张力裂隙长度来计算。

（6）张力裂隙宽度（cm，W_c）：在立体摄影测量影像中直接测量每条张力裂隙的宽度，以3~6次测量的平均值为该条张力裂隙的宽度。

（7）张力裂隙加宽速率（cm/min，V_{cw}）：单位时间内张力裂隙宽度的增加量，可通过量取立体摄影测量影像上的张力裂隙宽度来计算。

（8）崩塌土块表面积（cm^2，A_s）：沟壁崩塌瞬间滑塌进入沟槽中的土块表面积，可直接在立体摄影测量影像上测量。

（9）沟壁扩张侵蚀速率（cm/min，V_{ch}）：单位时间内细沟宽度的增加量，可通过量取立体摄影测量影像上的细沟宽度来计算。

3.4.2 细沟沟壁扩张侵蚀过程的动态变化

1. 细沟沟壁扩张侵蚀过程

在初始细沟宽度和坡度一定的情况下，流量对沟壁扩张侵蚀速率影响十分显著。沟壁扩张侵蚀速率随流量和坡度的增加，以及初始细沟宽度的减小而增大（表3-9）。当流量每增加1 L/min，沟壁扩张侵蚀速率增加0.9~3.1倍；当坡度从15°增加到20°，沟壁扩张侵蚀速率增加4.5%~43.8%；当初始细沟宽度从8 cm减小至4 cm，沟壁扩张侵蚀速率增加16.1%~30.4%。上述结果表明上方汇流量对沟壁扩张侵蚀速率的影响最显著。沟壁开始崩塌的时间随流量和坡度的增大，以及初始细沟宽度的减小而提前（图3-17）。当初始细沟宽度为4 cm，坡度为分别为15°和20°，流量从1 L/min增加到4 L/min时，最终细沟宽度分别从5.1 cm增加到8.1 cm和从5.4 cm增加到8.8 cm；当初始细沟宽度为8 cm时，最终细沟宽度从8.9 cm增加到11.9 cm（图3-17）。

表3-9 基本试验数据

场次	沟壁扩张侵蚀速率/（cm/min）	流速/（cm/s）	产流率/（L/min） 平均值	标准差	产沙量/kg 平均值	标准差	单位沟宽产沙率/（kg/m） 平均值	标准差
1	$1.6×10^{-2}$	51.6	0.96	0.04	0.74	0.10	16.15	2.19
2	$6.6×10^{-2}$	72.7	1.92	0.04	1.04	0.02	20.87	0.36
3	$1.5×10^{-1}$	76.7	2.94	0.02	1.52	0.20	27.22	3.59
4	$2.8×10^{-1}$	79.6	3.81	0.06	2.10	0.30	34.92	4.93

续表

场次	沟壁扩张侵蚀速率/(cm/min)	流速/(cm/s)	产流率/(L/min) 平均值	产流率/(L/min) 标准差	产沙量/kg 平均值	产沙量/kg 标准差	单位沟宽产沙率/(kg/m) 平均值	单位沟宽产沙率/(kg/m) 标准差
5	2.3×10^{-2}	59.6	0.96	0.02	0.98	0.03	20.95	0.57
6	6.9×10^{-2}	74.8	1.97	0.03	1.21	0.13	23.73	2.62
7	1.8×10^{-1}	79.2	2.88	0.07	1.76	0.21	30.95	3.67
8	3.1×10^{-1}	82.7	3.85	0.08	2.25	0.25	35.19	3.91
9	1.6×10^{-2}	52.1	0.96	0.03	0.73	0.20	8.58	2.39
10	5.6×10^{-2}	67.4	1.98	0.03	0.99	0.18	11.12	1.99
11	1.4×10^{-1}	75.8	2.92	0.00	1.46	0.12	15.40	1.27
12	2.6×10^{-1}	77.6	3.92	0.02	1.90	0.29	18.95	2.93

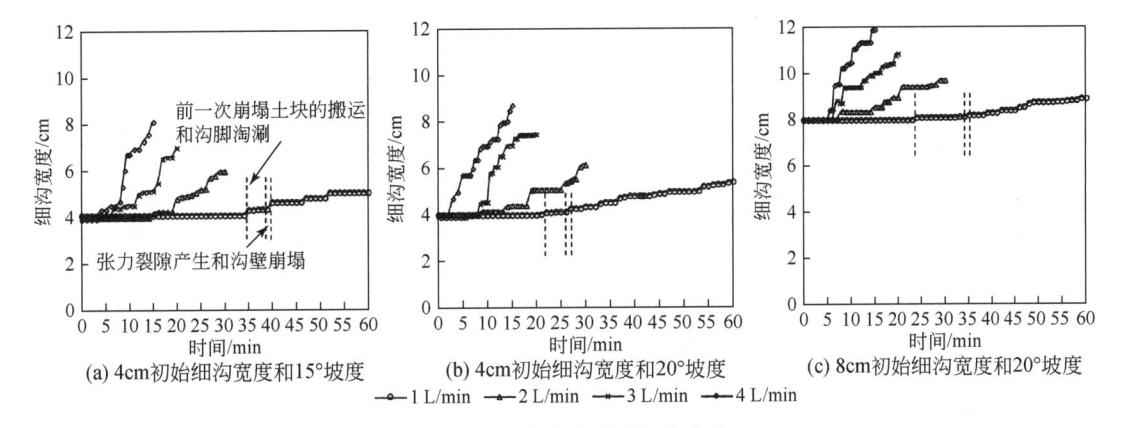

图 3-17 细沟宽度随时间的变化

图中虚线表示 1 L/min 处理下沟壁扩张侵蚀不同阶段的分界

2. 细沟宽度的动态变化分析

根据前人的研究成果和本研究中细沟宽度随时间的变化规律（Wells et al., 2013，图 3-17），选取指数函数来模拟细沟宽度的动态变化。随机选取 3/4 的试验处理（场次 1、3、4、5、6、8、9、11、12 及其重复，表 3-9，非阴影表示）进行细沟平均宽度随时间变化方程的拟合，结果表明，所有拟合方程的决定系数（R^2）均随流量和初始细沟宽度的增加而增加，且全部大于 0.65。较高的决定性系数表明指数函数是模拟黄土坡面细沟沟壁扩张侵蚀过程的优选函数。因此，细沟宽度可用下式表达：

$$W=ae^{bT} \tag{3-23}$$

式中，W 为细沟宽度（cm）；T 为试验历时（min）；a 和 b 为与细沟初始宽度（W_i）、上方单位汇水流量（q）和坡度（s）有关的待定系数。其中，系数 a 可用 W_i 表示，系数 b 与 q 和 s 的关系可用幂函数表示。选取上述 9 场次的数据来拟合系数 b 的方程，b 可以表示为

$$b=0.4164(qs)^{1.861} \quad (R^2=0.846, P<0.005, n=18) \tag{3-24}$$

将式（3-24）代入式（3-23）可得：

$$W=W_i e^{0.4164(qs)^{1.861}T} \tag{3-25}$$

随机选取 1/4 数据用于方程的验证（场次 2、7、10 及其重复，表 3-9，阴影表示），验证结果表明，方程的决定性系数和纳什系数分别为 0.882 和 0.847，符合模型有效性验证的基本要求（Santhi et al.，2001）。

这里用指数函数来模拟细沟宽度随时间的变化规律，试验结果和模拟结果均表明，细沟宽度随时间呈平台—增长—平台的变化趋势，与 Foster 等（1980）以及 Wells 等（2013）研究沟壁扩张侵蚀过程时的结论相一致。土壤颗粒被集中水流分散、搬运是产沙率低位徘徊期的主要泥沙来源，高位波动期的持续时间仅相当于低位徘徊期持续时间的 1/5，然而却造成了大量的侵蚀产沙（图 3-18）。Chaplot 等（2011）指出，集中水流剪切力造成的侵蚀产沙可用线性函数表达，而本研究发现沟壁扩张侵蚀过程是集中水流剪切作用和土块随机崩塌作用共同影响的结果，因此选用较复杂的指数函数表达。

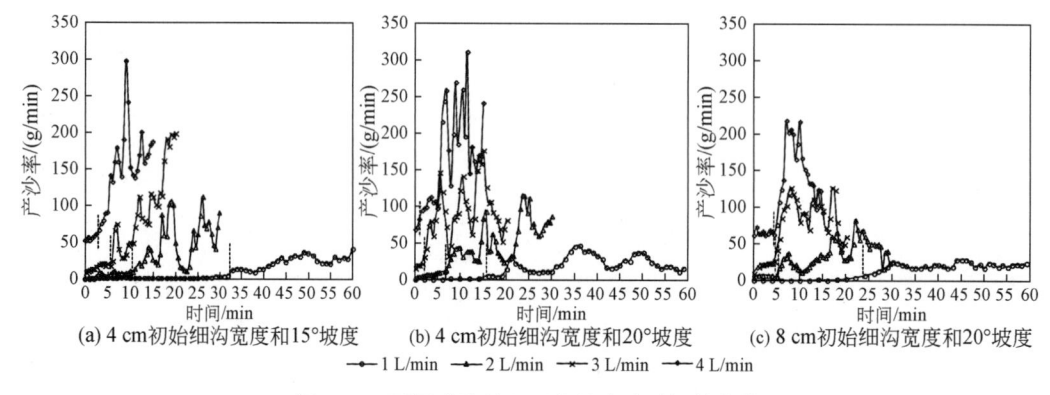

图 3-18　不同试验处理下产沙率随时间的变化

图中虚线表示产沙率低位徘徊期和高位波动期的分界

3.4.3　细沟沟脚淘涮和张力裂隙对沟壁扩张侵蚀的影响

由于本研究的细沟集中水流深度较浅（0.05~0.18 cm），所以只有部分沟壁直接与水流接触。沟壁崩塌的最初阶段是集中水流对沟脚的淘涮作用，然后是张力裂隙的发育和由重力侵蚀引起的土块塌陷（Wells et al.，2013）。本研究将细沟沟壁扩张侵蚀过程分为 4 个阶段：沟脚淘涮、张力裂隙发育、沟壁崩塌和崩塌土块的分散、搬运（表 3-10）。崩塌土块在进入细沟沟槽后被水流以各种形式搬运至土槽出口，导致产沙率的剧烈波动（图 3-18）。然而，沟脚淘涮高度在新的裂隙产生之前保持不变。

表 3-10　沟壁扩张侵蚀的 4 个子过程

扩张侵蚀子过程	产沙率	细沟宽度	持续时间
沟脚淘涮	缓慢增加	保持不变	长
张力裂隙发育	保持不变	基本不变	中等
沟壁崩塌	保持不变	迅速增加	短
崩塌土块的分散、搬运	迅速增加	保持不变	中等

注：在第一次沟壁崩塌过后，沟壁扩张侵蚀过程存在"沟脚淘涮—沟壁突然崩塌—崩塌物被径流搬运—崩塌物消失—沟脚淘涮—下一次沟壁崩塌"的循环。

1. 沟脚淘刷过程特征

沟脚淘刷深度、高度和弧长在沟壁扩张侵蚀的不同阶段呈不同的变化发展趋势。图 3-19 展示了 3 个（分别选自场次 1、5、9）典型淘刷弧特征的动态变化。沟脚淘刷深度和弧长随时间的增加而增加，而淘刷弧高度随时间呈先增加后减小的变化趋势（图 3-19）。沟脚淘刷和裂隙发育的总持续时间比沟壁崩塌的持续时间大 7 倍以上（图 3-19、表 3-10）。第一次沟壁崩塌过后，沟脚淘刷和土块搬运过程同时存在。受崩塌土块的阻挡，崩塌弧长度、沟脚淘刷高度和深度在相对较短的时间内保持不变。沟脚淘刷高度的降低受土壤水化、崩塌土块大小、所处位置和土壤颗粒间的黏结力等因素影响。随着潜在崩塌土块长度的增加，土块部分表面与集中水流接触，导致与流水接触的部分土体逐渐被水流分散，造成侵蚀产沙。沟脚淘刷高度（整个淘刷过程的最高值）、淘刷深度和淘刷弧长度随上方汇流量和坡度的增加而增加，随初始细沟宽度的变窄而降低（表 3-11）。当上方汇流量从 1 L/min 增加到 4 L/min，沟脚淘刷深度在 15°和 20°坡度条件下分别增加了 13.4%和 28.6%；在初始细沟宽度为 8 cm，坡度为 20°的条件下增加了 18.8%。上方汇流量和坡度在一定程度上决定了沟脚淘刷的最大高度。Wang 等（2016）指出，当河流凹岸的淘刷侵蚀达到某一临界条件，由滑动或翻转引起的河岸崩塌将出现。与沟脚淘刷深度相比，上方汇流量对淘刷弧长度和淘刷高度的影响更加显著。当上方汇流量从 1 L/min 增加到 4 L/min，淘刷弧长度和淘刷高度分别增加 67.1%~73.2%和 50.0%~72.8%（表 3-11）。上述结果与 Chen 等（2013）对云南元谋切沟沟壁扩张侵蚀的研究结论一致，他们认为切沟沟壁的最大淘刷深度和高度随流量和淘刷时间的增加而增加。

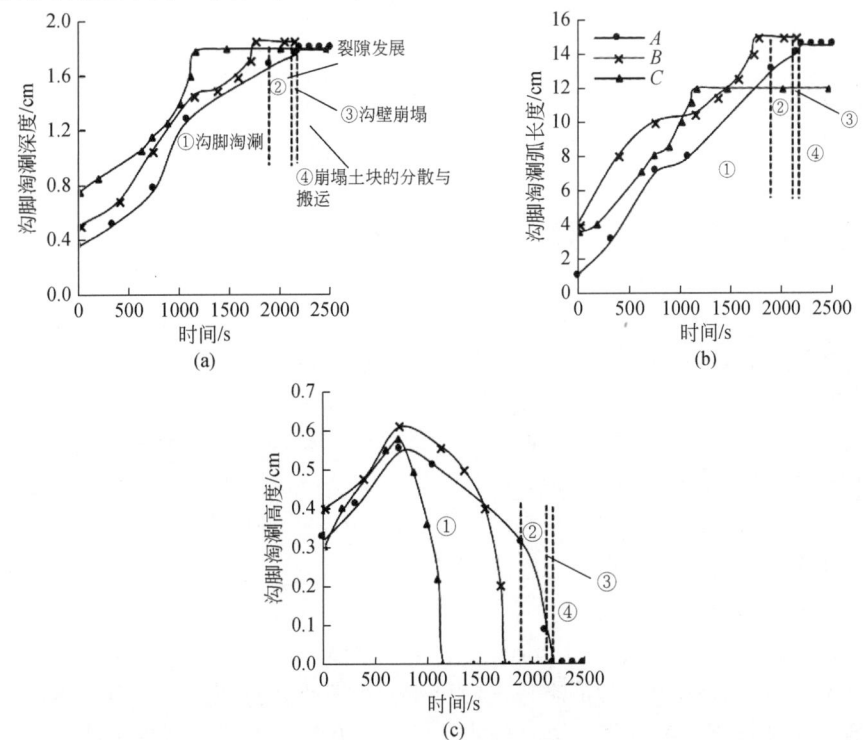

图 3-19 沟壁扩张侵蚀过程中沟脚淘刷深度（a）、淘刷弧长度（b）和淘刷高度（c）随时间的变化

图例分别代表 A：场次 1 的 9 min 31 s 到 51 min 11 s，B：场次 5 的 3 min 50 s 到 39 min 15 s，C：场次 9 的 4 min 20 s 到 45 min 14 s。虚线表示场次 1 沟壁扩张侵蚀过程中的 4 个阶段

表 3-11　不同试验处理下典型沟脚淘涮特征参数和张力裂隙特征参数

场次	U_b/cm Avg	SD	L_b/cm Avg	SD	H_b/cm Avg	SD	L_c/cm Avg	SD	V_{cl}/(cm/min)	W_c（cm）Avg	SD	V_{cw}/(cm/min)
1	1.9	0.3	13.8	8.3	0.6	0.1	9.1	2.5	2.6	1.2	0.3	0.4
2	1.9	0.6	15.8	11.7	0.7	0.2	9.7	3.0	4.4	1.3	0.3	1.0
3	1.9	0.6	19.6	2.6	1.0	0.2	16.3	5.5	7.2	1.5	0.4	1.1
4	2.1	0.7	23.8	11.4	0.9	0.2	16.6	5.3	9.6	1.5	0.4	1.2
5	1.8	0.2	15.6	7.9	0.6	0.2	13.0	3.6	3.4	1.3	0.2	0.4
6	2.1	0.3	17.3	10.4	0.7	0.2	15.7	3.7	7.0	1.3	0.2	1.1
7	2.2	0.3	17.8	8.5	0.8	0.1	17.1	4.9	7.5	1.5	0.6	1.2
8	2.3	0.4	26.0	8.5	0.8	0.2	18.3	8.2	9.7	1.4	0.2	1.2
9	2.0	0.3	9.9	4.2	0.6	0.1	7.2	0.9	1.8	1.2	0.5	0.4
10	2.1	0.4	10.0	4.0	0.7	0.2	8.9	4.2	3.7	1.2	0.4	0.7
11	2.2	0.3	12.4	3.9	0.8	0.1	16.0	8.1	7.9	1.5	0.3	1.0
12	2.4	0.4	17.1	7.5	0.9	0.2	17.8	2.8	9.5	1.5	0.2	1.5

2. 沟脚淘涮弧类型划分

虽然从正上方观察到的崩塌弧形状基本相同（图 3-20），但沟脚淘涮弧却有不同的几何形态（从 12 个试验处理中挑选 96 个淘涮弧进行分析）。造成崩塌弧和淘涮弧几何形态相异的原因可归结为沟脚淘涮过程和沟壁崩塌过程存在一定的时间差。崩塌土块在细沟沟槽中的停留和推移运动将对集中水流流速、流宽、流深和径流剪切力造成影响，这种阻碍作用会显著影响淘涮弧形成、崩塌土块的数量、两次崩塌过程的间隔时间，以及崩塌土块的搬运过程（Chaplot, 2013）。通常情况下，沟壁崩塌的次数与沟脚淘涮弧的个数一致（表 3-12），但由于二次崩塌的存在，沟壁崩塌次数并不与淘涮弧的个数完全相同。根据几何形态的差异，这里将沟脚淘涮弧划分为 3 种类型：普通弧、表面弧和反弧（图 3-20）。

普通弧（A）与崩塌弧的形态相似，均呈内凹型，对沟壁的二次崩塌有促进作用。反弧（B）的形态与崩塌弧形态相反，反弧的顶点与崩塌弧的顶点相连接，且在反弧顶点两侧存在大量悬空土体。表面弧（C）的半径较大，曲率较小，基本与原始沟壁平行，沟槽中的水流沿沟壁平行流动，没有涡流产生，表面弧的沟脚淘涮深度增加较慢，首次崩塌与第二次崩塌的时间间隔较普通弧的时间间隔长。在 96 个淘涮弧样本中，普通弧出现 78 次，表面弧出现 10 次，反弧出现 8 次。上述结果表明，在计算集中水流的水动力学参数时，应考虑由沟脚淘涮引起的淘涮弧形态对沟槽横截面的影响，以及可能产生的涡流等局部水流流态。由不同顶宽和底宽造成的不同沟槽横截面形态会导致集中水流流深、流宽和流速的差异（Kompani-Zare et al., 2011；Fiorucci et al., 2015；Wu et al., 2018）。因此，在实地测量中，为获取靠近沟脚的沟槽形态特征，可用三维激光扫描或人工测量的方法作为摄影测量和遥感测量的补充，为计算沟脚处的水流特征参数提供准确的边界条件。

3. 沟脚淘涮机理分析

虽然沟脚淘涮不是沟壁扩张的直接原因，但沟脚的淘涮过程可促进张力裂隙和沟壁崩

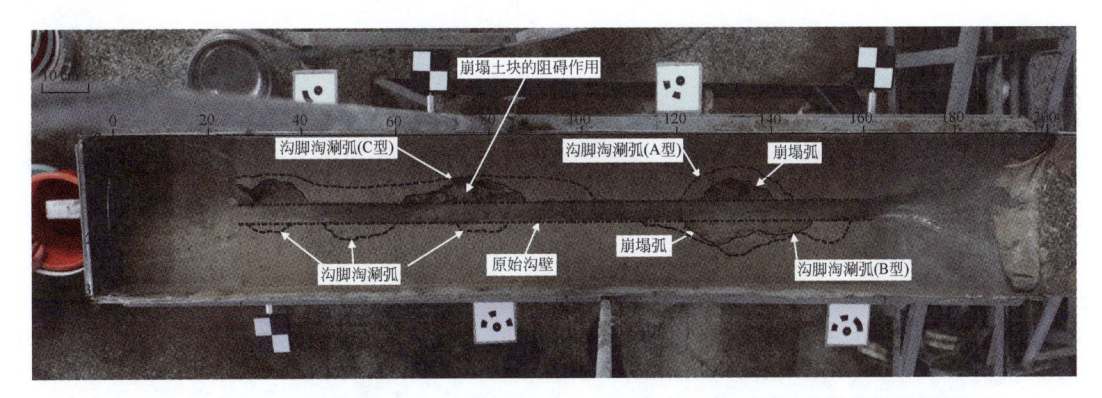

图 3-20 不同类型的淘涮弧（A：普通弧；B：反弧；C：表面弧）和崩塌弧的俯视图

点虚线表示细沟的原始沟壁，实线表示崩塌弧，虚线表示沟脚淘涮弧

塌的发生（表 3-10）。试验开始阶段坡面产沙主要来自于集中水流剪切作用造成的沟脚淘涮侵蚀（图 3-3、图 3-18），淘涮过程中的淘涮高度和悬空土体体积增加（图 3-3、图 3-19）。随着淘涮过程的进行，悬空土体的自重逐渐大于悬空土体的土壤颗粒与沟壁本身土壤颗粒间的黏结力，张力裂隙由此产生（图 3-3、表 3-10）。由于沟壁与集中水流的接触导致沟壁土壤含水量增加，进一步促进了悬空土体崩塌的动力-土体自重的增加和土壤颗粒间的黏结力降低-土壤颗粒吸水增加了润滑作用（Bradford and Piest，1977；Hossain et al.，2011）。沟壁崩塌后滑入或翻转进入沟槽的土块为径流搬运提供了另一个不稳定的产沙来源，造成坡面产沙率的剧烈波动。

表 3-12 用于坡面侵蚀产沙量方程拟合的试验测量参数

场次	N	n	A_s/cm^2	E_c/kg	E_g/kg	S_{sd}/kg	P/%
1	11	10	10.2	0.09	0.43	0.51	83
2	13	13	12.5	0.15	0.59	0.74	80
3	14	15	28.9	0.29	1.33	1.62	82
4	15	15	31.0	0.36	1.60	1.96	82
5	12	11	18.9	0.11	0.85	0.96	89
6	14	15	22.5	0.20	1.14	1.34	85
7	16	16	27.7	0.29	1.54	1.83	84
8	17	18	35.3	0.50	2.05	2.55	80
9	12	11	11.9	0.07	0.54	0.61	88
10	15	14	14.8	0.12	0.80	0.92	87
11	15	16	21.7	0.17	1.15	1.33	87
12	16	15	35.3	0.33	1.90	2.24	85

注：N 是沟脚淘涮弧个数；n 是沟壁崩塌的个数；A_s 是崩塌土块表面积；E_c 是由集中水流剪切力引起的土壤流失量；E_g 是由重力侵蚀引起的土壤流失量；S_{sd} 是产沙量的模拟值；P 是由重力侵蚀引起的土壤流失量占总产流量的比例。

4. 张力裂隙的形成与发展

张力裂隙通过减小土壤颗粒间的内聚力使整个细沟沟壁的稳定性降低（Martinez-Casasnovas et al.，2004；Istanbulluoglu，2005；Thomas et al.，2009）。张力裂隙的出现预示着沟壁扩张侵蚀过程的开始(图3-3)。图3-21表明裂隙长度和宽度均随时间的增加而增大，裂隙的加宽速率在产沙率高位波动时较大。裂隙的最终长度和裂隙加长速率随上方汇流量和坡度的增加及初始细沟宽度的变窄而增大，其原因可归结为淘涮弧长度的增加(表3-11)。当上方汇流量从1 L/min 增加到2 L/min 和从2 L/min 增加到4 L/min 时，张力裂隙最终长度分别增加7.0%~22.2%和16.5%~100.6%；当初始细沟宽度从4 cm增加到8 cm，张力裂隙的最终长度减小 2.7%~44.3%。张力裂隙加长速率增大的原因是，从裂隙形成到沟壁崩塌的持续时间随流量和坡度的增加或细沟宽度的减小而缩短。最终裂隙宽度和裂隙加宽速率与裂隙长度随时间的变化趋势一致。

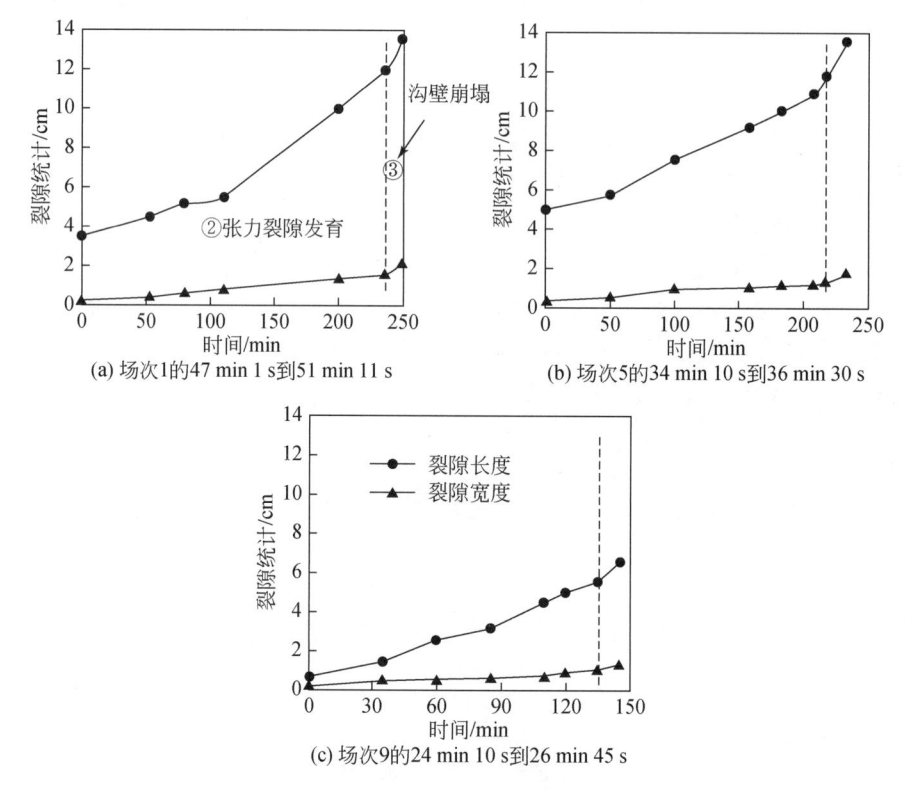

(a) 场次1的47 min 1 s到51 min 11 s

(b) 场次5的34 min 10 s到36 min 30 s

(c) 场次9的24 min 10 s到26 min 45 s

图3-21 张力裂隙长度和宽度随时间的变化

虚线表示裂隙发育过程与沟壁崩塌过程的分界线

3.4.4 细沟沟壁扩张侵蚀对坡面侵蚀的作用

试验观测的集中水流深度为0.05~0.18 cm，流速为51.6~82.7 cm/s，水流宽度与集中水流对沟脚的淘涮作用和沟壁扩张侵蚀速率有关（表3-9）。产流率与目标流量相比偏小2.4%~5.7%，说明本试验建造的不易侵蚀层有一定的透水性（表3-1、表3-9）。当上方汇流量从1 L/min 增加到2 L/min 时，产沙率的增加幅度为22.9%~40.5%，当上方汇流量从2 L/min 增加到4 L/min 时，产沙率的增加幅度为86.1%~100.8%；当坡度从15°增加到20°，产沙率的增加幅度为7.5%~32.6%；当初始细沟宽度从4 cm 增加到8 cm，产沙率的减小幅度为15.8%~25.9%。8 cm初始细沟宽度的单宽产沙率较4 cm初始细沟宽度的单宽产沙率低46.1%~59.0%。分析原因主要是较窄的细沟水流更集中，流深、流速和径流剪切力均较大，导致产沙率随细沟宽度的增加而降低。

图3-18展示了产沙率随时间的变化过程。结果表明流量、坡度和初始细沟宽度对产沙过程均有显著影响。总体来说，产沙过程可分为2个阶段：试验初期的低位徘徊阶段和试验中后期的高位波动阶段（图3-18中的虚线）。高位波动阶段开始的时间随上方汇流量和坡度的增加而提前[图3-18（a）、（b）]；低位徘徊阶段的持续时间随初始细沟宽度的增加而加长[图3-18（b）、（c）]。当初始细沟宽度为4 cm，坡度为15°时，上方汇流量从1 L/min增加到4 L/min，低位徘徊期的持续时间从32.5 min减少到4.5 min[图3-18（a）]；当上方汇流量为1 L/min，坡度从15°增加到20°，低位徘徊期的持续时间从32.5 min缩短到16.0 min[图3-18（a）、（b）]。在产沙率的高位波动期，产沙率峰值一般出现在2次沟壁崩塌的间隙。在大流量、大坡度和较小初始细沟宽度的试验处理下，产沙率波动更加明显[图3-18（a）~（c）]。

这里描述的坡面产沙过程变化是对沟壁扩张侵蚀过程的响应。产沙率低位徘徊期和高位波动期的持续时间同样也与沟壁扩张侵蚀过程的不同阶段对应。结果表明，4 L/min流量，20°以及1 L/min流量，15°坡度的试验处理，细沟宽度保持不变的时间分别为2 min和35 min[图3-17（a）、（b）]，产沙率低位徘徊的持续时间分别为1.5 min和32 min[图3-18（a）、（b）]。通过对比摄影测量影像和人工取样法获得的坡面产沙率数据，我们发现沟壁崩塌和坡面产沙率峰值存在0.5~3 min的时间差。产沙率随时间的变化曲线在低位徘徊期存在平台（图3-18），其原因为集中水流对细沟沟脚的淘刷作用虽能形成坡面产沙，但并无沟壁崩塌。为此，选取4 cm初始细沟宽度、4 L/min上方汇流量和15°坡度的试验处理，分析产沙率、沟壁崩塌次数和崩塌土块体积之间的关系（图3-22）。在试验历时为4 min时，第一次沟壁崩塌出现，产沙率明显增大。在此之后产沙率的峰值一般出现在较大土块崩塌后的1~2 min内，时间差出现的原因主要是集中水流对崩塌土块的剪切、分散作用和崩塌土块被径流的整体搬运。

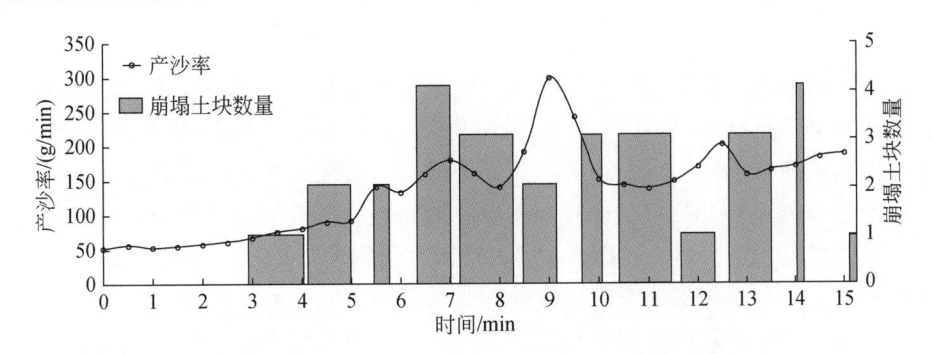

图3-22 4 cm初始细沟宽度，4 L/min上方汇流量和15°坡度处理下崩塌土块数量、个数与产沙率随时间的变化

图中长方体面积 $\bar{A}=l\times w$；l是崩塌土块的平均长度；w是崩塌土块的平均宽度

3.4.5 细沟沟壁扩张侵蚀的机理模型

在无雨滴击溅侵蚀和侧方汇流影响的情况下，假定沟壁扩张侵蚀过程是由集中水流剪

切力引起的沟脚淘涮和由悬空土体自身重力引起的沟壁崩塌共同作用的结果。根据影响沟壁扩张侵蚀的动力组成，产沙量可分解为两部分：

$$SL = E_c + E_g \tag{3-26}$$

式中，SL 为产沙量（kg）；E_c 为由集中水流剪切力造成的产沙量（kg）；E_g 为由悬空土体自身重力造成的产沙量（kg）。

集中水流的线性侵蚀过程是土壤颗粒被水流分散、搬运，导致沟脚被涡流淘涮的过程。假设沟脚淘涮的体积可概化为等效三棱锥，则 E_c 可表达为

$$E_c = 0.5 \times U_b \times L_b \times H_b \times \rho \times N \times 0.001 \tag{3-27}$$

式中，U_b 为沟脚淘涮深度（cm）；L_b 为淘涮弧长度（cm）；H_b 为沟脚淘涮高度（cm）；ρ 为不易侵蚀层上方模拟耕作层的土壤容重（g/cm³）；N 为淘涮弧的个数；0.001（从 g 到 kg）为单位转换系数。

假设由重力侵蚀引起的崩塌土块可概化为等效三棱柱，则 E_g 可表达为

$$E_g = A_s \times (H_i - H_b) \times \rho \times N \times 0.001 \tag{3-28}$$

式中，A_s 为崩塌土块的表面积（cm²）；H_i 为细沟沟壁的初始高度（cm）。

把式（3-27）和式（3-28）代入式（3-26）可得产沙量的最终表达式：

$$SL = [0.5 \times U_b \times L_b \times H_b + A_s \times (H_i - H_b)] \times \rho \times N \times 0.001 \tag{3-29}$$

表 3-9、表 3-11 和表 3-12 罗列了用于验证式（3-29）的数据，虽然试验过程中控制模拟耕层的土壤容重为 1.10 g/cm³，但由于预降雨过程中雨滴的打击作用使不同试验场次间的土壤容重有所差异，因此在方程验证时我们对不同试验场次的土壤容重做了微调，以提高方程的模拟精度。验证结果表明，式（3-29）在预测上方汇流条件下沟壁扩张侵蚀造成的坡面产沙量达到满意精度，有一定的实际意义。

上述结果表明淘涮弧个数和崩塌土块的表面积随上方汇流量和坡度的增加和初始细沟宽度的变窄而增加（表 3-12）。由集中水流剪切力造成的产沙量和由悬空土体自身重力造成的产沙量也呈相似的变化规律。重力侵蚀对产沙量的贡献随上方汇流量的减小和坡度的增加而增加，而初始细沟宽度对重力侵蚀的贡献影响不大。总的来说，试验条件下，重力侵蚀对产沙量的贡献大于 80%；集中水流剪切力造成的产沙量，虽然对总产沙量的贡献较小，但集中水流对沟脚的淘涮作用使大量土体悬空于沟槽表面，为下一步的沟壁崩塌提供了前提条件和基础（Chen et al., 2013）。本试验结果与 Chaplot 等（2011）的研究结论有所不同，他们在人工模拟降雨条件下研究沟壁扩张侵蚀过程，结果表明土块崩塌的重力侵蚀量仅占沟壁扩张侵蚀总量的 13% 左右，远低于本研究的 80%，分析原因可能与本研究所用黄绵土具有的湿陷性等内在性质有关。Blong 等（1982）认为沟壁扩张侵蚀过程主要由以下 3 个子过程组成：集中水流的线性侵蚀、沟壁扩张侵蚀和贴壁下流的侧方汇水侵蚀。他们对澳大利亚新南威尔士州 4 条典型切沟的调查表明，大于 50% 的沟蚀量来自于沟壁土块的重力侵蚀，另外约 10% 来自于贴壁下流的汇水侵蚀，本研究结果也证实了他们的观点。

3.5 结　　语

利用人工模拟径流试验，结合立体摄影测量技术，分析了不同流量、坡度和初始细沟

宽度处理下黄土坡面细沟沟头溯源侵蚀、沟底下切侵蚀和沟壁扩张侵蚀过程及其坡面侵蚀特征，探讨了细沟的长度、宽度、深度，以及溯源侵蚀、下切侵蚀和扩张侵蚀速率随时间、流量、坡度和初始细沟宽度的变化规律，剖析了不同主导细沟发育方式下坡面产沙率的影响因素，构建了相应的坡面侵蚀方程式。主要研究结论如下。

（1）沟头溯源侵蚀试验下的坡面产流率、产沙率、细沟沟头溯源侵蚀速率随流量和坡度的增加而增加，而一级沟头下方发育的二级沟头数却不随流量和坡度的增加而严格增大；2L/min 是试验条件下使沟头溯源侵蚀速率明显增加的一个流量临界值，坡度对细沟长度随时间变化的影响随流量的增加逐渐减弱；以沟头溯源侵蚀为主的坡面侵蚀过程受沟头跌坎高度、一级沟头溯源侵蚀速率、一级沟头下方沟槽发育的二级沟头数和土壤内在性质的共同制约，坡面产沙率与上述因子的关系可由一个无量纲的多元非线性回归方程表达为

$$SL' = 0.085(H')^{1.288} + 0.085(V')^{2.638} + N \tag{3-30}$$

（2）沟底下切侵蚀试验下的坡面产流率、产沙率、细沟最终平均深度和细沟水流流速（二级/三级沟头下切期和下切沟头形成后期除外）、剪切力、径流功率基本随流量和坡度的增加而增加；二级/三级沟头下切期，细沟沟底下切侵蚀速率是下切沟头形成前期速率的 19～115 倍，其中，二级沟头的溯源侵蚀速率可由一个包括土壤性质、径流能量和沟头跌坎高度的非线性方程表达；沟底下切侵蚀和沟头溯源侵蚀是 2 个不可分割的过程，下切侵蚀的主导过程是下切沟头的产生及不断溯源，二级/三级沟头下切期以不到 15% 的持续时间产生了多于 65% 的细沟沟底下切侵蚀量。

（3）沟壁扩张侵蚀试验选取 9 个指标量化细沟沟壁扩张侵蚀过程，结果表明坡面产沙率与单宽产沙率随上方汇流量和坡度的增加而增加，随初始细沟宽度的减少而增加，产沙率和沟壁扩张侵蚀速率在沟壁扩张侵蚀的不同阶段差别较大；沟脚淘涮、张力裂隙的形成和发展、沟壁崩塌和崩塌物的剥蚀与搬运是沟壁扩张侵蚀的 4 个子过程；3 种沟脚淘涮弧类型按出现频次排序依次为：普通弧、表面弧和反弧；根据沟壁扩张侵蚀过程的动力差异，建立了细沟沟壁扩张侵蚀量与集中水流剪切力侵蚀和悬空土体崩塌侵蚀的关系式为

$$SL = [0.5 \times U_b \times L_b \times H_b + A_s \times (H_i - H_b)] \times \rho \times N \times 0.001 \tag{3-31}$$

参 考 文 献

和继军，吕烨，宫辉力，等. 2013. 细沟侵蚀特征及其产流产沙过程试验研究. 水利学报，44（4）：398-405.

李鹏，李占斌，郑良勇. 2010. 黄土坡面水蚀动力与侵蚀产沙临界关系试验研究. 应用基础与工程科学学报，18（3）：435-441.

刘怀湘，王兆印，陆永军，等. 2011. 山区下切河流地貌演变机理及其与河床结构的关系. 水科学进展，22（3）：367-372.

覃超，何超，郑粉莉，等. 2018. 黄土坡面细沟沟头溯源侵蚀的量化研究. 农业工程学报，34（6）：160-167.

覃超，吴红艳，郑粉莉，等. 2016. 黄土坡面细沟侵蚀及水动力学参数的时空变化特征. 农业机械学报，47（8）：146-154，207.

余国安，黄河清，王兆印，等. 2011. 山区河流阶阶梯-深潭研究应用进展. 地理科学进展，30（1）：42-48.

张宝军，熊东红，杨丹，等. 2017. 跌水高度对元谋干热河谷冲沟沟头侵蚀产沙特征的影响初探. 土壤学报，

54（1）：48-59.

张晨笛. 2017. 阶梯-深潭系统的稳定性研究. 北京：清华大学博士学位论文.

郑粉莉，唐克丽，周佩华. 1989. 坡耕地细沟侵蚀影响因素的研究. 土壤学报，26（2）：109-116.

周佩华，王占礼. 1987. 黄土高原土壤侵蚀暴雨标准. 水土保持通报，7（1）：38-44.

Alonso C V，Bennett S J. 2002. Predicting head cut erosion and migration in concentrated flows typical of upland areas. Water Resources Research，38（12）：31-39.

Babazadeh H，Ashourian M，Shafai-Bajestan M. 2017. Experimental study of headcut erosion in cohesive soils under different consolidation types and hydraulic parameters. Environmental Earth Sciences，76：438.

Bagnold R A. 1966. An approach to the sediment transport problem for general physics. Washington：United States Govenment Pringting Office：5.

Bennett S J. 1999. Effect of slope on the growth and migration of headcuts in rills. Geomorphology，30（3）：273-290.

Bennett S J，Alonso C V，Prasad S N，et al. 2000. Experiments on headcut growth and migration in concentrated flows typical of upland areas. Water Resources Research，36（7）：1911-1922.

Bennett S J，Casalí J. 2001. Effect of initial step height on headcut development in upland concentrated flows. Water Resources Research，37（5）：1475-1484.

Berger C，Schulze M，Rieke-Zapp D，et al. 2010. Rill development and soil erosion：A laboratory study of slope and rainfall intensity. Earth Surface Processes and Landforms，35（12）：1456-1467.

Billi P，Dramis F. 2003. Geomorphological investigation on gully erosion in the Rift Valley and the northern highlands of Ethiopia. Catena，50（2-4）：353-368.

Bingner R L，Wells R R，Momm H G，et al. 2016. Ephemeral gully channel width and erosion simulation technology. Natural Hazards，80（3）：1949-1966.

Blong R J，Graham O P，Veness J A. 1982. The role of sidewall process in gully development：Some N.S.W. example. Earth Surface Processes and Landforms，7：381-385.

Bradford J M，Piest R F. 1977. Gully wall stability in loess-derived alluvium. Soil Science Society of America Journal，41（1）：115-122.

Bryan R B，Poesen J. 1989. Laboratory experiments on the influence of slope length on runoff，percolation and rill development. Earth Surface Processes and Landforms，14：211-231.

Casalí J，López J J，Giráldez J V. 2003. A process-based model for channel degradation：Application to ephemeral gully erosion. Catena，50（2-4）：435-447.

Chaplot V. 2013. Impact of terrain attributes，parent material and soil types on gully erosion. Geomorphology，186：1-11.

Chaplot V，Brown J，Dlamini P，et al. 2011. Rainfall simulation to identify the storm-scale mechanisms of gully bank retreat. Agricultural Water Management，98（11）：1704-1710.

Chen A，Zhang D，Peng H，et al. 2013. Experimental study on the development of collapse of overhanging layers of gully in Yuanmou Valley，China. Catena，109：177-185.

Cheng H，Zou X，Wu Y，et al. 2007. Morphology parameters of ephemeral gully in characteristics hillslopes on the Loess Plateau of China. Soil and Tillage Research，94（1）：4-14.

Cox S E, Booth D T, Likins J C. 2016. Headcut erosion in Wyoming's Sweetwater Subbasin. Environmental Management, 57 (2): 450-462.

El Kadi Abderrezzak K, Die Moran A, et al. 2014. A physical, movable-bed model for non-uniform sediment transport, fluvial erosion and bank failure in rivers. Journal of Hydro-Environment Research, 8 (2): 95-114.

Favis-Mortlock D. 1998. A self-organizing dynamic systems approach to the simulation of rill initiation and development on hillslopes. Computers & Geosciences, 24 (4): 353-372.

Favis-Mortlock D T, Boardman J, Parsons A J, et al. 2000. Emergence and erosion: a model for rill initiation and development. Hydrological Processes, 14 (11-12): 2173-2205.

Fiorucci F, Ardizzone F, Rossi M, et al. 2015. The use of stereoscopic satellite images to map rills and ephemeral gullies. Remote Sensing, 7: 14151-14178.

Foster G R, Huggins L F, Meyer L D. 1984. A laboratory study of rill hydraulics: II. shear stress relationships. Transactions of the ASABE, 27 (3): 797-804.

Foster G R, Lane L J, Nowlin J D, et al. 1980. A model to estimate sediment yield from field sized areas. Conservation Research Report, 26: 36-64.

Fox G A, Wilson G V. 2010. The role of subsurface flow in hillslope and streambank erosion: A review of status and research needs. Soil Science Society of America Journal, 74 (3): 717-733.

Gardner T W. 1983. Experimental study of knickpoint and longitudinal profile evolution in cohesive homogenous material. Geological Society of America Bulletin, 94 (5): 664-672.

Gordon L M, Bennett S J, Wells R R, et al. 2007a. Effect of soil stratification on the development and migration of headcuts in upland concentrated flows. Water Resources Research, 43 (W07412): 1-12.

Gordon L M, Bennett S J, Bingner R L, et al. 2007b. Simulating ephemeral gully erosion in AnnAGNPS. Transactions of the ASABE, 50 (3): 857-866.

Govindaraju R S, Kavvas M L. 1992. Characterization of the rill geometry over straight hillslopes through spatial scales. Journal of Hydrology, 130: 339-365.

He J, Li X, Jia L, et al. 2014. Experimental study of rill evolution processes and relationships between runoff and erosion on clay loam and loess. Soil Science Society of American Journal, 78: 1716-1725.

Hossain M B, Sakai T, Hossain M Z. 2011. River embankment and bank failure: A study on geotechnical characteristics and stability analysis. American Journal of Environmental Sciences, 7 (2): 102-107.

Istanbulluoglu E. 2005. Implications of bank failures and fluvial erosion for gully development: Field observations and modeling. Journal of Geophysical Research, 110: F1014.

Jia Y, Kitamura T, Wang S. 2005. Numerical simulation of head-cut with a two-layered bed. International Sediment Research, 20 (3): 185-193.

Knapen A, Poesen J. 2010. Soil erosion resistance effects on rill and gully initiation points and dimensions. Earth Surface Processes and Landforms, 35: 217-228.

Kompani-Zare M, Soufi M, Hamzehzarghani H, et al. 2011. The effect of some watershed, soil characteristics and morphometric factors on the relationship between the gully volume and length in Fars Province, Iran. Catena, 86: 150-159.

Lawler D M, Couperthwaite J, Bull L J, et al. 1997. Bank erosion events and processes in the Upper Severn basin.

Hydrology & Earth System Sciences, 1（3）: 523-534.

Lewis W V. 1944. Stream trough experiments and terrace formation. Geological Magazine, 81（6）: 241-253.

Liu L, Liu Q, An J, et al. 2015. Rill morphology and deposition characteristics on row sideslopes under seepage conditions. Soil Use and Management, 31: 515-524.

Martinez-Casasnovas J A, Ramos M C, Poesen J. 2004. Assessment of sidewall erosion in large gullies using multi-temporal DEMs and logistic regression analysis. Geomorphology, 58（1-4）: 305-321.

Masoodi A, Noorzad A, Majdzadeh Tabatabai M R, et al. 2018. Application of short-range photogrammetry for monitoring seepage erosion of riverbank by laboratory experiments. Journal of Hydrology, 558: 380-391.

Maxwell A R, Papanicolaou A N. 2001. Step-pool morphology in high-gradient streams. International Journal of Sediment Research, 16（3）: 380-390.

Meyer L D, Forster G R, Nikolove S. 1975. Effect of discharge rate and canopy on rill erosion. Transactions of the ASAE, 18: 905-911.

Midgley T L, Fox G A, V W G, et al. 2013. In situ pipe flow experiments on contrasting streambank soils. Transactions of the ASABE, 56（2）: 479-488.

Moore I D, Burch G J. 1986. Sediment transport capacity of sheet and rill flow: Application of unit stream power theory. Water Resources Research, 22（8）: 1350-1360.

Mosley M P. 1974. Experimental study of rill erosion. Transactions of the ASAE, 17: 909-913.

Nan L, Chen A, Xiong D, et al. 2013. The effects of film flow on headcut erosion of a gully in the dry-hot valley of Jinsha River, China. Advances in Earth and Environment Science, 189: 1013-1021.

Nash J E, Sutcliffe J V. 1970. River flow forecasting through conceptual models part I-A discussion of principles. Journal of Hydrology, 10（3）: 282-290.

Parker G, Izumi N. 2000. Purely erosional cyclic and solitary steps created by flow over a cohesive bed. Journal of Fluid Mechanics, 419: 203-238.

Qin C, Wells R R, Momm H G, et al. 2019a. Photogrammetric analysis tools for channel widening quantification under laboratory conditions. Soil and Tillage Research, 191: 306-316.

Qin C, Zheng F, Wells R R, et al. 2018a. A laboratory study of channel sidewall expansion in upland concentrated flows. Soil and Tillage Research, 178: 22-31.

Qin C, Zheng F, Wilson G V, et al. 2019b. Apportioning contributions of individual rill erosion processes and their interactions on loessial hillslopes. Catena, 181: 104099.

Qin C, Zheng F, Xu X, et al. 2018b. A laboratory study on rill network development and morphological characteristics on loessial hillslope. Journal of Soils and Sediments, 18: 1679-1690.

Qin C, Zheng F, Zhang J X, et al. 2018c. A simulation of rill bed incision processes in upland concentrated flows. Catena, 165: 310-319.

Rinaldi M, Darby S E. 2007. Modelling river-bank-erosion processes and mass failure mechanisms: progress towards fully coupled simulations. Developments in Earth Surface Processes. In: Helmut Habersack H P, Massimo R. Elsevier: 213-239.

Robinson K M, Bennett S J, Casalí J, et al. 2000. Processes of headcut growth and migration in rills and gullies. International Journal of Sediment Research, 15（1）: 69-82.

Römkens M J M, Prasad S N, Whisler F D. 1990. Process Studies in Hillslope Hydrology.In: Anderson M G, Burt T P. Surface Sealing and Infiltration. New York: John Wiley.

Santhi C, Arnold J G, Williams J R, et al. 2001. Application of a watershed model to evaluate management effects on point and nonpoint source pollution. Transactions of the ASAE, 44 (6): 1559-1570.

Shen H, Zheng F, Wen L, et al. 2016. Impacts of rainfall intensity and slope gradient on rill erosion processes at loessial hillslope. Soil and Tillage Research, 155: 429-436.

Slattery M C, Bryan R B. 1992. Hydraulic conditions for rill incision under simulated rainfall: A laboratory experiment. Earth Surface Processes and Landforms, 17: 127-146.

Sofia G, Di Stefano C, Ferro V, et al. 2017. Morphological similarity of channels: From linear erosional features (rill, gully) to Alpine Rivers. Land Degradation & Development, 28 (5): 1717-1728.

Thomas J T, Iverson N R, Burkart M R. 2009. Bank-collapse processes in a valley-bottom gully, western Iowa. Earth Surface Processes and Landforms, 34 (1): 109-122.

Torri D, Poesen J. 2014. A review of topographic threshold conditions for gully head development in different environments. Earth-Science Reviews, 130: 73-85.

Wang Y, Kuang S, Su J. 2016. Critical caving erosion width for cantilever failures of river bank. International Journal of Sediment Research, 31 (3): 220-225.

Wang Y, Shao M, Liu Z, et al. 2014. Prediction of bulk density of soils in the Loess Plateau region of China. Surveys in Geophysics, 35 (2): 395-413.

Wells R R, Alonso C V, Bennett S J. 2009a. Morphodynamics of headcut development and soil erosion in upland concentrated flows. Soil Science Society of America Journal, 73 (2): 521-530.

Wells R R, Bennett S J, Alonso C V. 2009b. Effect of soil texture, tailwater height, and pore-water pressure on the morphodynamics of migrating headcuts in upland concentrated flows. Earth Surface Processes and Landforms, 34 (14): 1867-1877.

Wells R R, Bennett S J, Alonso C V. 2010. Modulation of headcut soil erosion in rills due to upstream sediment loads. Water Resources Research, 46 (12): 1-16.

Wells R R, Momm H G, Rigby J R, et al. 2013. An empirical investigation of gully widening rates in upland concentrated flows. Catena, 101: 114-121.

Wirtz S, Seeger K M, Ries J B. 2012. Field experiments for understanding and quantification of rill erosion processes. Catena, 91: 21-34.

Wu H, Xu X, Zheng F, et al. 2018. Gully morphological characteristics in the loess hilly-gully region based on 3D laser scanning technique. Earth Surface Processes and Landforms, 43 (8): 1701-1710.

Wu Y, Chen H. 2005. Monitoring of gully erosion on the Loess Plateau of China using a global positioning system. Catena, 63 (2-3): 154-166.

Yang C T. 1973. Incipient motion and sediment transport. Journal of the Hydraulics Division, 99 (10): 1679-1704.

Zhang C, Xu M, Hassan M A, et al. 2018. Experimental study on the stability and failure of individual step-pool. Geomorphology, 311: 51-62.

Zhu J C, Gantzer C J, Peyton R L, et al. 1995. Simulated small-channel bed scour and head cut erosion rates compared. Soil Science Society of America Journal, 59: 211-218.

Zhu Y H, Visser P J, Vrijling J K. 2008. Soil headcut erosion: process and mathematical modeling.In: Kusuda T, Yamanishi H, Spearman J, Gailani J Z. Sediment and Ecohydraulics: Intercoh 2005. Amsterdam: Elsvier: 125-136.

第4章　坡面细沟不同主导发育方式的交互作用

基于细沟形态的动态变化规律，将细沟发育过程划分为沟头溯源侵蚀、沟底下切侵蚀和沟壁扩张侵蚀3种不同主导发育方式（见注释专栏4-1）。前人通过野外调查、定位观测、航片解译和室内模拟等手段，对3种细沟不同主导发育方式进行了定性/半定量描述，基本掌握了3个主导过程动态变化规律（Fullen，1985；Bryan and Poesen，1989；Slattery and Bryan，1992；Zhu et al.，2008；Knapen and Poesen，2010；Di Stefano and Ferro，2011；Wirtz et al.，2012；Bingner et al.，2016；Qin et al.，2018a；2018c）；还有其他学者通过控制条件的模拟试验，研究了单一细沟主导发育方式的侵蚀过程、影响因素和模拟方法等，取得了一大批有益的成果（Bennett et al.，2000；Parker and Izumi，2000；Alonso and Bennett，2002；Jia et al.，2005；Zhu et al.，2008；Wells et al.，2013；Qin et al.，2018a；2018c；覃超等，2018），本书第3章也重点讨论了细沟发育的单一侵蚀过程。然而，现有研究较少关注3种细沟不同主导发育方式的内在联系及其对细沟侵蚀的作用贡献，有关细沟不同主导发育方式相互作用的研究更是鲜见报道（Qin et al.，2019b）。

> **注释专栏 4-1**
>
> **细沟侵蚀主导过程**
>
> 在细沟侵蚀的不同阶段，细沟水流对细沟长度、宽度、深度的塑造作用存在快慢差异，这种差异源于细沟侵蚀主导过程的改变。细沟侵蚀主导过程（主导发育方式）包括沟头溯源侵蚀、沟底下切侵蚀和沟壁扩张侵蚀。以沟头溯源侵蚀为主的细沟侵蚀阶段出现在细沟发育初期，从跌水形成时起至断续细沟连接形成连续细沟时止；以沟底下切侵蚀为主的细沟侵蚀阶段出现在细沟发育中期，从连续细沟形成固定流路时起至细沟底部下切至犁底层或基岩时止；以沟壁扩张侵蚀为主的细沟侵蚀阶段出现在细沟发育末期，此时细沟沟槽的下切侵蚀过程基本结束，发育方式以细沟沟壁扩张侵蚀为主。
>
> 沟头溯源侵蚀作为一个高度紊乱的三维侵蚀体系（Jia et al.，2005），是细沟发育过程的开始，在坡面侵蚀产沙中占有重要地位。在沟头溯源至细沟发生的临界坡长前，沟头溯源侵蚀量占坡面细沟侵蚀量的比例可达60%（Bennett et al.，2000）。研究表明，对细沟长度的准确估算将显著提高细沟体积的模拟精度。基于细沟长度估算细沟体积的公式如下（Capra et al.，2009；Di Stefano and Ferro，2011）：
>
> $$V = a_s L^b$$
>
> 式中，V为侵蚀沟体积（m³）；L为侵蚀沟长度（m）；a_s和b_s为经验系数。
>
> 随着坡面沟头溯源侵蚀过程的结束，细沟沟底下切侵蚀扮演了比沟壁扩张侵蚀更重要的角色（Bingner et al.，2016），对细沟深度的精准估算是提高细沟侵蚀预报模型模

拟精度的关键（Woodward，1999）。Liu 等（2015）认为同时考虑细沟最大深度及其长度的细沟侵蚀预报模型比只考虑细沟长度的预报模型在预测结果上更准确。细沟深度沿坡长变化并不呈严格的线性增加趋势，而是较深较弯曲的细沟侵蚀区与相对平直且较浅的细沟沉积区相间分布，这主要与表层土壤（结皮）和下层土壤的可蚀性差异较大有关。

沟壁扩张侵蚀在坡面细沟发育过程中占有重要地位，当沟头溯源侵蚀结束且不易侵蚀层暴露于集中水流的情况下，沟壁扩张侵蚀量占总侵蚀量的比例在美国中部可达 80%以上（Simon and Rinaldi，2006），在澳大利亚新南威尔士州也可达一半以上（Blong et al.，1982）。Wells 等（2013）指出细沟宽度及其扩张侵蚀速率随坡度和上方汇流量的增加而增加，这些学者还拟合了相应的沟壁扩张侵蚀经验公式。Istanbulluoglu（2005）认为所有的沟蚀过程均开始于水流的冲刷侵蚀（fluvial erosion），而沟壁扩张侵蚀是集中水流冲刷侵蚀（径流剪切力对土壤颗粒的分散作用）和重力侵蚀（沟壁悬空土块整体塌陷）共同作用的结果。Chaplot 等（2011）指出，沟壁扩张侵蚀过程主要由 3 个子过程组成（按照对总侵蚀量的贡献由大到小排列）：雨滴击溅侵蚀引起的土壤颗粒搬运、集中水流的冲刷侵蚀和悬空土块的整体塌陷。

为进一步厘清细沟不同主导发育方式之间的交互作用对细沟侵蚀过程的影响，更好揭示坡面细沟发育的本质规律，基于第 3 章有关细沟单一主导发育过程量化的研究结果，通过对细沟不同主导发育方式交互过程的层层解剖，定量分析沟头溯源侵蚀、沟底下切侵蚀和沟壁扩张侵蚀对细沟侵蚀的作用贡献，拟合细沟发育不同阶段细沟长度、细沟宽度和细沟深度的经验方程，建立基于细沟单一主导发育方式的黄土坡面细沟侵蚀方程式，阐明 3 种细沟主导发育方式及其交互作用对坡面细沟发育过程的影响机理。

4.1 试验设计与研究方法

为探究黄土坡面细沟不同主导发育方式交互作用影响下细沟发育的形态特征及其过程特征，并与第 3 章中的沟头溯源侵蚀、沟底下切侵蚀和沟壁扩张侵蚀 3 种单一主导发育方式的试验结果进行对比分析，本章计算了沟头溯源、沟底下切、沟壁扩张试验的单宽细沟侵蚀输沙率及总单宽细沟侵蚀输沙率。所涉及的试验设计和试验步骤与第 3 章相同（表 4-1）。

表 4-1 试验设计和基本试验参数

S/（°）	Q/（L/min）	试验历时/min	细沟主导侵蚀方式
15	1	60	沟头溯源，沟底下切，沟壁扩张[①]
	2	30	沟头溯源，沟底下切，沟壁扩张[①]
	3	20	沟头溯源，沟底下切，沟壁扩张[①]
	4	15	沟头溯源，沟底下切，沟壁扩张[①]

续表

$S/(°)$	$Q/$（L/min）	试验历时/min	细沟主导侵蚀方式
20	1	60	沟头溯源，沟底下切，沟壁扩张①
	2	30	沟头溯源，沟底下切，沟壁扩张①
	3	20	沟头溯源，沟底下切，沟壁扩张①
	4	15	沟头溯源，沟底下切，沟壁扩张①
20	1	60	沟壁扩张②
	2	30	沟壁扩张②
	3	20	沟壁扩张②
	4	15	沟壁扩张②

①沟壁扩张侵蚀试验的初始细沟宽度为 4 cm；②沟壁扩张侵蚀试验的初始细沟宽度为 8 cm。

基于细沟发育不同阶段的不同主导侵蚀过程，这里拟合了细沟长度、细沟宽度和细沟深度随时间变化的经验公式，其中，3/4 的试验数据用来建立方程，其余 1/4 的试验数据用来验证方程。

4.2 细沟不同主导发育方式的量化研究

细沟侵蚀过程复杂且迅速，是一个综合立体的三维发生发展过程，主要包括 4 个典型发育阶段：水涮窝形成期、沟头溯源侵蚀期、沟底下切侵蚀期和沟壁扩张侵蚀期（图 4-1、图 4-2）。野外调查和模拟试验结果均表明，黄土坡面细沟沟头溯源侵蚀、沟底下切侵蚀和沟壁扩张侵蚀 3 种细沟发育方式在时间和空间尺度上有一定的重叠，但也存在明显的时空差异（图 4-1）。根据试验设计，提出了以下 3 个重要的时间节点：T_1（细沟沟头开始向上游溯源的时刻）、T_2（细沟沟头溯源到达临界坡长的时刻）和 T_3（细沟沟底下切至相对不可侵蚀层的时刻）（图 4-1）。

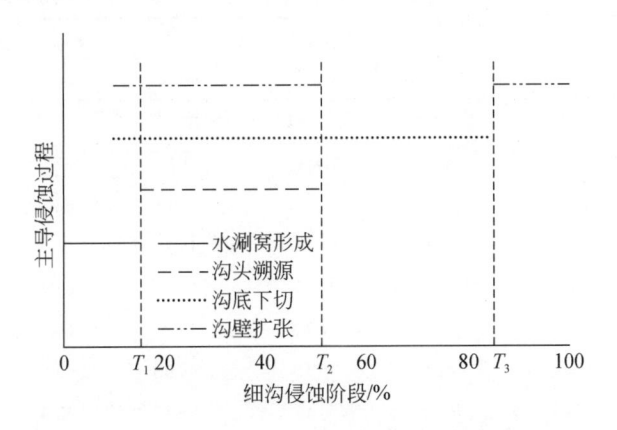

图 4-1 细沟不同主导发育方式的时间序列

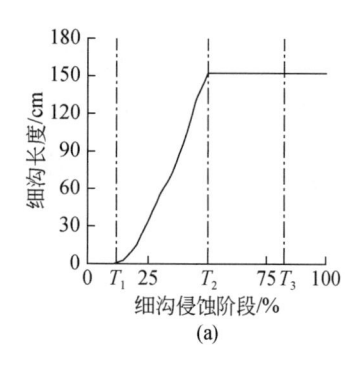

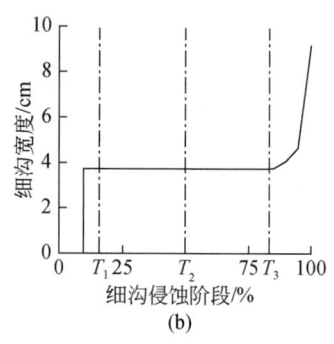

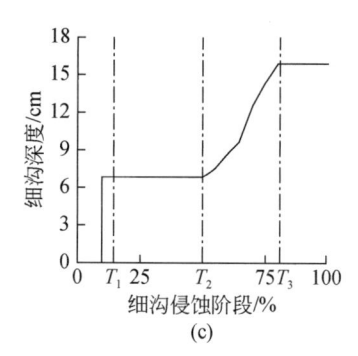

图 4-2 细沟长度、宽度和深度的一般变化过程

图示选自 1 L/min 流量，20°坡度和 4 cm 初始细沟宽度的试验处理

试验条件下，细沟沟头溯源侵蚀量占总细沟侵蚀量的比例最大，达到 44%~68%，沟底下切侵蚀占总侵蚀量的比例次之，为 27%~44%，沟壁扩张侵蚀占总侵蚀量的比例最小，仅为 3.8%~12%（表 4-2）。

基于表 4-2 的数据，运用线性回归的分析方法，量化细沟发育过程：①细沟发育初期（$T_1 \leq T \leq T_2$），建立了以沟头溯源侵蚀为主导发育方式的细沟侵蚀方程；②细沟发育中期（$T_2 < T \leq T_3$），建立了以沟底下切侵蚀为主导发育方式的细沟侵蚀方程；③细沟发育末期（$T > T_3$），建立了以沟壁扩张侵蚀为主导发育方式的细沟侵蚀方程。在数据分析中，随机选取 12 场次的试验数据进行方程拟合，其余 4 场次数据用于方程验证。结果表明，黄土坡面单条细沟侵蚀量可由下面 3 个方程表示：

$$SL = 160.94\ln(q^2 s) - 670.5 \quad (R^2=0.923, P<0.005, n=12, T_1 \leq T \leq T_2) \quad (4-1)$$

$$SL = 0.3752 q^2 s - 2.5505 \quad (R^2=0.983, P<0.005, n=12, T_2 < T \leq T_3) \quad (4-2)$$

$$SL = 0.0077 (q^2 s)^{1.3909} \quad (R^2=0.964, P<0.005, n=12, T > T_3) \quad (4-3)$$

式中，SL 为总单宽细沟侵蚀输沙率[kg/(h·m)]；q 上方汇流量（单位细沟宽度）[L/(min·m)]；s 为坡度（m/m）。

表 4-2 不同细沟主导侵蚀方式下的单位细沟宽度输沙率及其对总输沙率的贡献

$S/(°)$	$Q/(L/min)$	单位细沟宽度输沙率 /[kg/(h·m)]				不同细沟主导侵蚀方式对细沟侵蚀过程的贡献/%		
		总量①	沟头溯源	沟底下切	沟壁扩张	沟头溯源	沟底下切	沟壁扩张
15	1	58.8	36.8	18.3	3.7	62.6	31.0	6.4
	1	60.3	39.0	17.3	4.0	64.7	28.7	6.6
	2	330.8	201.9	113.5	15.3	61.0	34.3	4.6
	2	355.3	232.4	106.7	16.2	65.4	30.0	4.6
	3	603.2	386.3	163.2	53.7	64.0	27.1	8.9
	3	600.4	381.0	170.0	49.4	63.5	28.3	8.2
	4	877.3	468.1	310.7	98.5	53.4	35.4	11.2
	4	886.9	465.1	318.8	102.9	52.4	35.9	11.6

续表

S/(°)	Q/(L/min)	单位细沟宽度输沙率/[kg/(h·m)]				不同细沟主导侵蚀方式对细沟侵蚀过程的贡献/%		
		总量[①]	沟头溯源	沟底下切	沟壁扩张	沟头溯源	沟底下切	沟壁扩张
20	1	84.0	55.7	24.0	4.3	66.3	28.6	5.1
	1	95.0	64.9	26.4	3.6	68.4	27.8	3.8
	2	429.9	247.2	152.0	30.7	57.5	35.4	7.1
	2	398.7	240.7	129.3	28.6	60.4	32.4	7.2
	3	667.3	347.4	261.1	58.8	52.1	39.1	8.8
	3	706.1	377.7	266.6	61.8	53.5	37.8	8.7
	4	908.3	414.0	386.4	107.9	45.6	42.5	11.9
	4	919.5	404.2	405.8	109.6	44.0	44.1	11.9

①单位细沟宽度总输沙率等于沟头溯源侵蚀、沟底下切侵蚀和沟壁扩张侵蚀试验的单位细沟宽度输沙率之和。

式（4-1）～式（4-3）的验证结果表明，上述三个方程的相对误差（RE）分别为-3.9%、-9.9%和-8.1%，决定性系数（R^2）分别为0.923、0.983和0.964，纳什有效性系数（E_{NS}）分别为0.822、0.937和0.845，说明上述三个方程符合模型有效性验证的基本要求。

4.2.1 水涮窝的形成

在沟头开始向上游溯源之前，水涮窝（见注释专栏4-2）首先形成，形成条件为流体边界的剪切力大于土壤临界剪切力（Foster et al.，1977）。在水涮窝形成过程中，一段相对较小长度的细沟逐渐下切，直到上游来水能量不足以继续维持其进一步下切，亦或者水涮窝已经下切至犁底层/相对不可侵蚀层（Gordon et al.，2007b）。在水涮窝形成期产生的一小段细沟长度，由于其相对整个细沟总长度所占比例很小，前人研究往往将其忽略（Gordon et al.，2007b）。但是，在这期间形成的细沟宽度和细沟深度将在接下来的沟头溯源侵蚀过程中基本保持不变（图4-1、图4-2）。

> **注释专栏4-2**
>
> **水 涮 窝**
>
> 坡面集中水流淘涮沟头内壁，逆水流方向在沟头壁面上形成的窝状半圆形洞穴。这一概念最早由朱显谟院士在1958年研究黄土高原洞穴侵蚀时提出（朱显谟，1958），他认为水涮窝常在侵蚀沟的沟头和各种沟谷的陡壁及堤梗上出现，初期在离地面不远的地方淘涮成一个内凹的小坑，初看起来像一个悬挂的土窝，进一步发展的结果是窝身向下而呈长槽状，待上部土体下塌后，土壁上面就形成了半圆筒状缺口，这将促使侵蚀沟的前进或分叉的形成。

4.2.2 沟头溯源侵蚀过程的量化

首先，沟头溯源侵蚀是细沟发育的起始阶段，水涮窝的深度和宽度决定了细沟沟槽的初始深度和宽度，沟头溯源侵蚀使坡面上形成大大小小的细沟沟槽雏形，当细沟沟头溯源至临界坡长时，细沟长度不再增加（Qin et al.，2018b）；其次，随着细沟集水区面积的不断扩大，集中水流的流量和流速逐渐增大，由径流剪切力引起的沟槽缓慢下切和由二级细沟沟头引起的沟槽快速下切使细沟深度不断增加（Qin et al.，2018c）；最后，当细沟沟底下切至不易侵蚀层，集中水流的剪切作用由垂直方向转为水平方向，细沟沟脚被淘涮，从而引起细沟沟壁的扩张侵蚀（Qin et al.，2018a；2019）。综上所述，细沟沟头溯源侵蚀往往伴随着沟底下切侵蚀和沟壁扩张侵蚀，而沟底下切侵蚀和沟壁扩张侵蚀在时间和空间上相对独立（图4-1）。

由图4-2可知，T_1至T_2时刻，细沟长度随时间的增加而增加，细沟宽度和细沟深度与最初形成的水涮窝深度相等，在该时段内基本保持不变。细沟宽度和深度保持不变的原因是集中水流以涡的形式向下淘涮土壤的深度阈值已经达到，水流能量仅能维持细沟沟头向上游匀速运动而不能使沟床继续下切（Bennett et al.，2000）。据此，在细沟长度溯源至临界坡长前（本试验对应于细沟沟头溯源至试验土槽的过渡段），分别统计了15 min试验历时下细沟的长度、宽度和深度（表4-3～表4-5，包括细沟头溯源侵蚀、沟底下切侵蚀和沟壁扩张侵蚀的试验处理）。试验结果表明，该时段内，细沟宽度和细沟深度仅由试验边界条件，即上方汇流量和土槽坡度决定，与试验历时无关；细沟宽度和细沟深度均随流量和坡度的增加而增加，但坡度对细沟深度的影响在大流量的试验处理下（4 L/min）不明显（表4-4、表4-5）。水涮窝形成后，试验条件下的细沟深度和细沟宽度可由下列经验关系式确定：

$$D=1.2987(q^2s)^{0.3075} \quad (R^2=0.613,\ T\leq T_2) \tag{4-4}$$
$$W=1.6502(q^2s)^{0.1692} \quad (R^2=0.775,\ T\leq T_3) \tag{4-5}$$

式中，D为不同时刻下的细沟平均深度（cm）；W为不同时刻下的细沟平均宽度（cm）。

细沟长度随试验历时呈线性增加（Robinson and Hanson，1994），因此，这里T_1到T_2时刻的细沟长度可由以下经验关系式表达：

$$L=[2.685\ln(qs)-1.184]T \quad (R^2=0.959,\ T_1\leq T\leq T_2) \tag{4-6}$$

式中，L为不同时刻下的细沟长度（cm）；T为时间（s）；q和s与式（4-4）和式（4-5）所指相同。

表4-3 不同试验处理下的细沟长度

S/(°)	Q/(L/min)	细沟长度/cm 沟头溯源（包括水涮窝形成）[①]	沟底下切[②]	沟壁扩张[③]
15	1	29.7±0.8	200	144.1±1.0
	2	76.2±3.9	200	144.2±0.1
	3	85.9±2.3	200	140.7±1.3
	4	97.5±2.9	200	138.9±1.1
20	1	44.9±0.6	200	144.7±4.2
	2	83.9±2.2	200	145.2±0.4
	3	104.0±4.7	200	143.8±0.6
	4	121.1±1.6	200	144.3±1.5

续表

$S/(°)$	$Q/(L/min)$	细沟长度/cm		
		沟头溯源（包括水涮窝形成）[①]	沟底下切[②]	沟壁扩张[③]
20	1			140.5±1.3
	2			144.5±3.4
	3			144.9±1.5
	4			145.1±0.1

[①]沟头溯源侵蚀试验历时为 15 min 时的细沟长度；[②]沟底下切侵蚀试验固定的细沟长度；[③]沟壁扩张侵蚀试验固定的细沟长度（由于不同试验处理的过渡段长度有所不同，因此，沟壁扩张侵蚀试验的细沟长度在±5%的范围内波动）。

4.2.3 沟底下切侵蚀的量化

当细沟沟头溯源至细沟发生的临界坡长时，沟头即停止向上游运动（图 4-1），细沟长度保持不变，且与 T_2 时刻的细沟长度相等（图 4-2）。由沟头溯源侵蚀产生的雏形细沟沟槽保持稳定，坡面流汇集在细沟沟槽内形成集中水流，使径流剪切力增大，增加了沟底下切侵蚀速率。在集中水流下切至相对不可侵蚀层前，细沟深度随试验历时的增加而逐渐加大（图 4-2）。集中水流剪切力侵蚀和二级下切沟头侵蚀同时出现（Qin et al., 2018c），细沟平均深度随流量和坡度的增加而增大（表 4-4）。因此，试验条件下，从 T_2 时刻到试验结束的细沟长度以及 T_2 到 T_3 时刻的细沟宽度可由下式表达：

$$L=[2.685\ln(qs)-1.184]T_2 \quad (T>T_2) \quad (4-7)$$

$$D=1.2169(q^2s)^{0.3208}+0.0034(q^2s)^{0.7872}T \quad (R^2=0.944, T_2<T\leqslant T_3) \quad (4-8)$$

表 4-4　不同试验处理下的细沟平均深度

$S/(°)$	$Q/(L/min)$	细沟深度/cm		
		沟头溯源（包括水涮窝形成）[①]	沟底下切[②]	沟壁扩张[③]
15	1	3.9±0.2	6.8±0.1	4
	2	7.5±0.4	8.2±0.5	4
	3	9.9±0.1	10.8±0.1	4
	4	11.5±0.1	12.6±0.4	4
20	1	6.4±0.6	7.8±0.2	4
	2	9.2±0.2	10.5±0.6	4
	3	11.3±0.4	12.1±0.6	4
	4	11.7±0.3	13.2±0.4	4
20	1			4
	2			4
	3			4
	4			4

[①]沟头溯源侵蚀试验结束后不同坡长处的细沟平均深度；[②]沟底下切侵蚀试验结束后不同坡长处的细沟平均深度；[③]沟壁扩张侵蚀试验固定的细沟深度。

4.2.4 沟壁扩张侵蚀的量化

当集中水流对细沟沟底的侵蚀达到某一临界深度，即悬空土体高度达到临界高度且由悬空土体重力产生的剪切力等于张力裂隙形成所需的剪切力（Stefanovic and Bryan，2007）；或者犁底层/相对不可侵蚀层暴露于集中水流，促使集中水流剪切力由垂直剪切转化为水平剪切（Wells et al.，2013），沟底下切侵蚀过程结束。细沟发育进入到最后一个阶段，细沟水流开始淘涮细沟沟脚，沟壁扩张侵蚀加速。试验结果表明，沟壁扩张侵蚀期，细沟宽度沿坡长增加，且坡面细沟平均宽度随流量和坡度的增加而增大（表4-5），细沟长度和细沟深度保持不变。从T_3时刻至试验结束，细沟平均深度和细沟平均宽度可由下列方程表达：

$$D=1.2169(q^2s)^{0.3208} + 0.0034(q^2s)^{0.7872}T_3 \quad (T>T_3) \qquad (4-9)$$

$$W = 1.6334(q^2s)^{0.1717} + W_i e^{0.4164(qs)^{1.861}T} \quad (R^2 = 0.944, T>T_3) \qquad (4-10)$$

式中：W_i为初始细沟宽度（cm），由初始条件下的水溯窝决定，可由式（4-5）确定。

式（4-4）～式（4-10）的验证结果表明，所有方程的决定性系数和纳什系数均大于0.6，符合模型有效性验证的基本要求（Santhi et al.，2001）。式（4-4）～式（4-10）重点考虑了试验条件下简化的细沟主导发育过程，上述方程在黄土陡坡坡面细沟沟头溯源、沟底下切和沟壁扩张侵蚀过程的预报中有较高的应用价值。

表4-5 不同试验处理下的细沟平均宽度

$S/(°)$	$Q/(L/min)$	沟头溯源（包括水溯窝形成）[①]	沟底下切[②]	沟壁扩张[③]
		细沟宽度/cm		
15	1	4.7±0.1	8	5.1±0.1
	2	4.9±0.6	8	6.0±0.3
	3	6.3±0.3	8	7.2±0.4
	4	7.5±0.3	8	8.1±0.3
20	1	4.2±0.7	8	5.4±0.7
	2	5.1±0.1	8	6.2±0.2
	3	7.0±0.4	8	7.7±0.4
	4	8.2±0.2	8	8.7±0.1
20	1			8.9±0.3
	2			9.7±0.3
	3			10.8±0.1
	4			11.9±0.4

①沟头溯源侵蚀试验结束后不同坡长处的细沟平均宽度；②沟底下切侵蚀试验的固定细沟宽度；③沟壁扩张侵蚀试验结束后不同坡长处的细沟平均宽度，前两组试验的细沟初始宽度为4 cm，第三组试验的细沟初始宽度为8 cm。

4.3 细沟不同主导发育方式的交互作用分析

4.3.1 沟头溯源侵蚀与沟底下切侵蚀的交互作用

沟底下切和沟头溯源是两个相互交织、相互作用的复杂过程。在分析沟底下切侵蚀过程时，要特别注意其与沟头溯源侵蚀的关系。Gordon 等（2007a；2007b）指出，沟头溯源侵蚀的起始阶段是涡流在坡面小跌坎处同时产生向内和向下的淘涮力，在一定的坡度、流量和土壤条件下，涡流向下淘涮所能达到的最大深度不变。随着淘涮过程的进行，涡流向下的淘涮力逐渐转化为向内的淘涮力。在某一特定条件下，当涡流向下淘涮力小于或等于下层土壤的临界剪切力，且涡流向下淘涮深度达到某一特定条件下的临界值时，沟头下方水涮窝深度将不再加深。具体来说，水涮窝深度（初始细沟深度）由下列因素决定：①耕作层厚度；②相邻土层的土壤可蚀性，如有机质层、犁底层、母质层、基岩等；③上方来水能量（Bennett et al.，2000；Gordon et al.，2007a；Wells et al.，2013；He et al.，2017；Shen et al.，2016）。此后，涡流继续淘涮沟头内侧的土体，使沟头上方悬空土体体积增加，当悬空土体重量大于土壤颗粒间的黏结力时，悬空土块将整体崩塌，由此引发的沟头溯源侵蚀速率也将明显增加。此外，沟头上方来水的剪切作用也能以相对均一的速度剥蚀沟头附近的土壤颗粒，使沟头以较低的速度向上游溯源。从另一方面来说，在沟头溯源侵蚀形成的细沟沟槽内，二级沟头一旦形成，则存在输沙率和集中水流能量积累与耗散的相对平衡，二级沟头跌坎高度、间距与土壤性质、坡度和上方来水密切相关（Simon and Rinaldi，2006；徐锡蒙等，2019）。在沟底下切侵蚀过程中，细沟深度的增加主要取决于二级下切沟头的形成和发展（Zhu et al.，1995；Qin et al.，2018c）。因此，在整个细沟发育过程中，细沟侵蚀的主导过程在沟头溯源、沟底下切、沟壁扩张和泥沙沉积之间来回交替。

4.3.2 沟头溯源侵蚀与沟壁扩张侵蚀的交互作用

沟壁扩张侵蚀是在沟头溯源侵蚀过后形成的细沟沟槽内由于集中水流淘涮细沟沟脚，造成土体悬空，当悬空土体的自身重力大于土壤颗粒间的黏结力时，沟壁崩塌的过程。由于细沟的初始宽度由沟头溯源侵蚀过程决定，受上方集中水流宽度和土壤性质的共同影响，因此在分析沟壁扩张侵蚀量时，需特别注意区分由沟头溯源侵蚀过程导致的细沟宽度增加和由沟壁扩张侵蚀过程导致的细沟宽度增加。沟壁扩张使径流分散，流速和流深减小，同时使沟壁的不规则性增加，而坡面漫流的集中下沟使支沟发育，促进了新一轮的沟头溯源侵蚀（Stefanovic and Bryan，2007）。综上所述，今后研究可重点关注沟头溯源侵蚀和沟壁扩张侵蚀的综合作用，以及由径流垂直剪切力引起的沟床均匀下切和由径流水平剪切力引起的沟脚土壤淘涮的转变点和转变机制。

4.3.3 沟底下切侵蚀与沟壁扩张侵蚀的交互作用

与沟头溯源侵蚀和沟底下切侵蚀不同，沟壁扩张侵蚀主要出现在坡面细沟发育过程的前期和后期（图 4-1），沟壁扩张侵蚀过程引起的净侵蚀量占总细沟侵蚀量的比例最低

(表 4-2)。细沟宽度的增加主要发生在 2 个阶段：第一阶段是水溅窝形成阶段，初始细沟沟槽的形成使坡面细沟宽度由 0 增加到初始细沟宽度；第二阶段是以沟壁扩张侵蚀为主导发育方式的阶段，该阶段发生在沟头溯源侵蚀和沟底下切侵蚀过程基本结束后，当细沟沟底下切至不易侵蚀层，沟壁才会呈现快速且相对随机的崩塌，细沟宽度逐渐增大。本试验结果表明，沟底下切侵蚀与沟壁扩张侵蚀虽然存在较明显的时间分异特征（图 4-1），但沟底下切至不易侵蚀层后，径流垂向剪切力转变为水平剪切力的过程，是细沟宽度再次迅速增大的前提和条件，因此必须重视沟底下切侵蚀和沟壁扩张侵蚀的交互作用对细沟侵蚀过程的影响（Qin et al.，2018a）。

4.4 结　　语

基于黄土坡面单条细沟的自由发育试验，以及沟头溯源侵蚀、沟底下切侵蚀和沟壁扩张侵蚀模拟试验，定量分析沟头溯源侵蚀、沟底下切侵蚀、沟壁扩张侵蚀对单宽细沟侵蚀输沙率的作用贡献，剖析了上述 3 种细沟主导发育方式及其交互作用对坡面细沟发育过程的影响，建立了基于细沟单一主导发育方式的黄土坡面细沟侵蚀方程式。主要研究结论如下。

（1）沟头溯源、沟底下切和沟壁扩张 3 个主导过程存在时间和空间上均存在一致性和异质性。

（2）水溅窝的形成和发展是沟头开始向上游溯源之前的主导发育方式；沟头溯源至细沟发育的临界坡长前，沟头溯源侵蚀与沟底下切及沟壁扩张侵蚀相互作用，共同决定初始细沟宽度和深度；沟底下切侵蚀和沟壁扩张侵蚀分别主导犁底层暴露于集中水流前、后的细沟侵蚀过程。

（3）沟头溯源侵蚀量占细沟侵蚀量的比例最大，不同试验处理下达到 44%～68%，其次是沟底下切侵蚀量（27%～44%）和沟壁扩张侵蚀量（3.8%～12%）。

（4）拟合了细沟发育不同阶段（T_1、T_2、T_3 时刻）细沟长度、宽度和深度的预测方程，以及细沟侵蚀量的经验公式。

参 考 文 献

覃超，何超，郑粉莉，等. 2018. 黄土坡面细沟沟头溯源侵蚀的量化研究. 农业工程学报，34（6）：160-167.

徐锡蒙，郑粉莉，覃超，等. 2019. 黄土丘陵沟壑区浅沟发育动态监测与形态定量研究. 农业机械学报，50（4）：274-282.

朱显谟. 1958. 黄土区的洞穴侵蚀. 黄河建设，22（3）：43-44.

Alonso C V, Bennett S J. 2002. Predicting head cut erosion and migration in concentrated flows typical of upland areas. Water Resources Research，38（12）：31-39.

Bennett S J, Alonso C V, Prasad S N, et al. 2000. Experiments on headcut growth and migration in concentrated flows typical of upland areas. Water Resources Research，36（7）：1911-1922.

Bingner R L, Wells R R, Momm H G, et al. 2016. Ephemeral gully channel width and erosion simulation technology. Natural Hazards，80（3）：1949-1966.

Blong R J, Graham O P, Veness J A. 1982. The role of sidewall process in gully development: Some N.S.W.

example. Earth Surface Processes and Landforms, 7: 381-385.

Bryan R B, Poesen J. 1989. Laboratory experiments on the influence of slope length on runoff, percolation and rill development. Earth Surface Processes and Landforms, 14: 211-231.

Capra A, Di Stefano C, Ferro V, et al. 2009. Similarity between morphological characteristics of rills and ephemeral gullies in Sicily, Italy. Hydrological Processes, 23: 3334-3341.

Chaplot V, Brown J, Dlamini P, et al. 2011. Rainfall simulation to identify the storm-scale mechanisms of gully bank retreat. Agricultural Water Management, 98 (11): 1704-1710.

Di Stefano C, Ferro V. 2011. Measurements of rill and gully erosion in Sicily. Hydrological Processes, 25: 2221-2227.

Foster G R, Meyer L D, Onstad C A. 1977. An erosion equation derived from basic erosion principles. Transactions of the ASAE, 20 (4): 678-682.

Fullen. 1985. Compaction, hydrological processes and soil erosion on loamy sands in east Shropshire, England. Soil and Tillage Research, 6 (1): 17-29.

Gordon L M, Bennett S J, Bingner R L, et al. 2007a. Simulating ephemeral gully erosion in AnnAGNPS. Transactions of the ASABE, 50 (3): 857-866.

Gordon L M, Bennett S J, Wells R R, et al. 2007b. Effect of soil stratification on the development and migration of headcuts in upland concentrated flows. Water Resources Research, 43 (W07412): 1-12.

He J, Sun L, Gong H, et al. 2017. Laboratory studies on the influence of rainfall pattern on rill erosion and its runoff and sediment characteristics. Land Degradation & Development, 28 (5): 1615-1625.

Istanbulluoglu E. 2005. Implications of bank failures and fluvial erosion for gully development: Field observations and modeling. Journal of Geophysical Research, 110: F1014.

Jia Y, Kitamura T, Wang S. 2005. Numerical simulation of head-cut with a two-layered bed. International Sediment Research, 20 (3): 185-193.

Knapen A, Poesen J. 2010. Soil erosion resistance effects on rill and gully initiation points and dimensions. Earth Surface Processes and Landforms, 35: 217-228.

Liu L, Liu Q, An J, et al. 2015. Rill morphology and deposition characteristics on row sideslopes under seepage conditions. Soil Use and Management, 31: 515-524.

Parker G, Izumi N. 2000. Purely erosional cyclic and solitary steps created by flow over a cohesive bed. Journal of Fluid Mechanics, 419: 203-238.

Qin C, Wells R R, Momm H G, et al. 2019a. Photogrammetric analysis tools for channel widening quantification under laboratory conditions. Soil and Tillage Research, 191: 306-316.

Qin C, Zheng F, Wilson G V, et al. 2019b. Apportioning contributions of individual rill erosion processes and their interactions on loessial hillslopes. Catena, 181: 104099.

Qin C, Zheng F, Wells R R, et al. 2018a. A laboratory study of channel sidewall expansion in upland concentrated flows. Soil and Tillage Research, 178: 22-31.

Qin C, Zheng F, Xu X, et al. 2018b. A laboratory study on rill network development and morphological characteristics on loessial hillslope. Journal of Soils and Sediments, 18: 1679-1690.

Qin C, Zheng F, Zhang J X, et al. 2018c. A simulation of rill bed incision processes in upland concentrated flows. Catena, 165: 310-319.

Robinson K M, Hanson G J. 1994. Large-scale headcut erosion testing. Soil and Water Division of ASAE, 38 (2): 429-434.

Santhi C, Arnold J G, Williams J R, et al. 2001. Application of a watershed model to evaluate management effects on point and nonpoint source pollution. Transactions of the ASAE, 44 (6): 1559-1570.

Shen H, Zheng F, Wen L, et al. 2016. Impacts of rainfall intensity and slope gradient on rill erosion processes at loessial hillslope. Soil and Tillage Research, 155: 429-436.

Simon A, Rinaldi M. 2006. Disturbance, stream incision, and channel evolution: The roles of excess transport capacity and boundary materials in controlling channel response. Geomorphology, 79 (3-4): 361-383.

Slattery M C, Bryan R B. 1992. Hydraulic conditions for rill incision under simulated rainfall: A laboratory experiment. Earth Surface Processes and Landforms, 17: 127-146.

Stefanovic J R, Bryan R B. 2007. Experimental study of rill bank collapse. Earth Surface Processes and Landforms, 32 (2): 180-196.

Wells R R, Momm H G, Rigby J R, et al. 2013. An empirical investigation of gully widening rates in upland concentrated flows. Catena, 101: 114-121.

Wirtz S, Seeger K M, Ries J B. 2012. Field experiments for understanding and quantification of rill erosion processes. Catena, 91: 21-34.

Woodward D E. 1999. Method to predict cropland ephemeral gully erosion. Catena, 37: 393-399.

Zhu J C, Gantzer C J, Peyton R L, et al. 1995. Simulated small-channel bed scour and head cut erosion rates compared. Soil Science Society of America Journal, 59: 211-218.

Zhu Y H, Visser P J, Vrijling J K. 2008. Soil headcut erosion: process and mathematical modeling.In: Kusuda T, Yamanishi H, Spearman J, et al. Sediment and Ecohydraulics: Intercoh 2005. Amsterdam: Elsvier: 125-136.

第 5 章　坡面细沟网发育过程研究

细沟发育包括沟头溯源、沟底下切和沟壁扩张中的一个或多个子过程，而细沟发育不同阶段的主导发育方式不同（Bingner et al., 2016）。细沟侵蚀与其他沟道侵蚀的区别在于，细沟发育过程始终伴随强烈的侵蚀产沙，细沟形态变化迅速（韩鹏等，2002），而变化的细沟形态又影响坡面水流分布及连通性，进而又影响坡面侵蚀产沙过程，增加了细沟发育过程中沟头溯源侵蚀、沟底下切侵蚀和沟壁扩张侵蚀三者之间的复杂性和不确定性。细沟在坡面上的分叉、合并和连通现象促进了细沟侵蚀的发展，进而逐渐演变成纵横交错的细沟网（见注释专栏 5-1）（郑粉莉等，1987）。细沟网发育过程是坡面细沟形态演变的集中体现，细沟网发育能够增加径流连通性及水流向沟道的集中性（Bracken and Croke，2007；Moreno-de las Heras et al., 2011），从而使细沟网进一步发育。因此，细沟网发育程度对坡面径流侵蚀有重要影响（Linse et al., 2001）。近年来，细沟网的发生演变过程及水沙关系研究一直是土壤侵蚀领域的重要研究方向（Mancilla et al., 2005；Di Stefano et al., 2013；张永东等，2013），但由于细沟网发育过程复杂，具有明显的时空演变特征（Lei et al., 1998；Bewket and Sterk，2003），现有研究多是侧重对现象的定性描述，而对细沟网发育特征的定量分析较少；还有在细沟网发育的时间尺度上，大多研究为细沟发育的整个过程，而缺乏区分细沟不同主导发育方式下坡面细沟及细沟网在时间和空间尺度上的变化。此外，细沟袭夺、二级沟头和犁底层对坡面细沟形态特征也具有一定的影响；细沟分布密度、细沟间距离、分叉数和合并点数等指标亦可应用到坡面细沟网研究中。

注释专栏 5-1

细　沟　网

细沟出现之后，随着降水的继续进行，细沟在坡面上出现分叉、合并和连通现象，形成了复杂的细沟侵蚀形态，进而演变成纵横交错的细沟网（郑粉莉等，1987）。坡面细沟网是水系发育的雏形，也是水系形态的缩影（Raff et al., 2004）。水系存在于较大的空间尺度上，具有开放性、随机性、自相似性等特点（刘怀湘和王兆印，2007），符合分形理论（Wilson and Storm，1993；陈彦光和刘继生，2001；Raff et al., 2004）。同样，细沟网也具有很多与水系相似的统计特征（Gómez et al., 2003；Raff et al., 2003）。Horton（1945）最早开始研究沟网的分形，他认为任何沟网都将有序排列，并遵循一定的规律。雷会珠和武春龙（2001）根据 Horton 定律，研究黄土高原分形沟网，证明了黄土高原流域的自相似性。杨郁挺（1995）提出坡面细沟侵蚀过程符合耗散结构中的自组织现象。倪晋仁等（2001）基于自组织理论研究了黄土坡面细沟形成机理模型，定量模拟了细沟和沟网的发育过程。

本章针对目前细沟网发育研究存在的不足，分别采用长历时长间歇连续模拟降雨试验和短历时短间歇连续模拟降雨试验方法开展坡面细沟网发育过程研究。首先，在 20°坡度条件下，设计降雨强度 50 mm/h 和 100 mm/h，降雨总量（50 mm）相同，降雨历时分别为 60 min 和 30 min，2 种降雨强度下分别进行 3 次连续模拟降雨试验，分析黄土坡面细沟网发育过程，基于细沟分布密度、细沟间距离、分叉数和合并数等指标，量化细沟网的时空变化特征，并探究细沟网发育过程的径流水动力学机理，细沟侵蚀，以及坡面侵蚀特征；其次，基于三维激光扫描技术，分析了 60 mm/h 和 90 mm/h 降雨强度与 15°和 25°坡度条件下坡面细沟及细沟网的发育过程及特征，剖析了细沟袭夺和二级沟头对坡面细沟形态的影响机理；最后，期望进一步揭示黄土坡面细沟网发育特征，为坡面侵蚀防治提供理论依据。

5.1 试验设计与研究方法

模拟降雨试验在黄土高原土壤侵蚀与旱地农业国家重点实验室人工模拟降雨大厅进行，降雨设备采用下喷式人工模拟降雨装置，降雨强度变化范围为 30～350 mm/h，降雨覆盖面积为 27 m×18 m，降雨高度 18 m，能够满足所有雨滴达到终点速度（郑粉莉和赵军，2004），雨滴的大小和分布与自然界雨滴较为相似（Shen et al.，2015）。试验所用土槽为液压式可调坡度钢槽，其整体规格为 10 m（长度）×3 m（宽度）×0.5 m（深度），中间用钢板隔开，其规格变为 10 m（长度）×1.5 m（宽度）×0.5 m（深度）；坡度调节范围为 0～30°，调节步长为 5°；试验土槽底部每 1 m 长排列 4 个孔径为 2 cm 的排水孔，用以保证降雨试验过程中排水良好。供试土壤为黄土高原丘陵沟壑区安塞县的耕层黄绵土，砂粒（当量粒径大于 50 μm）含量为 28.3%，粉粒（当量粒径 50～2 μm）含量为 58.1%，黏粒（当量粒径小于 2 μm）含量为 13.6%，有机质（重铬酸钾氧化-外加热法）含量为 5.9 g/kg。

5.1.1 试验设计

1. 长历时长间隔连续模拟降雨试验

依据黄土高原侵蚀性降雨的瞬时降雨强度标准，即 $I_{15} \geqslant 0.852$ 和 $I_5 \geqslant 1.520$ mm/min（周佩华和王占礼，1987），设计试验降雨强度为 50 mm/h 和 100 mm/h，降雨量皆为 50 mm，对应的降雨历时分别为 60 min 和 30 min；2 个降雨强度下分别进行 3 次连续模拟降雨试验，以使坡面细沟网充分发育。坡面细沟侵蚀在 10°～30°的裸露坡耕地上表现最明显（白清俊和马树升，2001），在 15°以上的坡面上细沟更容易发生交汇（刘元保等，1988），而 25°是坡耕地研究的上限，据此设计的试验坡度为 20°。试验土槽规格为 10 m（长度）×3 m（宽度）×0.5 m（深度），坡面为翻耕裸露处理（图 5-1）。每一个试验处理重复 2 次。具体试验设计如表 5-1 所示。

图 5-1　试验土槽（10 m×3 m×0.5 m）

表 5-1　细沟网发育过程试验设计

坡度/(°)	降雨强度/(mm/h)	降雨历时/min	降雨场次
20	50	60	第 1 场次降雨
			第 2 场次降雨
			第 3 场次降雨
20	100	30	第 1 场次降雨
			第 2 场次降雨
			第 3 场次降雨

2. 短历时短间隔连续模拟降雨试验

根据黄土高原常见的短历时、高强度侵蚀性降雨标准（周佩华和王占礼，1988）（I_5=1.52 mm/min，5 min 瞬时雨量为 7.6 mm；I_{10}=1.05 mm/min，10 min 瞬时雨量为 10.6 mm），设计降雨强度分别为 60 mm/h、90 mm/h（1.0 mm/min、1.5 mm/min），降雨历时 80 min。当地表坡度大于 15°后坡面细沟侵蚀强烈且 25°是黄土高原地区退耕的上限坡度，因此本试验设计的坡度为 15°和 25°。本试验中每个试验处理重复 2 次，所有数据均取 2 次重复试验的平均值。

5.1.2　试验流程

1. 准备土样

将试验土样除去杂质（植物根系、砾石等），不过筛不研磨，尽量保持土壤的自然状态，并取部分土样测定试验土壤的颗粒粒级，以及其他基本指标。

2. 装填试验土槽

装填试验土槽时，用纱布填充试验土槽底部的排水孔，并在土槽底部填 5 cm 厚天然细沙作为透水层，以保障试验过程中土槽排水良好；细沙层之上覆盖纱布，再装填试验土壤。填土时将土层分为犁底层和耕作层，犁底层深度为 15 cm，土壤容重控制在 1.35 g/cm³；耕作层深度为 20 cm，土壤容重控制在 1.10 g/cm³。为保证装土的均匀性，采用分层填土，每层土厚度为 5 cm，填土时边填土边压实。要确定各层所需的装土质量，首先用烘干法测定准备装填试验土样的含水量，然后基于土壤含水量和设计的土壤容重计算各层所需要的填土量，其计算公式如下：

$$W = \rho \times l \times w \times h \times (1+\theta) \tag{5-1}$$

式中，W 为每层所需装土质量（kg）；ρ 为该土层土壤密度（g/cm³）；l 为试验土槽长（cm）；w 为土槽宽（cm）；h 为土层深（cm）；θ 为土壤含水量（%）。

每填完一层土后，将土层表面用齿耙耙松、打毛，再填装下一层土壤，以保证两个土层能够接触良好，以减少土壤分层现象；同时，将试验土槽四周边壁尽量压实，以尽可能减小边界效应的影响。装填结束后，用木板将表面刮平，并用环刀法检验坡面土壤容重。

3. 试验土槽表层土壤翻耕

对试验土槽表层 20 cm 进行翻耕，并用齿耙耙平，模拟黄土区坡耕地耕层状况（张科利和唐克丽，2000）。土槽翻耕完毕后，自沉降 48 h。

4. 前期预降雨

正式降雨前一天，采用 30 mm/h 降雨强度进行前期预降雨，至坡面刚产流为止。前期预降雨的目的：一是保持试验土槽的前期土壤含水量一致；二是通过降雨湿润固结分散孤立的土壤颗粒；三是减少土壤表面的空间变异性。预降雨结束后，为了防止试验土槽土壤水分蒸发和减缓结皮的形成，用塑料布将试验土槽遮盖，静置 24 h（Polyakov and Nearing, 2003）待正式模拟降雨试验，从而使水分自由下渗以接近自然状态下的土壤水分分布状况，由此使得每场次降雨试验的土壤含水量和水分分布状况较为一致。

5. 正式降雨

为了确保模拟降雨的均匀性和准确性，试验开始前对降雨强度进行率定，当降雨均匀度大于 90%，实测降雨强度与目标降雨强度的差值小于 5%时方可进行正式降雨。正式降雨时在试验土槽的四周边界均匀摆放雨量筒，计算整场降雨的平均降雨强度，目的是检验实际降雨强度与目标降雨强度的差异，从而判断试验结果的准确性。

根据前期降雨强度率定结果，揭开塑料布进行正式降雨，降雨过程中，记录坡面的积水时间、填洼情况；坡面产流时间；细沟出现的时间、位置，量测细沟的长度、宽度和深度；试验过程中，在每米坡长内分别选取典型细沟 2 条和细沟间位置 2 处（若遇到坡段无细沟、细沟条数较少或坡面破碎已无较完整的细沟间位置，则减少相应的观测），分别用染色剂示踪法测量细沟间水流和细沟水流的表层流速，测流区长度为 50 cm（若测距不足则改为 30 cm），同时用精度为 0.1 mm 的 SX40-1 型水位测针测量水深（施明新等，2015）。坡面产流后，采集径流泥沙样，取样间隔为 1 min 或 2 min，收集径流量约为塑料桶体积的 2/3，并用秒表记录取样时间；同时用普通温度计测量径流温度，以计算水流黏滞系数。在整个降雨时段内，每隔 5 min 用色斑法测定一次雨滴动能。同时，用数码相机频繁拍照，并用摄像机全程录像，以记录坡面细沟网的形成和发育过程。

6. 次降雨后期处理

降雨结束后，称取径流泥沙的总质量，并将其静置 6~8 h，倒掉其上清液后转移到已知质量的铝盒中，其后将其放入设置恒温为 105℃的烘箱烘干，称取其质量，计算每个径流泥沙样的含沙量及其对应采样间隔的侵蚀量,各采样间隔侵蚀量之和即为一场次降雨过程的坡面总侵蚀量;用径流泥沙的总质量减去泥沙重即可得到由降雨转化为径流的水量。采用直尺测量次降雨后坡面细沟几何形态,具体方法是沿着细沟沟槽每隔 5 cm 或 10 cm 详细测量细沟的位置坐标(x,y)及细沟的宽度和深度,在特殊沟槽位置也会进行加密测量(Øygarden,2003;Di Stefano and Ferro,2011)。

坡面细沟几何形态测量完毕后,用塑料布将试验土槽遮盖好,静置 24 h 待下一场次降雨试验,本试验中 50 mm/h 和 100 mm/h 降雨强度下各进行连续降雨试验 3 次。对于短历时短间隔连续模拟降雨试验,在整个降雨过程中,大约每隔 10 min 暂停降雨 1 次,待坡面退水结束后,在距离坡面前端 3 m 的 5 m 高空用三维激光扫描仪(Leica scan station 2)扫描待测坡面,获取坡面细沟高程信息(图 5-2)。确定的扫描精度为 2 mm(水平精度)×2 mm(垂直精度),整个扫描过程大约需要 4.5 min(包括坡面退水时间 2 min 和扫描仪工作时间 2.5 min)。同时在整个试验过程中用高清摄像机进行摄像记录。

(a) 三维激光扫描仪的架设　　(b) 降雨结束后坡面细沟形态　　(c) 点云数据　　(d) 三维渲染后生成的坡面模型

图 5-2　三维激光扫描法获取坡面细沟形态的外业操作

5.2　坡面细沟网发育过程

5.2.1　细沟发育过程

1. 细沟发育特征

降雨初期,坡面侵蚀以溅蚀为主,该过程持续 3 min 左右;随着降雨的持续,坡面形成薄层水流,导致片蚀的产生;随后,坡面薄层水流逐渐集中转变成小股状水流,坡面股状水流是引起细沟侵蚀的主要原因(Owoputi and Stolte,1995),在股状水流流路上,径流侵蚀力大于其两侧的坡面薄层水流侵蚀力,导致坡面出现差异性侵蚀。当径流侵蚀力大于坡面土壤抗侵蚀力以后,坡面土壤即被剥离,相对较大的冲刷力导致径流在该处突然下泄,形成小跌坎,小跌坎在降雨历时 8~10 min 出现;小部分跌坎停止发育(Slattery and Bryan,1992),大部分跌坎仍继续发育,进而形成下切沟头,标志着细沟的形成(郑粉莉等,1987;

和继军等，2013），小细沟在降雨历时 13~20 min 出现。下切沟头的溯源侵蚀、沟壁崩塌和沟底下切等是导致细沟发育的主要方式。相同径流流路上，多条细沟尚未连通时，在坡面上为断续细沟，随着降雨的持续进行，同一径流流路上，多条断续细沟逐渐连通形成连续细沟（郑粉莉等，1987），进而演变成错综复杂的细沟网（图 5-3、图 5-4）。在上述过程中，降雨侵蚀力和径流侵蚀力与土壤抗蚀力的时空变异导致细沟的分叉、合并及连通，这些现象能够进一步影响坡面细沟发育。

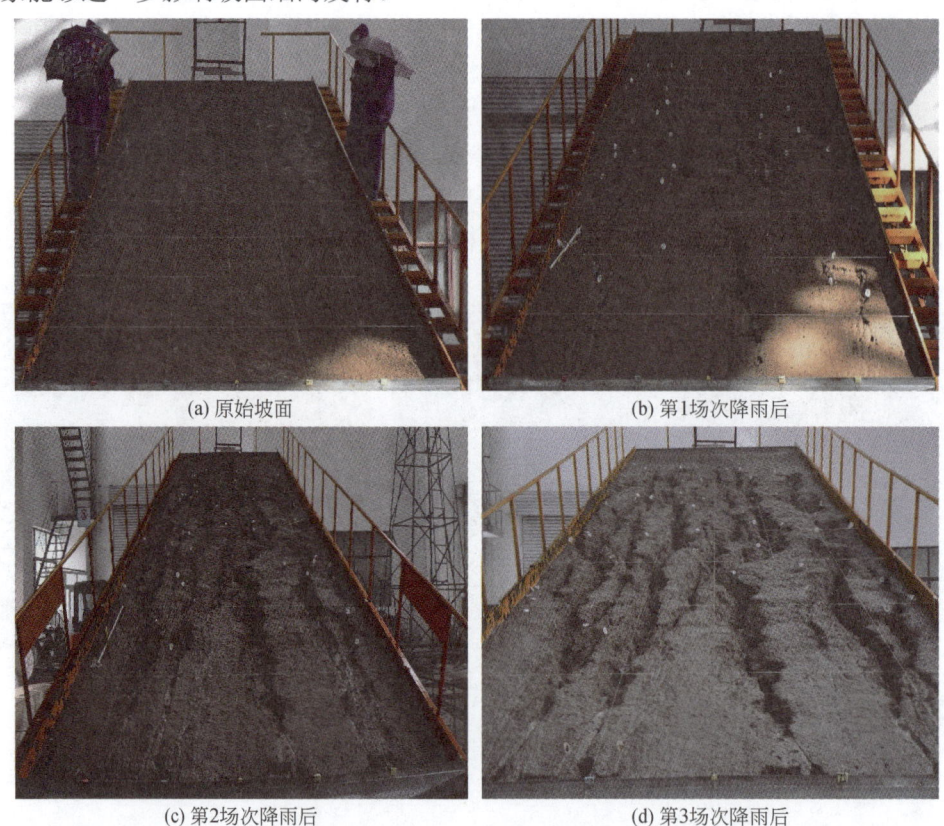

(a) 原始坡面　　(b) 第1场次降雨后

(c) 第2场次降雨后　　(d) 第3场次降雨后

图 5-3　50 mm/h 降雨强度下原始坡面及各场次降雨后坡面细沟对比

(a) 原始坡面　　(b) 第1场次降雨后

(c) 第2场次降雨后　　　　　　　　　　　(d) 第3场次降雨后

图 5-4　100 mm/h 降雨强度下原始坡面及各场次降雨后坡面细沟对比

在 50 mm/h 降雨强度条件下，第 1 场次降雨，坡面上形成了许多断续细沟和跌坎（图 5-3），跌坎宽度为 2～7 cm，平均值为 4.3 cm，跌坎深度为 2～6 cm，平均值为 4.1 cm；第 2 场次降雨，坡面断续细沟逐渐沿斜坡方向连通为连续细沟，平均溯源侵蚀速率为 1.9 cm/min；与第 2 场次降雨相比，第 3 场次降雨坡面细沟在平面形态上变化较小，但是，细沟宽度和深度有一定的增加，当细沟侵蚀下切至犁底层，细沟发育趋向于稳定（郑粉莉等，1987）。

在 100 mm/h 降雨强度条件下，第 1 场次降雨，坡面上也形成了许多断续细沟和跌坎（图 5-4），跌坎宽度为 3～9 cm，平均值为 5.6 cm，跌坎深度为 2～6 cm，平均值为 4.7 cm；第 2 场次降雨，坡面断续细沟逐渐沿斜坡方向连通为连续细沟，平均溯源侵蚀速率为 1.6 cm/min；第 3 场次降雨，坡面细沟在平面形态上变化相对较小，细沟发育趋向于稳定。

通过对比 2 种降雨强度发现，第 1 场次降雨，100 mm/h 降雨强度试验处理坡面小细沟和跌坎明显多于 50 mm/h 降雨强度试验处理，且前者的跌坎宽度和深度分别是后者的 1.3 倍和 1.1 倍。随着降雨强度的增加，降雨侵蚀力和径流侵蚀力皆明显增大，导致跌坎数量增多，且发育较快。第 2 场次降雨，100 mm/h 降雨强度试验处理的平均溯源侵蚀速率比 50 mm/h 降雨强度试验处理减小了 15.8%，说明降雨强度越大，越有利于细沟发育。100 mm/h 降雨强度下，细沟发育初期，坡面细沟溯源侵蚀速率较大，其后开始减小；而 50 mm/h 降雨强度下，细沟发育相对较为平缓，溯源侵蚀速率变化不及 100 mm/h 降雨强度试验处理明显。第 3 场次降雨，2 种降雨强度试验处理坡面细沟发育均趋向于稳定，而 100 mm/h 降雨强度试验处理的细沟宽度和深度均大于 50 mm/h 降雨强度试验处理，且前者坡面上已达犁底层的细沟深度明显多于后者。综上可知，降雨强度对坡面跌坎的几何形态指标和细沟溯源侵蚀速率等细沟发育特征有重要影响。

2. 细沟侵蚀发育的不同阶段

细沟发育不同阶段的主导发育方式有明显差异。这里对细沟侵蚀的 3 个子过程做如下划分：以沟头溯源侵蚀为主的阶段出现在细沟发育初期，从跌水形成时起至断续细沟连接形成连续细沟时止；以沟底下切侵蚀为主的阶段出现在细沟发育中期，从连续细沟形成固定流路时起至细沟底部下切至犁底层（细沟深度为 20 cm）时止；以沟壁扩张侵蚀为主的阶段出现在细沟发育末期，此时细沟沟槽已切入犁底层，细沟深度大于 20 cm，下切侵蚀速率降低，发育方式以细沟沟壁扩张为主（表 5-2）。

表 5-2　细沟不同主导发育方式的细沟侵蚀速率、坡面侵蚀速率和细沟侵蚀量对坡面总侵蚀量的贡献

降雨强度 /（mm/h）	主导发育方式	降雨历时 /min	细沟侵蚀速率 /[kg/(m²·h)]	坡面侵蚀速率 /[kg/(m²·h)]	细沟侵蚀量对坡面总侵蚀量的贡献/%
60	沟头溯源侵蚀	0~40	8.3	22.4	37.1
	沟底下切侵蚀	40~70	24.3	31.9	76.2
	沟壁扩张侵蚀	70~80	24.0	31.2	79.8
90	沟头溯源侵蚀	0~30	22.8	42.7	53.4
	沟底下切侵蚀	30~60	48.0	61.6	77.8
	沟壁扩张侵蚀	60~80	42.7	52.2	81.8

由于细沟发育不同阶段的主导发育方式不同，所以细沟侵蚀速率、坡面侵蚀速率以及细沟侵蚀量对坡面总侵蚀量的贡献亦不相同。表 5-2 表明，试验条件下，90 mm/h 降雨强度下以沟头溯源侵蚀为主的发育方式持续的时间为 30 min，较 60 mm/h 降雨强度条件下缩短 10 min；2 种降雨强度条件下以沟底下切侵蚀为主的发育方式持续时间相同，均为 30 min；90 mm/h 降雨强度下以沟壁扩张侵蚀为主的发育方式开始时间为 60 min，较 60 mm/h 降雨强度条件提前 10 min。随着主导发育方式由沟头溯源侵蚀演变为沟壁扩张侵蚀，2 种降雨强度条件下的细沟侵蚀速率和坡面侵蚀速率的最大值出现在以沟底下切侵蚀为主并伴随沟壁扩张侵蚀的发育活跃期，而细沟侵蚀量对坡面总侵蚀量的贡献率则一直呈增大趋势。出现上述现象的主要原因如下。

（1）以沟头溯源侵蚀为主的阶段，坡面中下部是土壤抗蚀性相对较弱的坡段，其径流剪切力大于土壤的临界抗剪强度（Brunton and Bryan，2000），首先形成断续的跌水，跌水逐渐连接形成断续细沟，断续细沟通过沟头的不断溯源连通为连续细沟，形成固定流路和微流域[图 5-5（a）、（b）]。此时坡面破碎程度相对较低，坡面上以细沟间水流为主，流速慢，侵蚀力相对较弱，而细沟水流也因大面积细沟间水流的存在，流量小，流速慢，径流剪切力低，侵蚀能力较后两阶段弱，所以细沟侵蚀速率较小，60 mm/h、90 mm/h 降雨强度下的细沟侵蚀速率分别为 8.3 kg/（m²·h）和 22.8 kg/（m²·h），仅相当于细沟侵蚀速率最大值的 1/3 和 1/2，坡面侵蚀速率和细沟侵蚀量对坡面总侵蚀量的贡献亦较小。

（2）以细沟沟底下切侵蚀为主并伴随沟壁扩张侵蚀的阶段是坡面细沟发育最活跃的时期，此时沟头溯源侵蚀已基本停止，沟头位置接近分水岭（试验土槽的上边缘），坡面进一步破碎，细沟间水流流速降低，大部分径流汇入细沟成为沟内集中水流，由于沟内集中水流流速快、流量大，径流剪切力和径流功率远大于细沟间水流，使细沟沟底进一步加深，流路进一步明确，同时，该阶段还伴随着细沟沟壁的横向扩张，但沟壁扩张侵蚀并不是该阶段细沟侵蚀量增大的主要因素[图 5-5（c）、（d）]。

（3）以沟壁扩张侵蚀为主的阶段存在于细沟发育的末期，这与 Brunton 和 Bryan（2000）对加拿大黄土坡面的研究结果类似，他们认为试验条件下，坡面细沟出现扩张侵蚀的时间比出现下切侵蚀的时间晚 36~52 min，该阶段细沟发育逐渐趋于稳定，由于沟头溯源侵蚀和沟底下切侵蚀均已停止，坡面产沙主要来源于沟壁崩塌，坡面形态较上一阶段更加破碎[图 5-5（e）、（f）]，细沟间水流造成的细沟间侵蚀相对较小，所以细沟侵蚀量对坡面总侵蚀量的贡献率最大（两种降雨强度下均大于 75%），但由于细沟沟壁崩塌具有不确定性和突发性等特点，且坡面可被侵蚀的物质逐渐减少，故 90 mm/h 降雨强度下的细沟侵蚀速率和坡面侵蚀速率小于以沟底下切侵蚀为主并伴随沟壁扩张侵蚀的阶段。

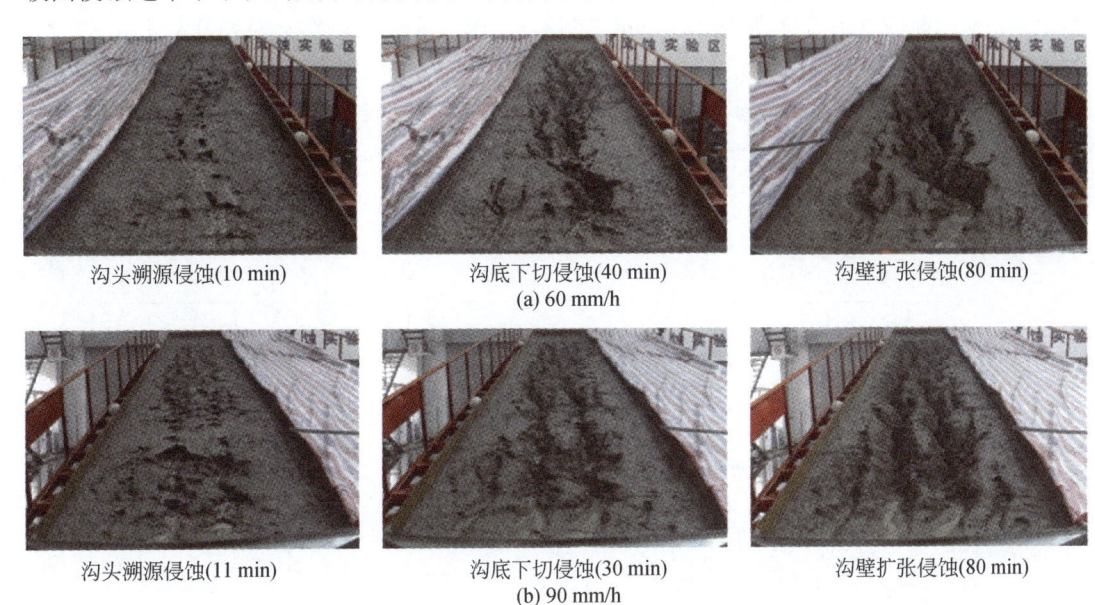

沟头溯源侵蚀(10 min) 　　沟底下切侵蚀(40 min) 　　沟壁扩张侵蚀(80 min)
(a) 60 mm/h

沟头溯源侵蚀(11 min) 　　沟底下切侵蚀(30 min) 　　沟壁扩张侵蚀(80 min)
(b) 90 mm/h

图 5-5　细沟发育不同阶段的主导发育方式

5.2.2　细沟网发育过程

1. 细沟网发育特征指标描述

为了量化坡面细沟网发育特征，采用细沟分布密度、侵蚀深度、细沟间距离、细沟分叉数和合并点数指标展开描述。各细沟网发育特征指标的定义和物理意义见表 5-3。

表 5-3　细沟网发育特征指标描述

指标	定义	物理意义
细沟分布密度/（条/m^2）	细沟分布密度是指单位研究区域内所有细沟的总条数	细沟分布密度能够反映细沟网发育的破碎程度
细沟侵蚀深度/cm	细沟侵蚀深度是指次降雨条件下，细沟对表层土壤剥蚀的平均深度；其计算方法为坡面上所有细沟的体积除以斜坡表面积所得的数值	细沟侵蚀深度能够反映细沟网发育强度
细沟间距离/cm	细沟间距离是指坡面上左右相邻细沟之间的平均间距	细沟间距离能够反映细沟网发育的密集程度
细沟分叉数/（条/m^2）	细沟分叉数是指单位研究区域内所有细沟分叉的数量	细沟分叉数能够反映细沟网发育的分散程度
细沟合并点数/（个/m^2）	细沟合并点数是指单位研究区域内所有细沟合并点的数量	细沟合并点数能够反映坡面细沟网发育的汇聚程度

2. 细沟网发育特征

图 5-6 和图 5-7 分别为 50 mm/h 和 100 mm/h 降雨强度下 3 次连续降雨坡面细沟网的空间分布，坡面最上部没有细沟发育。第 1 场次降雨后，坡面细沟呈断续状，大致分布在 4 个径流流路上，此时坡面细沟网形态已经基本形成。50 mm/h 和 100 mm/h 降雨强度试验处理的细沟分布密度分别为 3.2 条/m² 和 4.0 条/m²，细沟侵蚀深度分别为 0.6 cm 和 1.2 cm，细沟间距离分别为 56.7 cm 和 43.9 cm，细沟分叉数分别为 0.5 条/m² 和 1.5 条/m²，合并点数分别为 0.4 个/m² 和 1.2 个/m²（表 5-4）。坡面上部细沟密集且均匀，这是由于试验土槽上部汇水面积小且坡面平整，水流相对均匀，径流侵蚀力较弱，因而坡面以小细沟为主，随着斜坡长的增加，径流的汇集，以及细沟间的横向溢流作用增强，造成细沟数量逐渐减少。

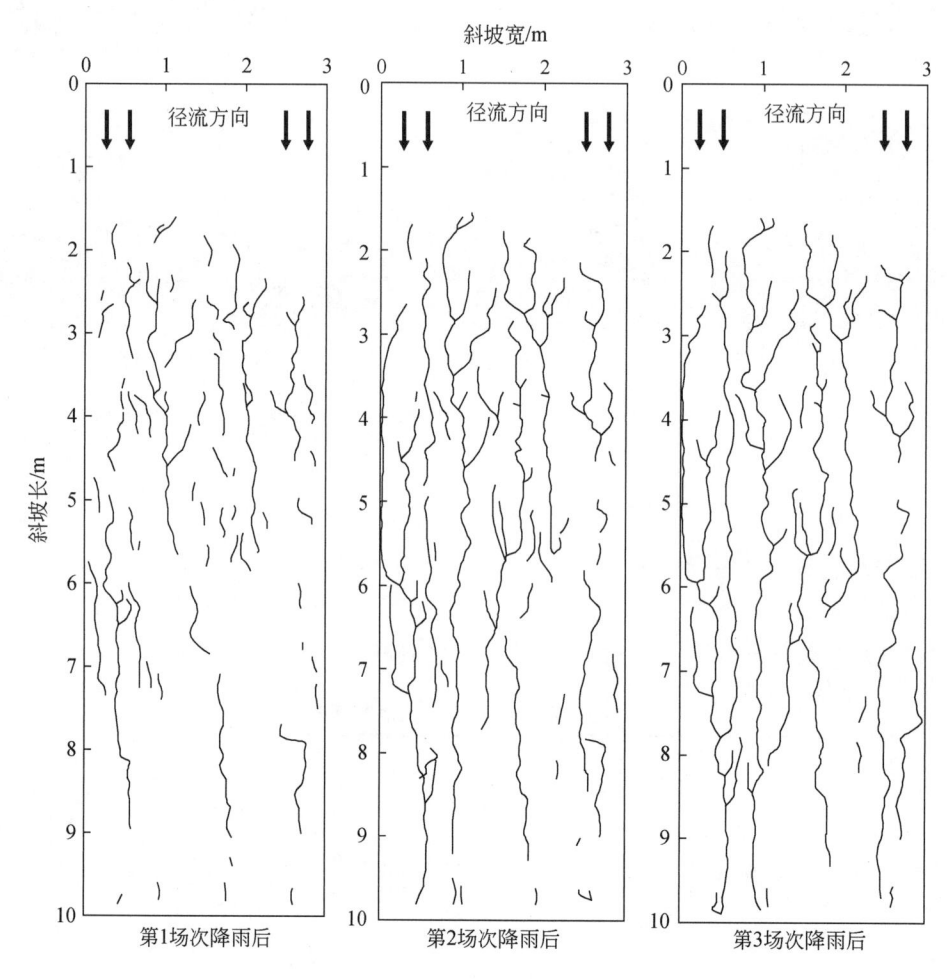

图 5-6　50 mm/h 降雨强度下各场次降雨后的坡面细沟网空间分布

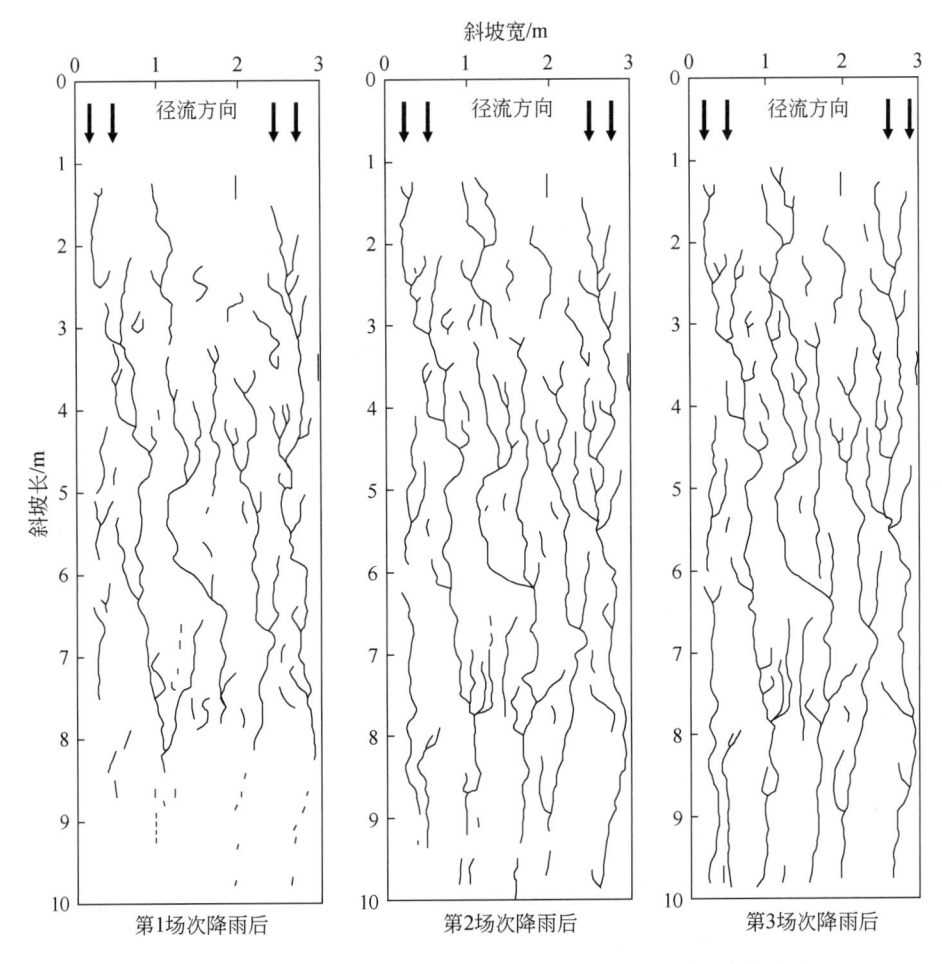

图 5-7 100 mm/h 降雨强度下各场次降雨后的坡面细沟网空间分布

表 5-4 50 mm/h 和 100 mm/h 降雨强度下细沟网发育的动态变化特征

土槽斜坡长/m	降雨场次	分布密度/(条/m²) 50	100	侵蚀深度/cm 50	100	细沟间距/cm 50	100	分叉数/(条/m²) 50	100	合并点数/(个/m²) 50	100
1	1st	0	1.3	0	0.1	—	86.5	0	0.3	0	0.3
1	2nd	0	2.0	0	0.0	—	52.9	0	0.7	0	0.3
1	3rd	0	3.0	0	0.1	—	41.7	0	1.7	0	0.7
2	1st	3.7	3.3	0.2	0.6	30.9	44.0	1.0	1.7	0.7	1.0
2	2nd	3.3	4.3	0.5	0.5	30.8	30.8	1.3	2.3	0.3	1.3
2	3rd	4.0	5.3	0.6	0.7	26.5	26.1	2.0	3.3	0.7	2.0
3	1st	5.0	6.0	1.0	1.2	30.3	34.6	1.3	2.7	1.0	2.3
3	2nd	4.3	7.7	1.7	1.1	29.2	28.6	2.0	3.7	1.7	3.0
3	3rd	4.7	6.3	1.5	1.1	24.2	23.8	2.7	3.0	2.0	2.7

续表

土槽斜坡长/m	降雨场次	分布密度/(条/m²) 50	分布密度/(条/m²) 100	侵蚀深度/cm 50	侵蚀深度/cm 100	细沟间距/cm 50	细沟间距/cm 100	分叉数/(条/m²) 50	分叉数/(条/m²) 100	合并点数/(个/m²) 50	合并点数/(个/m²) 100
4	1st	6.0	6.7	1.5	2.1	28.5	20.5	1.7	4.0	1.7	2.7
4	2nd	6.7	7.3	1.5	1.8	26.0	19.5	3.0	4.3	2.7	3.0
4	3rd	5.3	6.3	1.4	1.3	23.8	18.8	2.7	3.7	2.3	2.0
5	1st	6.0	6.3	1.3	2.3	29.1	26.9	0.3	2.7	0.3	2.7
5	2nd	5.7	6.0	1.8	1.7	28.1	23.6	1.7	2.7	0.7	2.7
5	3rd	4.3	5.0	1.8	1.8	27.5	22.8	1.3	2.3	0.7	2.3
6	1st	4.7	4.3	0.8	2.0	38.0	30.2	0.7	1.7	0.7	1.0
6	2nd	6.3	4.3	2.4	2.3	34.3	29.7	2.3	1.7	2.3	0.7
6	3rd	5.0	4.0	3.1	2.2	30.8	28.5	2.3	1.3	2.0	1.0
7	1st	3.3	5.7	0.6	2.5	56.6	24.6	0	1.7	0	1.7
7	2nd	3.3	5.7	2.6	2.1	35.2	23.6	0.3	2.3	0.7	0.7
7	3rd	3.3	4.7	2.7	1.7	33.0	21.3	1.0	2.7	0.7	1.0
8	1st	1.0	4.0	0.6	1.0	115.4	38.5	0	0.3	0	0.3
8	2nd	3.3	5.7	1.9	2.7	46.5	32.8	0.7	2.7	0.3	1.7
8	3rd	4.0	5.7	2.2	1.7	34.1	28.4	1.3	3.0	1.0	1.7
9	1st	1.3	2.0	0.1	0.0	109.6	63.8	0	0	0	0
9	2nd	2.0	3.7	0.5	1.6	60.8	43.6	0.3	0.7	0.3	0.7
9	3rd	2.0	3.0	0.7	1.8	54.8	33.8	0.3	1.0	0.3	1.0
10	1st	1.3	0.7	0.0	0.0	71.8	69.2	0	0	0	0
10	2nd	2.0	2.0	0.1	0.4	49.0	36.2	0.3	0.3	0.3	0.3
10	3rd	2.0	2.7	0.1	0.2	43.8	33.5	0.3	0	0.3	0

注：1st 表示第 1 场次降雨，2nd 表示第 2 场次降雨，3rd 表示第 3 场次降雨；50 和 100 为降雨强度，单位为 mm/h。

第 2 场次降雨后，坡面细沟基本为连续细沟，细沟网进一步发育，并趋向于稳定，中间两个流路上的细沟几乎全部连通，靠近试验土槽左右边壁的两个径流流路上的细沟与第 1 场次降雨相比，同一条径流流路上，上部细沟沟尾与下部细沟沟头的距离变短（图 5-6、图 5-7）。与第 1 场次降雨相比，50 mm/h 和 100 mm/h 降雨强度试验处理细沟分布密度分别增加了 14.4%和 20.7%，细沟侵蚀深度分别增加了 107.3%和 19.4%，细沟间距离分别减小了 33.4%和 26.8%，细沟分叉数分别增加了 140.0%和 42.2%，细沟合并点数分别增加了 107.7%和 19.4%（表 5-4）。

第 3 场次降雨后，坡面 4 个径流流路上的细沟几乎全部连通，细沟网发育成熟（图 5-6、图 5-7）。50 mm/h 和 100 mm/h 降雨强度试验处理细沟分布密度分别为 3.5 条/m² 和 4.6 条/m²，略小于第 2 场次降雨的细沟分布密度；细沟侵蚀深度分别为 1.4 cm 和 1.2 cm，与第 2 场次降雨相比，前者略有增加，后者减小；细沟间距离分别为 33.2 cm 和 27.9 cm，较第 2 场次降雨减小了 12.2%和 13.3%；细沟分叉数分别为 1.4 条/m² 和 2.2 条/m²，细沟合并点数分别为 1.0 个/m² 和 1.4 个/m²，均较第 2 场次降雨增加（表 5-4）。综上发现，随着降雨场次的增加，细沟网发育显著，呈现由小到大、由简单到复杂的发育过程。此外，通过参照河流水系形态类型，黄土坡面细沟网以树枝状为主。

通过对比 2 种降雨强度下 3 次连续降雨的坡面细沟网空间分布（图 5-6、图 5-7）发现，与 50 mm/h 降雨强度相比，100 mm/h 降雨强度下坡面细沟网更加密集，细沟网的树枝状形态更加典型，相对而言，也更加错综复杂；细沟网上部边缘更加向上，大致位于斜坡长 1 m 处，而 50 mm/h 降雨强度下细沟网上部边缘大致位于 1.5 m 处；此外，100 mm/h 降雨强度下，细沟网在全坡面上的分布比较均匀一致，而 50 mm/h 降雨强度下细沟网在全坡面上的分布略呈"头重脚轻"，即坡面上部细沟分布明显密集，而坡面下部细沟相对较为稀疏。造成上述差异的原因也是由于不同降雨强度之间降雨侵蚀力和径流侵蚀力不同，降雨强度越大，降雨侵蚀力和径流侵蚀力越大，有助于坡面细沟网的充分发育，而且由于径流流速相对较大，径流流出坡面时间缩短，导致斜坡上部和下部细沟分布比较均匀。

3. 细沟网的时空变化

结合图 5-6 和表 5-4，分析 50 mm/h 降雨强度下 3 次连续降雨坡面细沟网发育的动态变化特征，发现试验土槽斜坡长 1 m 处没有细沟发育，其后，随着斜坡长的增加呈现先增加后减小的变化趋势，转折点位于斜坡长 4 m 处。随着连续降雨场次的增加，在斜坡长 1~3 m，细沟分布密度呈先减小后增加的趋势（减—增型）。分析其原因是，第 1 场次降雨后，该区间小细沟较多；这些小细沟在第 2 场次降雨中逐渐连通，导致细沟分布密度的减小；而第 3 场次降雨，由于细沟网的不断发育，坡面上部细沟继续溯源侵蚀，一部分细沟在溯源侵蚀的同时，还会发育出新的分叉沟，所以细沟分布密度增加。在 4 m 和 6 m 斜坡长处，细沟分布密度呈现先增加后减小的变化趋势（增—减型）。其原因在于，第 2 场次降雨坡面细沟网进一步发育，下部细沟的溯源侵蚀，以及径流流路的不断变化，导致细沟分叉的局部增多，或者该坡长上下细沟的连通，均会造成细沟分布密度的增加；而第 3 场次降雨，由于细沟宽度的增加，以及径流的汇集作用，导致细沟的合并，细沟数量减少。在斜坡长 5 m 处，细沟分布密度逐渐减小（减型）；这主要是由于随着细沟网的发育，该坡长控制范围内的细沟基本以上下连通和左右合并为主。在斜坡长 7 m 处，细沟分布密度基本保持不变（稳定型），说明该坡长控制范围与其上坡控制范围相比，细沟数量无明显变化。在斜坡长 8 m 处，细沟分布密度呈增加趋势（增型），这也与下部细沟的溯源侵蚀以及该坡长上下细沟的连通有关。从斜坡长 9 m 开始，细沟分布密度变化较小，总体呈先增加后保持不变（增—稳型）；分析其原因是，50 mm/h 降雨强度下，随着降雨场次的增加，斜坡下部径流强度较大，相对于整个细沟网而言，斜坡下部细沟调整空间不大。综上可知，各斜坡长处细沟分布密度随着细沟网的发育而不断发生变化。

结合图 5-7 和表 5-4，分析 100 mm/h 降雨强度下 3 次连续降雨坡面细沟网发育的动态变化特征，发现细沟分布密度随着斜坡长的增加也呈现先增加后减小的变化趋势，转折点位于斜坡长 3~4 m 处。随着连续降雨场次的增加，在斜坡长 1 m、2 m 和 10 m 处，细沟分布密度呈增加的趋势（增型），增加的幅度略有差异；分析其原因是上述坡段由于细沟网的不断发育，特别是溯源侵蚀作用，以及细沟上溯过程中形成的分叉，导致斜坡长 1 m 和 2 m

处细沟分布密度增加；此外，100 mm/h 降雨强度下，坡面径流冲刷能力较大，径流携带搬运泥沙较多，径流能量消长周期缩短，在斜坡下部容易发生沉积，所以第 1 场次降雨后，斜坡下部细沟较少，随着细沟网的进一步发育，径流能量不断汇集增强，斜坡下部细沟逐渐增多，所以在 10 m 坡长处细沟分布密度也呈增加的趋势。在斜坡长 3 m、4 m 和 9 m 处，细沟分布密度呈先增加后减小的变化趋势（增—减型）。其原因在于第 2 场次降雨坡面细沟网进一步发育，下部细沟的溯源侵蚀已经径流流路的不断调整，导致细沟分叉的局部增多，或者该坡长上下细沟的连通，均会造成细沟分布密度的增加；而第 3 场次降雨，由于细沟宽度的增加以及径流的汇集作用，导致细沟的合并，细沟数量减少。在斜坡长 5 m 处，细沟分布密度逐渐减小（减型），这主要是由于随着细沟网的发育，该坡长控制范围内的细沟基本以上下连通和左右合并为主。在斜坡长 6 m 和 7 m 处，细沟分布密度先保持不变，其后略有减小（稳—减型），其原因在于 100 mm/h 降雨强度下，坡面细沟网发育较快，在第 1 场次降雨后坡面细沟网发育已经较为完善，而斜坡长 6 m 和 7 m 处更能体现上述细沟网发育的完善程度；因此，第 2 场次降雨后，细沟分布密度无差异，而第 3 场次降雨导致细沟宽度的明显增加，细沟合并和连通作用导致细沟分布密度的增加。在斜坡长 8 m 处，细沟分布密度呈先增加后保持不变（增—稳型），分析原因是，该斜坡位置在坡面径流冲刷加强条件下，坡面下部小细沟的溯源侵蚀和分叉导致细沟分布密度的增加，其后减小主要是由于该位置细沟网已经发育充分。通过上述分析可知，100 mm/h 降雨强度下，各坡长位置的细沟分布密度随着细沟网的发育也呈现不同的变化规律，且与 50 mm/h 降雨强度下细沟网的发育也有一定的差异。

通过对比 50 mm/h 和 100 mm/h 降雨强度下 3 次连续降雨的坡面细沟分布密度（表 5-4）可知，后者细沟分布密度明显大于前者；此外，二者皆随着斜坡长的增加呈现先增加后减小的变化趋势，50 mm/h 降雨强度下转折点位于斜坡长 4 m 处，而 100 mm/h 降雨强度下转折点位于斜坡长 3～4 m 处。这主要与不同降雨强度下的降雨侵蚀力和径流冲刷能力有关，降雨强度越大，细沟网发育越迅速，导致细沟分布密度的转折点逐渐提前。在细沟网发育过程中，坡面上不同斜坡长位置的细沟分布密度主要有 8 种变化类型，分别是减—增型、增—减型、增型、减型、稳定型、增—稳型和稳—减型。50 mm/h 降雨强度下，细沟分布密度变化未出现稳—减型，而 100 mm/h 降雨强度下，细沟分布密度变化未出现减—增型和稳定型。50 mm/h 和 100 mm/h 降雨强度下，细沟分布密度均在 5 m 处为减型变化，其他斜坡长处细沟分布密度的变化也有一定的差异。整体上，100 mm/h 降雨强度下细沟分布密度的变化较 50 mm/h 降雨强度大，且以增-减型和增型为主。可见，不同降雨强度下，细沟网发育具有一定的差异。同时，说明细沟分布密度在坡面上的空间分布特征能够反映细沟网的发育状况和规律。

100 mm/h 降雨强度下细沟侵蚀深度明显大于 50 mm/h 降雨强度的细沟蚀深度（表 5-4）。此外，50 mm/h 和 100 mm/h 降雨强度下，细沟侵蚀深度随着斜坡长的增加呈先增加后减小的变化趋势，转折点均位于 6 m 处，该斜坡长位置细沟侵蚀深度平均值分别为 2.1 cm 和 2.2 cm。随着连续降雨场次的增加，50 mm/h 降雨强度下，细沟侵蚀深度在各斜坡长位置的变化主要以增型为主，而 100 mm/h 降雨强度下，细沟侵蚀深度在各斜坡长位置的变化主要以减型或者减—增型为主。此结果再次证实，50 mm/h 降雨强度下，细沟网发育相对比较平稳，第 2 和 3 场次降雨细沟侵蚀深度逐步增加，这主要是由于为了保证降雨总量相同，该降雨强度试验处理的降雨历时为 60 min，而 100 mm/h 降雨强度下，降雨历时为 30 min，且径流冲刷能力和径流流速均明显大于 50 mm/h 降雨强度，所以其细沟网发育较快，导致第 2 场次降雨细沟侵蚀深度减小，其后，随着细沟网的进一步发育，其增减变化较小。

在 50 mm/h 和 100 mm/h 降雨强度下，坡面细沟间距离分别为 23.8～115.4 cm 和 18.8～86.5 cm，平均值分别为 42.5 cm 和 34.6 cm（表 5-4）。其中，50 mm/h 降雨强度下，细沟间距离随着斜坡长的增加呈先减小后增加的趋势，转折点位于斜坡长 4 m 处，其平均细沟间距最小，为 26.1 cm，该结果与细沟分布密度结果相对应，原因就是斜坡长 4 m 位置细沟分布密度最大，则细沟间距最小，其后随着细沟汇流能力的增强，细沟分布密度减小，细沟间距离逐渐增加。100 mm/h 降雨强度下，细沟间距离随着斜坡长的增加表现为先减小后增加，再减小而后增加的波动变化，转折点分别位于斜坡长 4 m 和 7 m 处，该结果与 50 mm/h 降雨强度下细沟间距离的变化趋势不同。其原因在于 100 mm/h 降雨强度下，细沟水流能量消长周期缩短，导致斜坡长 7 m 处细沟发育与 50 mm/h 降雨强度不同。在细沟网发育过程中，2 种降雨强度下，细沟间距离随着细沟网的发育均表现为减小的变化趋势，这主要是由于细沟网的不断分叉、合并和连通等现象，也再次证实了细沟网发育是一个由小到大、由简单到复杂的发育过程。此外，细沟间距离的逐渐缩短，表明坡面细沟侵蚀强度的增加，间接说明坡面治理措施实行难度的增大。

在 50 mm/h 和 100 mm/h 降雨强度下，细沟分叉数分别为 0～3.0 条/m² 和 0～4.3 条/m²，平均值分别为 1.0 条/m² 和 1.9 条/m²（表 5-4）。随着斜坡长的增加，细沟分叉数在斜坡长小于 4 m 坡面均呈增加趋势，大于 4 m 坡面未表现出明显变化，该坡长处对应的细沟分叉数的平均值分别为 2.4 条/m² 和 4.0 条/m²。4 m 为细沟分叉数最多的斜坡长位置，这也与上述分析细沟分布密度的原因一致。4 m 之后无明显变化，这主要是由于细沟侵蚀的随机性和偶然性，随着径流向坡面下方汇集，上述随机性和偶然性增加。随着降雨场次的增加，细沟分叉数大体以增型为主，结果表明，黄土坡面细沟网发育趋向于复杂而非平行。

在 50 mm/h 和 100 mm/h 降雨强度下，细沟合并点数分别为 0～2.7 个/m² 和 0～3.0 个/m²，平均值分别为 0.8 个/m² 和 1.4 个/m²（表 5-4），可见，细沟合并点数小于细沟分叉数，原因是由于多条细沟可以合并为一点。随着斜坡长的增加，50 mm/h 降雨强度下，细沟合并点数在斜坡长小于 4 m 坡面呈增加趋势，大于 4 m 坡面无明显变化规律；而 100 mm/h 降雨强度下，细沟合并点数在在斜坡长小于 5 m 坡面总体呈增加的趋势，而 3～5 m 坡长段的差异较小，6～9 m 坡长段基本呈增加的趋势。这也与 100 mm/h 降雨强度下的细沟水流能量消长快慢，以及细沟网发育状况有关。通过上述分析可知，与细沟分叉数相比，细沟合并点数更能体现坡面细沟网的空间分布特征。

4. 细沟网分布及微流域划分

细沟网随降雨历时呈从简单到复杂再到趋于稳定的变化趋势（图 5-8）。大量断续细沟在 0～20 min 形成，然后在 20～40 min 连接成为连续的细沟网（图 5-8 A-15°、A-25°、B-15°、B-25°）。在 15°和 25°坡度下，初始细沟沟头的发生位置分别为 7.8～8.3 m 和 7.5～8.0 m（图

5-8A-15°、A-25°），随坡度的增加，初始细沟沟头的发生位置向上坡位移动，结果与 Yao 等（2008）的研究结论相符。出现上述现象的原因是细沟沟头的产生需要一定的径流能量（Brayan and Poesen，1989；Gordon et al.，2007），因此存在细沟发生的临界坡长和临界坡度（郑粉莉，1989；Yao et al.，2008）。有研究表明，当坡度小于27°时，黄土坡面细沟沟头发生的临界坡长随坡度的增加呈先增大后减小的趋势（郑粉莉，1989）。土壤的内在性质，如土壤颗粒组成、土壤可蚀性和土壤临界剪切力均会影响沟头的发生位置（Gordon et al.，2007；Yao et al.，2008）。Brunton 和 Bryan（2000）也指出，在一定坡度范围内，沟头的发生位置随坡度的增加而增加。在15°和25°坡度下，2个细沟沟头的平均距离分别为23.9 cm 和 21.0 cm。在一定的土壤和地形条件下，2个细沟沟头之间的距离基本保持不变，其原因可以用径流能量、径流剪切力和滚波效应来解释（Brayan and Poesen，1989）。当降雨历时为 20~40 min 时，初始细沟网基本形成，细沟侵蚀强度通过细沟的分叉与合并、连接和袭夺进一步增大（图 5-8 B-15°、B-25°）。细沟长度的增加速率在这一阶段达到最大[图5-9（a）]且沟头溯源至接近土槽顶端（0.5~0.9 m 坡长处）。在15°和25°坡度下，细沟沟头溯源侵蚀速率分别为 55.4 cm/min 和 80.6 cm/min，分别比 0~20 min 试验历时下的沟头溯源侵蚀速率小 40.2%和 44.9%。40~60 min，细沟网已经基本定型（图 5-8 C-15°、C-25°），与前一阶段相比，沟头溯源侵蚀速率显著下降；60~80 min，成熟的细沟网被1~2条主细沟占据，其他较小的流域单元分布在坡面的中下部（图 5-8 D-15°、D-25°），沟头溯源侵蚀速率接近 0。

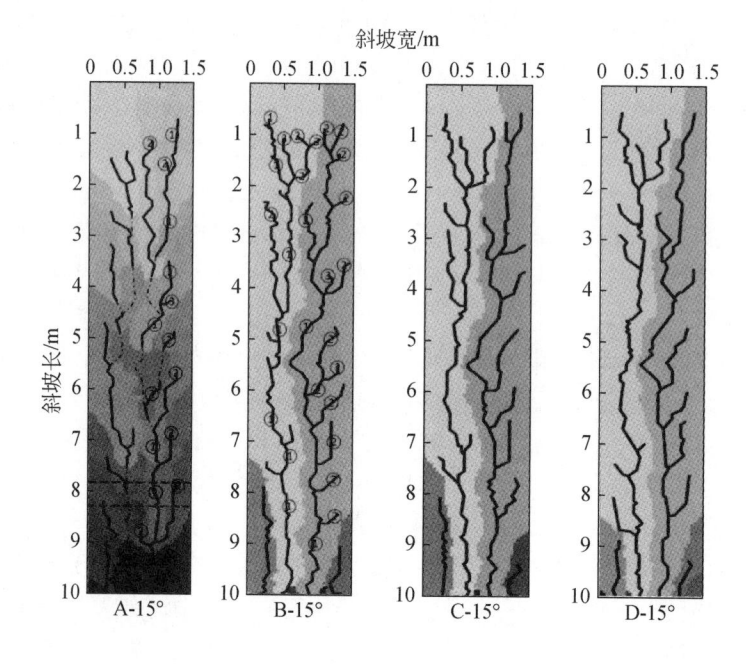

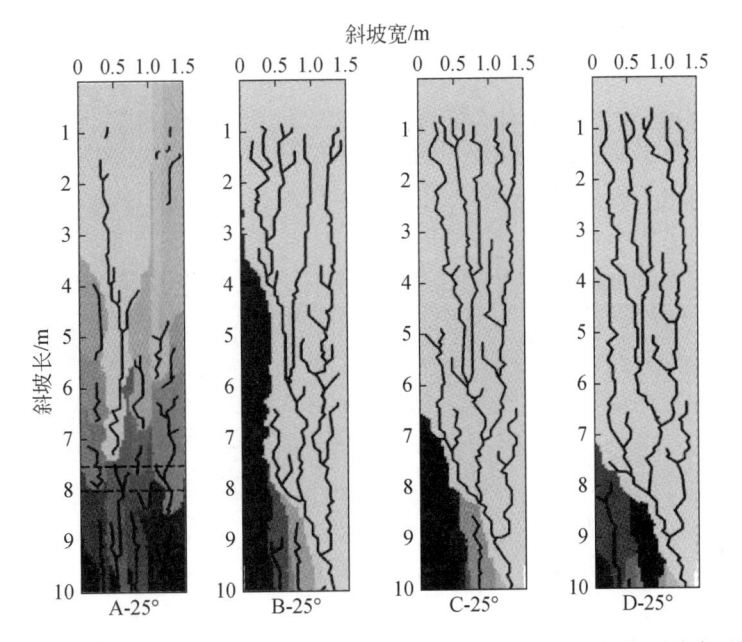

图 5-8 试验 20 min（A）、40 min（B）、60 min（C）、80 min（D）后细沟网分布及微流域划分

图 A-15°和 B-15°中的数字和虚实线代表不同级别的细沟和相同流路上可能发育的潜在细沟；两条水平虚线间的面积代表初始细沟沟头的发生位置

图 5-8 表明，微流域的形状、数量和面积随降雨历时的增加而变化。由于 0~20 min 降雨历时形成了较多的断续细沟，所以坡面上发育了众多微流域单元，且多数不与土槽出水口相连。细沟数量在降雨历时为 20 min 时达到最大，然而，此时坡面径流的流路还不够清晰，细沟的分叉与合并也较少发育（图 5-8 A-15°、A-25°）。20~40 min 降雨历时，坡面细沟网继续发育且许多微流域被主细沟所在的面积较大流域吞并（图 5-8 B-15°、B-25°），吞并方式以断续细沟的上下连通和细沟袭夺为主，所以，该阶段主细沟数量减少且次细沟数量增加，细沟网的发育程度达到整个试验过程的最大值（表 5-5）。对于 40~80 min 降雨历时，各等级细沟的数量基本保持不变，但主细沟和次细沟之间仍然存在较明显的流域吞并现象，主要方式为细沟袭夺和沟壁扩张导致的次细沟被主细沟吞并（图 5-8 C-25°）。

表 5-5 不同降雨历时下不同等级细沟及所有细沟的条数

坡度/(°)	降雨历时/min	细沟等级 1	细沟等级 2	细沟等级 3	合计
15	20	15	15	1	31
	40	4	18	4	26
	60	4	14	0	18
	80	4	12	1	17
25	20	11	15	2	28
	40	4	16	9	29
	60	4	8	9	21
	80	4	5	10	19

5. 细沟袭夺对细沟形态的影响

细沟及细沟网在坡面上的发育过程与 Horton 的河网发育理论相似（Horton，1945），均呈收敛形式。细沟沟头溯源过程主要发生在 0~40 min 降雨历时，之后溯源侵蚀过程基本结束，细沟的主导发育方式即转变为沟底下切侵蚀和沟壁扩张侵蚀。流域边缘的沟壁扩张侵蚀是导致微流域被较大流域吞并的主要原因（图 5-8 B-15°、B-25°），因此，细沟袭夺在某种程度上可以看作一种侧向侵蚀过程（图 5-8 C-25°）。从表 5-6 可以看出，细沟间水流流速随降雨场次的增加而降低，而细沟水流和侧向汇流的流速随降雨场次的增加而增加。由上述分析可知，细沟袭夺包括 2 个子过程：①随着侧向汇流流速的增加，侧向汇流沿沟壁的流动会剥蚀一部分泥沙，使细沟沟壁变薄；②在细沟的急转弯处，由于径流方向突然转向，径流动能在转角处被急剧消耗，此时转角下方若存在沟头的溯源侵蚀，则类似河流截弯取直的细沟袭夺现象就会发生，该作用会随着细沟水流流速的增加而增大。细沟袭夺的结果是次细沟长度的降低和主细沟长度的增加[图 5-9（a）、（b）]。该结果支持了 Gómez 等（2003）的观点，他们认为"不成功"细沟被"成功"细沟吞并的现象可促进细沟长度和细沟密度的降低，并最终使细沟网达到稳定状态，保持能耗最低。

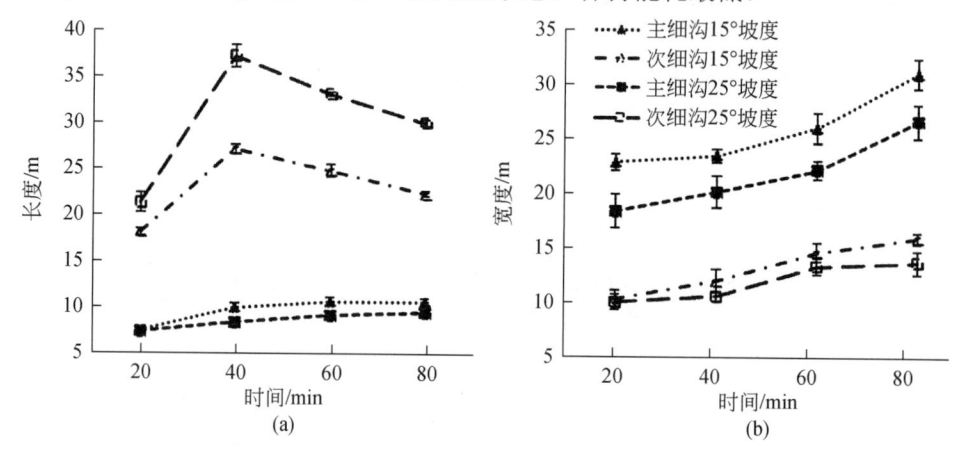

图 5-9 不同坡度下主细沟和次细沟的总长度、平均宽度

误差棒表示 2 次试验重复间的差别

表 5-6 不同主导发育方式的单宽细沟侵蚀量与水动力学参数的拟合方程

主导发育方式	τ 拟合方程	样本数	R^2	ω 拟合方程	样本数	R^2	φ 拟合方程	样本数	R^2
溯源侵蚀	$D_c=54.97$ ($\tau-0.748$)	14	0.85	$D_c=1.262$ ($\omega-1.319$)	14	0.68	$D_c=11.29$ ($\varphi-0.015$)	14	0.63
下切侵蚀	$D_c=82.61$ ($\tau-0.675$)	14	0.82	$D_c=2.131$ ($\omega-1.075$)	14	0.82	$D_c=21.01$ ($\varphi-0.012$)	14	0.62
扩张侵蚀	$D_c=50.44$ ($\tau-0.364$)	14	0.66	$D_c=1.763$ ($\omega-0.827$)	14	0.74	$D_c=14.12$ ($\varphi-0.007$)	14	0.63

另一方面，当次细沟被主细沟吞并时，主细沟将汇集更多的径流，细沟水流流量和流速的增加使细沟沟脚被加速淘涮；此外，细沟水流和侧向汇流使主细沟宽度增加，进一步增大了细沟袭夺发生的概率。细沟水流是淘涮细沟沟脚的主要因素，侧向汇流对细沟顶宽

和底宽的增加有促进作用。细沟横截面形态逐渐由 U 形转变为细颈瓶形，悬空土体体积的增大将增加沟壁扩张侵蚀发生的概率。

6. 二级细沟下切沟头对细沟形态的影响

细沟沟底下切侵蚀由 2 个子过程组成：细沟集中水流剪切力下切侵蚀与二级沟头下切侵蚀。细沟水流剪切力下切侵蚀过程受制于细沟水流对沟槽土壤颗粒的分散和搬运，受沟底坡降、径流流速、流宽和流深影响（Bennett and Casalí，2001）。该过程发生在一级沟头溯源侵蚀过后形成的细沟沟槽内，二级沟头还未溯源至研究断面之前的较长时间段内。沟底下切侵蚀速率始终在低位波动，波动范围为 0.08～0.28 cm/min（图 5-10）；该过程的持续时间较长，是二级沟头下切阶段持续时间的 1.1～2.9 倍。二级沟头多形成于土壤可蚀性差别较大的 2 个土层交界面处，且对沟底下切侵蚀有重要贡献（Brayan and Poesen，1989）。试验后期细沟网发育已基本结束，主细沟上方的汇水面积较大，聚集了大量径流，使二级沟头的发生概率增加，促进了沟底下切侵蚀速率的增加。裂隙和沟头的形成导致沟床表层结皮被破坏，从而促进了二级沟头的形成和发展（Favis-Mortlock et al.，2000；Bennett and Casalí，2001）。对某一特定横截面来说，二级沟头到达该横截面形成跌水后径流流态又恢复的过程被定义为二级沟头下切侵蚀阶段，其余时间段被定义为径流剪切力下切侵蚀阶段。二级沟头下切侵蚀阶段的沟底下切速率是径流剪切力下切侵蚀阶段的 2.0～7.5 倍（图 5-10）。二级沟头溯源侵蚀过后，沟底下切侵蚀速率在一个相对较高的水平波动然后下降，其主要原因是二级沟头的溯源侵蚀造成了土壤表层结皮被破坏，使可蚀性相对较高的沟床土壤暴露于集中水流之下。

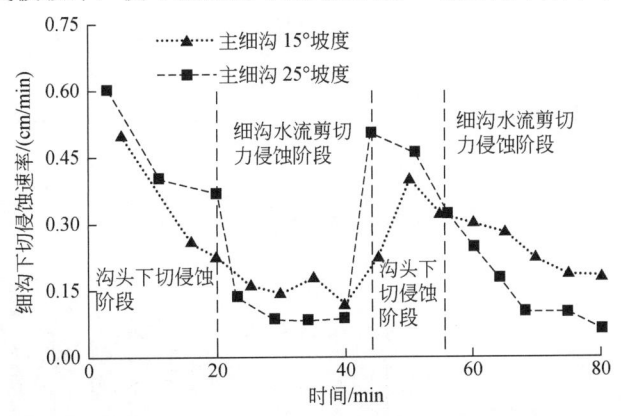

图 5-10 主细沟沟底下切侵蚀的一般形式

选坡长为 5.5 m 的横截面作为示例，垂直虚线代表细沟水流剪切力侵蚀阶段与沟头下切侵蚀阶段的分界

Brayan 和 Poesen（1989）指出沟底下切侵蚀常伴随裂点（knickpoint）的产生，但并非所有的裂点都会发育成沟头，造成细沟深度的增加。Bennett 和 Casali（2001）认为，细沟沟底下切侵蚀前坡面土壤颗粒的剥蚀速率几乎等于零。本书结果证实了上述学者的观点，但同时也指出，沟头溯源侵蚀前后的坡面土壤侵蚀量虽然轻微，但也不能忽略。细沟沟底下切侵蚀和沟头溯源侵蚀是 2 个同时发生、不可分割的过程，沟底下切侵蚀最活跃的时期均伴随着新沟头的形成和发育。细沟的初始深度与一级沟头高度相同，在接下来的细沟沟底下切侵蚀很大程度上决定二级沟头的形成和发展。因此，在布设坡面水土保持措施时需着重考虑防止坡面细沟沟头的产生并控制其进一步发育。

5.3 坡面细沟侵蚀的时空分布特征

5.3.1 细沟侵蚀动态变化特征

60 mm/h 和 90 mm/h 降雨强度下的坡面总侵蚀量分别为 535.8 kg 和 1043.4 kg，细沟侵蚀量分别为 334.2 kg 和 739.0 kg，细沟侵蚀量对坡面总侵蚀量的贡献率分别为 62.4%和 70.8%（图 5-11）。相同的降雨强度条件下，坡面侵蚀速率达到峰值的时间早于细沟侵蚀速率；较大的降雨强度可使坡面侵蚀速率和细沟侵蚀速率较早地达到峰值。具体来说，60 mm/h 降雨强度条件下，坡面侵蚀速率和细沟侵蚀速率达到峰值的时间分别为 40 min 和 60 min，达到峰值后分别在 30.6～31.9 kg/(m²·h) 和 23.6～24.9 kg/(m²·h) 范围内波动；90 mm/h 降雨强度条件下，坡面侵蚀速率和细沟侵蚀速率达到峰值的时间分别为 30 min 和 40 min，分别较前者提前 10 min 和 20 min，达到峰值后分别在 49.9～67.0 kg/(m²·h) 和 38.9～45.7 kg/(m²·h) 范围内波动，这与 Berger 等（2010）的研究结论类似，他们认为随着降雨强度的增加，细沟发育达到稳定的时间亦随之提前。分析其原因是，试验条件下，90 mm/h 降雨强度具有较强的雨滴动能并能产生较大的汇流量，雨滴击溅侵蚀和径流侵蚀能力较强，坡面侵蚀过程较 60 mm/h 降雨强度迅速，细沟发育达到稳定阶段，即主导发育方式进入以沟壁扩张侵蚀为主的时间较 60 mm/h 降雨强度提前。此外，细沟侵蚀量对坡面总侵蚀量贡献率的峰值也在 90 mm/h 降雨强度下较早达到，2 种降雨强度下，细沟侵蚀量对坡面总侵蚀量的贡献率达到峰值后，均呈稳定并小幅波动的趋势，波动范围差别不大，为 72.6%～81.5%，这符合前人对黄土高原细沟侵蚀区研究的有关结论（朱显谟，1982；郑粉莉等，1989），即细沟侵蚀量占坡面总侵蚀量的 70%左右。

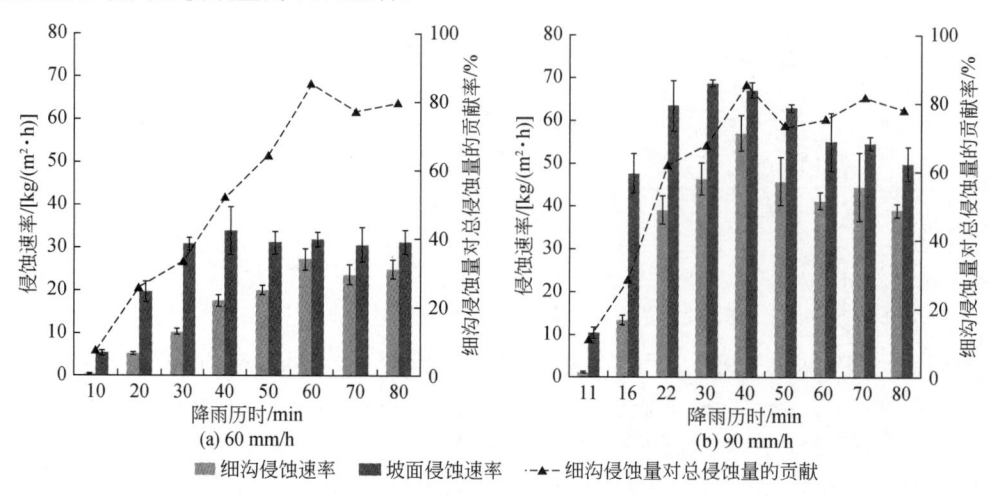

图 5-11 不同降雨历时下的细沟侵蚀速率、坡面侵蚀速率和细沟侵蚀量对总侵蚀量的贡献率

5.3.2 细沟侵蚀空间分布特征

60 mm/h 和 90 mm/h 降雨强度下的细沟侵蚀速率随单位坡长均呈先上升后下降的变化

规律（图 5-12）。从细沟发育的不同阶段来看，以沟底下切侵蚀为主并伴随沟壁扩张侵蚀阶段的细沟侵蚀速率最大，以沟头溯源侵蚀为主的阶段细沟侵蚀速率最小（表 5-2、图 5-8）；从不同坡位来看，坡面中下部（坡长 6 m、7 m 处）的细沟侵蚀速率较其他坡位的细沟侵蚀速率大（图 5-12）。

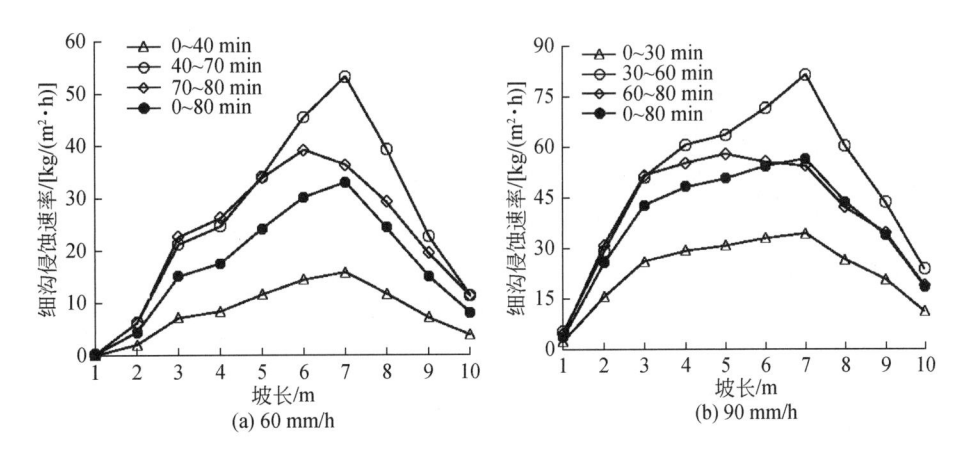

图 5-12 不同试验历时下细沟侵蚀速率随单位坡长的变化

具体表现为，60 mm/h 降雨强度下，0~80 min 降雨历时的坡面平均细沟侵蚀速率随坡长变化的分布曲线介于 0~40 min 和 70~80 min 降雨历时的曲线之间，最大值出现在坡长 7 m 处，其值为 33.1 kg/（m^2·h），是坡面平均值的 3.3 倍，这与前人关于坡面侵蚀的强烈区域位于坡面中下部的研究结果相一致（吴普特等，1997；肖培青等，2002）。在细沟发育的初期（0~40 min），发育方式以沟头溯源侵蚀为主，细沟侵蚀速率随坡长的分布曲线变化较缓，除坡顶和坡脚处外，其余坡位的细沟侵蚀速率差别相对较小。在细沟发育的中期（40~70 min），发育方式以沟底下切侵蚀为主，同时伴随沟壁扩张侵蚀，坡长 5~8 m 处的细沟侵蚀速率明显大于其他细沟发育阶段，该阶段是细沟发育最活跃的时期，该阶段过后，细沟发育逐渐趋于稳定，主细沟沟底下切至犁底层，下切侵蚀过程结束。在细沟发育的末期（70~80 min），坡面中上部（坡长 1~5 m）细沟侵蚀速率的绝对值与前一阶段基本相同，但坡面中下部（坡长 6~9 m）的细沟侵蚀速率明显降低，降低幅度为 13.9%~31.7%。分析其原因主要为，本阶段坡面中上部的细沟深度相对较浅，细沟沟底尚未下切至犁底层，沟底下切侵蚀和沟壁扩张侵蚀 2 种发育方式并存，而坡面中下部的沟底下切侵蚀过程已经结束，细沟侵蚀量主要来源于随机性较强的沟壁扩张侵蚀，因此侵蚀速率明显降低。90 mm/h 降雨强度下，细沟发育不同阶段细沟侵蚀速率随单位坡长的分布规律与 60 mm/h 降雨强度下的基本一致，细沟侵蚀速率的坡面平均值是 60 mm/h 降雨强度下的 1.8~2.8 倍。但在细沟发育的末期（60~80 min），与 60 mm/h 降雨强度细沟侵蚀速率从坡长 6 m 处开始降低不同，90 mm/h 降雨强度下细沟侵蚀速率从坡长 4 m 处即开始降低，其原因与 4 m 坡长处部分细沟下切至犁底层有关。

结合三维激光扫描数据分析可知，2 种降雨强度下 1~7 m 坡长坡面以侵蚀和搬运过程为主。受汇水坡长限制，坡面上部的径流剪切力和径流功率均小于坡面中下部（图 5-13），导致其细沟侵蚀速率小于坡面中下部的细沟侵蚀速率，特别是在坡长 1 m 处，坡面侵蚀以细沟间侵蚀为主，60 mm/h 和 90 mm/h 降雨强度下的平均细沟侵蚀速率仅为 0.2 kg/(m²·h) 和 3.7 kg/(m²·h)（图 5-12）。随着坡长的增加，汇水面积增大，径流的剥蚀能力逐渐增强，径流功率和单位径流功率亦增大（图 5-13）。在细沟侵蚀速率达到峰值后，其值逐渐降低，但降低程度不明显，该坡段（坡长 8 m 和 9 m）的坡面侵蚀、搬运、沉积 3 个过程并存，且沉积过程占主导，这与吴普特等（1997）有关径流挟沙能力的论述相一致；在坡长 10 m 处，由于临近出水口，2 种降雨强度下的细沟侵蚀速率显著降低，点云数据生成的高精度 DEM 和试验照片均表明该坡段以沉积过程为主，细沟内淤积现象明显，且多发育"宽浅"型细沟，与坡面中上部发育的"窄深"型细沟不同（图 5-5），这与野外发育在梁峁坡上直接汇入沟坡的细沟沉积情况类似，也符合 Brunton 和 Bryan（2000）得到的黄土坡面细沟沿坡长的分布规律。

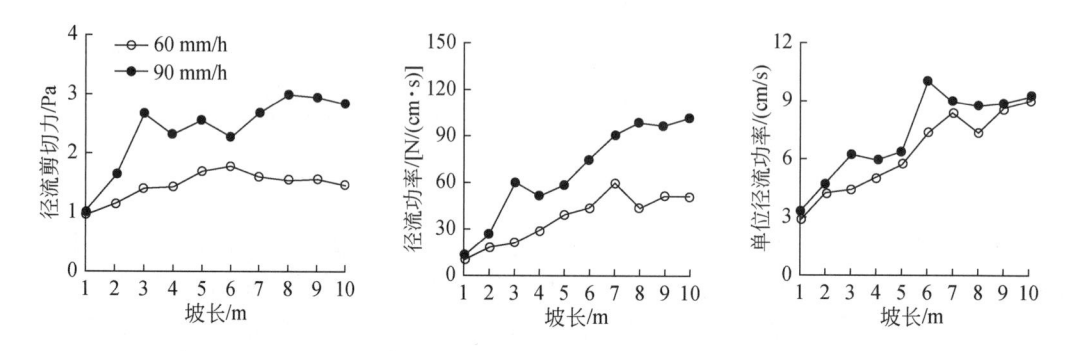

图 5-13　径流剪切力、径流功率和单位径流功率随单位坡长的变化

5.4　坡面侵蚀特征对细沟网发育过程的响应

5.4.1　坡面侵蚀特征对细沟网发育过程的响应

在保证降雨总量相同的前提下，50 mm/h 和 100 mm/h 降雨强度第 1 场次降雨的坡面径流量相对较小，与第 2 场次和第 3 场次降雨的坡面径流量呈现显著性差异（表 5-7）。分析其原因是，尽管第 1 场次降雨前在试验土槽上进行了前期预降雨，测得的前期土壤含水量较为相近，平均值为 23.13%±0.64%，但土壤尚未饱和，张玉斌等（2009）采用环刀法测定的安塞黄绵土的饱和含水量为 33.9%；因此，在第 1 场次降雨初期，相当一部分降雨量用作入渗，至土壤入渗达到稳定入渗率后，土壤含水量接近饱和，坡面径流量在第 2 场次和第 3 场次降雨中明显增加。值得注意的是，第 2 场次和第 3 场次降雨的坡面径流量无显著性差异，表明坡面微地形对径流量的影响相对较小。

在 50 mm/h 和 100 mm/h 降雨强度条件下，3 次连续降雨间细沟侵蚀的变化与坡面侵蚀的变化相近，尤其对于 50 mm/h 降雨强度下的 3 次连续降雨，而 100 mm/h 降雨强度下 3 次连续降雨的细沟侵蚀无显著性差异（表 5-7）。该结果可以通过细沟网发育过程中，细沟侵蚀深度、细沟间距离、分叉数和合并点数等变化特征体现。50 mm/h 降雨强度下，细沟侵蚀贡献率随着细沟网的发育而增大，3 次连续降雨的平均贡献率为 78.6%；100 mm/h 降雨强度下，3 次连续降雨的平均贡献率为 76.2%。该结果与郑粉莉等（1987）研究结果一致，其研究指出在细沟侵蚀区，细沟侵蚀量可占 70%左右，甚至达到 90%以上。说明细沟侵蚀对坡面土壤侵蚀有重要贡献，尤其对于 50 mm/h 降雨强度下的第 2 场次和第 3 场次降雨，其细沟侵蚀贡献率均高于 100 mm/h 降雨强度下的细沟侵蚀贡献率。其原因主要是 100 mm/h 降雨强度的降雨侵蚀力和径流侵蚀力均大于 50 mm/h 降雨强度，所以，前者细沟间侵蚀所占比例较大。因此，降雨强度的增加，在细沟网发育过程中一方面增加了坡面细沟侵蚀量，但另一方面却减少了细沟侵蚀对坡面侵蚀的贡献率。

表 5-7 细沟网发育过程的坡面径流量、侵蚀量及细沟侵蚀量对比

降雨强度/（mm/h）	降雨场次	降雨历时/min	径流量/mm	细沟侵蚀量/（kg/m^2）	坡面侵蚀量/（kg/m^2）	细沟侵蚀贡献率/%
50	第 1 场次降雨	60	33.9 b	5.3 b	8.6 b	61.8
	第 2 场次降雨	60	47.5 a	11.1 a	13.7 a	80.9
	第 3 场次降雨	60	48.8 a	12.1 a	14.0 a	86.7
100	第 1 场次降雨	30	36.3 b	10.2 a	13.4 a	75.9
	第 2 场次降雨	30	46.9 a	12.0 a	16.2 a	73.9
	第 3 场次降雨	30	47.4 a	10.9 a	13.8 b	79.0

注：相同降雨强度下不同字母表示各场次降雨间经 LSD 检验差异显著（$p<0.05$），下同。

50 mm/h 和 100 mm/h 降雨强度下 3 次连续降雨间坡面侵蚀量的变化略有差异（表 5-7），其中，50 mm/h 降雨强度下，坡面侵蚀量基本呈现随着降雨场次的增加而增大，与第 1 场次降雨相比，第 2 场次降雨坡面侵蚀量增加了 59.3%，第 2 场次和第 3 场次降雨坡面侵蚀量无显著性差异；而 100 mm/h 降雨强度下，各场次降雨间坡面侵蚀量的大小顺序为第 2 场次降雨＞第 3 场次降雨＞第 1 场次降雨，第 2 场次降雨坡面侵蚀量达 16.2 kg/m^2，与第 1 场次和第 3 场次降雨坡面侵蚀量呈现显著性差异。2 种降雨强度下，第 1 场次降雨的坡面侵蚀量最小，其原因是在第 1 场次降雨初期，坡面侵蚀以溅蚀为主，随着降雨历时的延长，坡面出现径流，则片蚀随即发生；与细沟侵蚀相比，细沟间侵蚀（溅蚀和片蚀）引起的坡面侵蚀量相对较小；一旦细沟侵蚀开始，并且演变为坡面主要侵蚀方式，则坡面侵蚀量迅速增加。野外调查和室内试验结果均证实，细沟侵蚀的发生导致坡面侵蚀量增加几倍，甚至几十倍（Govers and Poesen，1988；Kimaro et al.，2008）。对于 2 种降雨强度下的第 2 场次和第 3 场次降雨，坡面侵蚀均以细沟侵蚀为主。通过对比 3 次连续降雨间的坡面侵蚀量和径流量还发现，坡面径流量的增加未必会造成坡面侵蚀量的增加，反之亦然（Nord and Esteves，2010）。

比较 50 mm/h 和 100 mm/h 降雨强度下的坡面侵蚀量发现，第 1 场次降雨中，100 mm/h 降雨强度下的坡面侵蚀量是 50 mm/h 降雨强度下的坡面侵蚀量的 1.56 倍；第 2 场次降雨中这一倍数减小到 1.18 倍；第 3 场次降雨中，50 mm/h 和 100 mm/h 降雨强度下的坡面侵蚀量较为相近（表 5-7）。结果表明，降雨强度对坡面土壤侵蚀具有显著影响，尤其对于坡面

细沟网发育的初期阶段，一般在降雨总量相同的条件下，坡面侵蚀量随着降雨强度的增加而增大。降雨强度主要通过改变降雨侵蚀力和径流侵蚀力影响坡面土壤侵蚀，100 mm/h 降雨强度下的降雨侵蚀力和径流侵蚀力均明显高于 50 mm/h 降雨强度，因此，前者第 1 场次和第 2 场次降雨的坡面侵蚀量较后者大。坡面侵蚀量的大小主要取决于径流侵蚀力的强弱和坡面侵蚀土壤的补给。相同降雨强度下，随着降雨场次的增加，细沟网发展趋向于稳定，剩余的可侵蚀性土壤逐渐减少，且与 50 mm/h 降雨强度相比，100 mm/h 降雨强度下坡面细沟网发育较快，因此，100 mm/h 降雨强度从第 2 场次降雨开始坡面侵蚀量的增加率小于 50 mm/h 降雨强度。

5.4.2 坡面侵蚀过程对细沟网发育的响应

坡面径流侵蚀过程与坡面形态变化等相伴进行（肖培青等，2011），因此，分析细沟网发育过程的径流侵蚀过程是研究细沟形态特征等的基础。坡面产流过程由降雨特征和坡面条件共同决定（潘成忠和上官周平，2005），通过对比发现，50 mm/h 和 100 mm/h 降雨强度下 3 次连续降雨产流率的变化非常相似（图 5-14），其中，第 1 场次降雨初期坡面产流率较小，至降雨中后期开始逐渐增大并趋于稳定；第 2 场次和第 3 场次降雨的坡面产流率的变化较为一致，降雨初期即迅速增加并达到稳定产流率，3 次连续降雨的稳定产流率数值相近。分析其原因是，第 1 场次降雨初期土壤尚未达到饱和含水量，且土壤表面还未形成土壤结皮，土壤入渗率较大，造成产流率较小。随着土壤结皮以及坡面径流的形成，坡面侵蚀方式以细沟间侵蚀为主，入渗率减小，产流率增加，细沟间侵蚀区薄层水流的汇聚为细沟侵蚀的发生发展准备了动力条件（Bruno et al.，2008），随着细沟侵蚀发生演变为坡面的主要侵蚀方式，坡面产流率迅速增加并达到稳定；而第 2 场次和第 3 场次降雨伊始即以细沟侵蚀为主，且土壤入渗已经达到了稳定入渗率，因此，产流率迅速增加到稳定产流率。可见，一旦坡面土壤入渗达到稳定，稳定产流率的变化受坡面细沟网发育过程中微地形变化的影响较小。

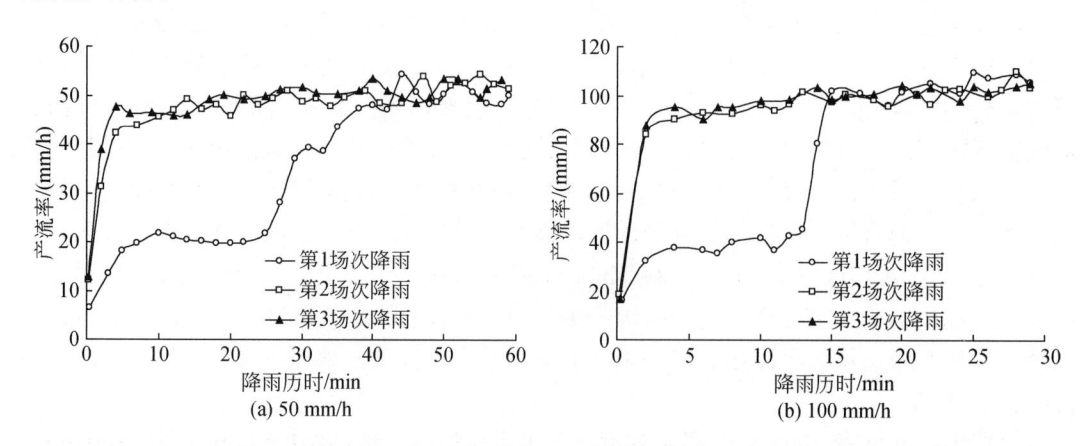

图 5-14 50 mm/h 和 100 mm/h 降雨强度下细沟网发育过程中各场次降雨的产流率随降雨历时的变化

径流含沙量是分析坡面侵蚀过程的重要指标。50 mm/h 和 100 mm/h 降雨强度下，第 1 场次降雨初期径流含沙量增加较快，甚至出现第一个峰值（图 5-15），这是因为降雨试验初期，坡面松散土壤颗粒比较丰富，且这些颗粒易被径流选择性搬运，因而径流含沙量增加较快（Parsons and Stone，2006；Wirtz et al.，2012）；随后，径流含沙量在 50 g/L 上下波动，至接近降雨中期时迅速增加并趋于稳定。分析其原因是第 1 场次降雨初期坡面侵蚀以溅蚀为主，此时坡面径流含沙量较低；随着降雨的持续，坡面侵蚀以细沟间侵蚀为主，由于雨滴对土壤表面的打击作用，土壤表面形成相对致密的临时结皮层，土壤孔隙被封闭，土壤入渗能力降低，形成薄层水流，径流含沙量增加。临时结皮层的形成使坡面降雨入渗减少，径流量增大，径流能力增强，在坡面形成若干细沟下切沟头，导致细沟侵蚀的发生发展（郑粉莉等，1987），此时，坡面侵蚀以细沟侵蚀为主，径流含沙量迅速增加并达到稳定。已有研究（王贵平等，1988；Bryan and Rockwell，1998；Di Stefano et al.，2013）表明细沟的出现将导致坡面侵蚀急剧增加，其原因有两方面：一是细沟水流引起的土壤可蚀性和泥沙输移能力远大于雨滴打击和坡面流引起的土壤可蚀性和泥沙输移能力（Auerswald et al.，2009）；二是一旦细沟网形成并发展，则细沟水流既能搬运自身剥离的泥沙，也能够搬运细沟间侵蚀的泥沙（Bruno et al.，2008）。本试验中细沟出现后的稳定径流含沙量是初始径流含沙量的 5~7 倍。

在 50 mm/h 和 100 mm/h 降雨强度条件下，第 2 场次和第 3 场次降雨坡面侵蚀均以细沟侵蚀为主，径流含沙量的变化趋势较为一致，随着降雨历时的延长而逐渐增加并趋于相对稳定（图 5-15）。所谓的相对稳定，是指径流含沙量在一定的数值上下波动。降雨过程中径流含沙量的波动主要受泥沙输移能力和土壤剥蚀能力的影响，其中以前者为主（Nearing et al.，1997）。在多数情况下，土壤剥蚀率接近泥沙输移能力；也有一些条件下，土壤剥蚀率高于泥沙输移能力。这主要与坡面发生不同的细沟侵蚀过程有关（Wirtz et al.，2012），如细沟溯源侵蚀、沟壁崩塌、沟底下切侵蚀，以及细沟的分叉、合并等。

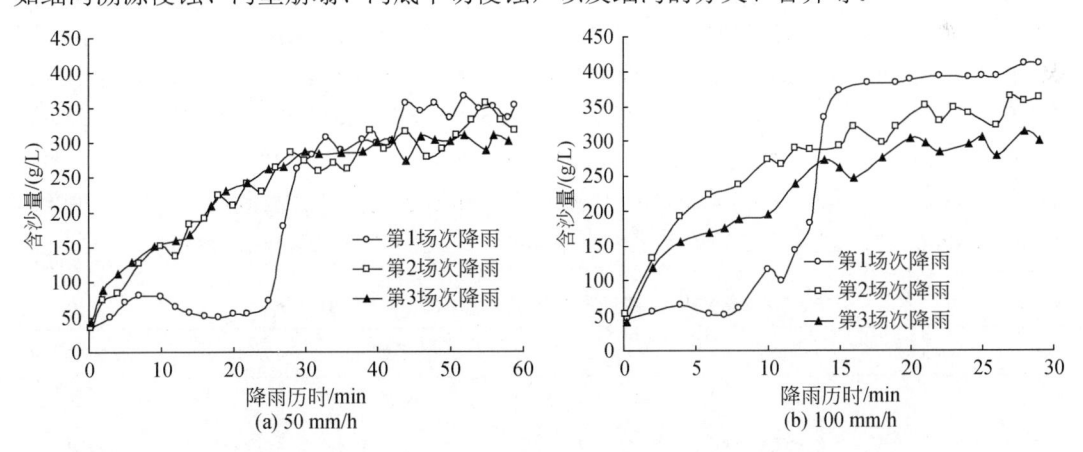

图 5-15 50 mm/h 和 100 mm/h 降雨强度下细沟网发育过程中各场次降雨的径流含沙量随降雨历时的变化

通过对比 50 mm/h 和 100 mm/h 降雨强度下 3 次连续降雨的径流含沙量变化（图 5-15）发现，降雨强度对坡面侵蚀过程影响显著。首先，100 mm/h 降雨强度下的稳定径流含沙量明显高于 50 mm/h 降雨强度下的稳定径流含沙量，尤其对于第 1 场次和第 2 场次降雨，而第 3 场次降雨中两种降雨强度下的稳定径流含沙量较为接近，这主要与降雨侵蚀力和径流侵蚀力随着降雨强度的增加而增强有关。其次，50 mm/h 降雨强度下 3 次连续降雨的稳定径流含沙量比较相近，主要在 300 g/L 上下波动；而 100 mm/h 降雨强度下 3 次连续降雨的稳定径流含沙量随着降雨次的增加而减小，第 1 场次降雨的稳定径流含沙量为 350 g/L 左右，且波动较小，波动幅度小于 36 g/L，第 2 场次降雨的稳定径流含沙量主要波动在 300～350 g/L，而第 3 场次降雨的稳定径流含沙量主要在 300 g/L 上下波动。分析其原因是，随着降雨场次的增加，可侵蚀性土壤逐渐减少，且降雨强度越大，坡面细沟网发育越快，可侵蚀性土壤减少得越快，因而造成 100 mm/h 降雨强度下的稳定径流含沙量逐渐减小。

5.5 坡面水流特征对细沟网发育过程的响应

5.5.1 坡面水流水力学特征对细沟网发育过程的响应

50 mm/h 降雨强度下 3 次连续降雨的细沟水流平均流速为 15.5～17.0 cm/s，3 场次降雨间细沟水流平均流速无显著性差异（表 5-8）。因此，3 场次降雨平均细沟分布密度变化较小，变化区间为 3.2～3.7 条/m²。随着降雨场次的增加，细沟间水流流速基本呈减小的变化趋势（表 5-9），说明细沟网发育导致细沟间侵蚀作用逐渐减小。因此，细沟间距离逐渐减小，从第 1 场次降雨的 56.7 cm 减小到第 2 场次和第 3 场次降雨的 37.8 cm 和 33.2 cm。此外，细沟网发育过程中，细沟水流的上下贯通，并遵循最小耗能原理，导致细沟分叉数和合并点数均呈增加的趋势。

100 mm/h 降雨强度下 3 次连续降雨的细沟水流平均流速为 19.6～23.2 cm/s，第 1 场次降雨细沟水流平均流速最大，与第 2 场次和第 3 场次降雨呈现显著性差异（表 5-8）。根据泥沙运动学理论，坡面径流挟沙力与径流流速的三次方呈正比，因此，细沟水流流速的增加意味着泥沙输移能力的增加（肖培青等，2009a）。50 mm/h 降雨强度下，细沟水流和细沟间水流平均流速对细沟网发育过程的响应程度均小于 100 mm/h 降雨强度（表 5-8、表 5-9）。因此，100 mm/h 降雨强度下的细沟分布密度、分叉数和合并点数均大于 50 mm/h 降雨强度坡面，而细沟间距离小于 50 mm/h 降雨强度坡面。综上可知，径流流速是坡面径流的最重要水力学要素，能够显著影响径流的携带和搬运能力（张科利和唐克丽，2000；李鹏等，2006；郭太龙等，2008），进而影响坡面细沟侵蚀量和细沟网发育特征。

表 5-8　细沟网发育过程中细沟水流的水力学参数对比

降雨强度/(mm/h)	降雨场次	平均流速/(cm/s)	雷诺数	弗劳德数	阻力系数
50	第 1 场次降雨	15.5 a	998.6 b	0.59 a	9.84 b
	第 2 场次降雨	17.0 a	1281.9 a	0.64 a	10.88 ab
	第 3 场次降雨	15.8 a	1103.5 b	0.57 a	11.25 a
100	第 1 场次降雨	23.2 a	2800.0 a	0.66 a	7.25 b
	第 2 场次降雨	19.6 b	1970.9 b	0.64 a	9.00 a
	第 3 场次降雨	19.7 b	1757.1 b	0.69 a	6.72 b

表 5-9 细沟网发育过程中细沟间水流的水力学参数对比

降雨强度/(mm/h)	降雨场次	平均流速/(cm/s)	雷诺数	弗劳德数	阻力系数
50	第1场次降雨	13.5 a	406.9 a	0.82 a	5.60 a
	第2场次降雨	12.2 a	303.0 b	0.78 a	5.29 a
	第3场次降雨	9.3 b	119.3 c	0.77 a	5.12 a
100	第1场次降雨	16.5 a	567.7 a	0.87 a	4.00 a
	第2场次降雨	14.7 b	432.6 b	0.88 a	3.96 a
	第3场次降雨	12.3 c	229.7 c	0.88 a	3.78 a

雷诺数表征的是径流惯性力和黏滞力之比，是判别径流流态的重要参数之一（潘成忠和上官周平，2007）。50 mm/h 降雨强度下 3 次连续降雨细沟水流雷诺数随着细沟网的发育呈先增加后减小的变化趋势，而 100 mm/h 降雨强度下则呈逐渐减小的变化趋势（表 5-8）；两种降雨强度下，细沟间水流雷诺数随着细沟网的发育皆呈减小的趋势（表 5-9）。雷诺数的增加，表明径流的黏滞作用较强，紊动性较弱，即代表径流侵蚀力和输移能力的增加。由于降雨侵蚀力、径流侵蚀力和输移能力随着降雨强度的增加而增大，因此，100 mm/h 降雨强度下各场次降雨的细沟水流雷诺数和细沟间水流雷诺数均高于 50 mm/h 降雨强度。此外，3 次连续降雨间细沟水流和细沟间水流雷诺数的变化与坡面细沟网发育明显相关，通过细沟分布密度、细沟间距离、分叉数，以及合并点数的变化可以表征。当降雨强度由 50 mm/h 增加到 100 mm/h 时，坡面细沟网发育速度加快，因此，细沟水流雷诺数在第 1 场次降雨中即达到最大值，而 50 mm/h 降雨强度下细沟水流雷诺数则在第 2 场次降雨中达到最大值。结果表明，雷诺数对两种降雨强度下细沟网发育过程的响应明显，尤其对于第 1 场次和第 2 场次降雨。本试验中，细沟水流雷诺数数值均介于 Nearing 等（1997）研究指出的细沟水流雷诺数区间。Reichert 和 Norton（2013）研究认为，当雷诺数为 1000~2000 时，细沟水流为过渡流，当雷诺数>2000 时，则细沟水流为紊流。因此，50 mm/h 降雨强度下的 3 次连续降雨，以及 100 mm/h 降雨强度下的第 2 场次和第 3 场次降雨中细沟水流属于过渡流，而 100 mm/h 降雨强度下第 1 场次降雨则属于紊流。两种降雨强度下，细沟间水流始终属于层流范畴。

弗劳德数表征的是径流惯性力和重力之比，亦是判别径流流态的重要参数之一（郭太龙等，2008）。Reichert 和 Norton（2013）研究认为，当弗劳德数<1 时，径流为缓流，当弗劳德数>1 时，则径流为急流。50 mm/h 和 100 mm/h 降雨强度下，3 次连续降雨细沟水流和细沟间水流弗劳德数均<1（表 5-8、表 5-9），属于缓流，且 3 次连续降雨间未呈现显著性差异。结果表明，弗劳德数对降雨强度和降雨场次的反映不明显，间接说明其对细沟网发育过程的表征作用不显著。

Darcy-Weisbach 阻力系数越大，则径流克服坡面阻力所消耗的能量越大，用于坡面侵蚀和泥沙搬运的能量就越小，从而减少坡面侵蚀（张光辉等，2001；潘成忠和上官周平，2005）。50 mm/h 降雨强度下，3 次连续降雨细沟水流和细沟间水流 Darcy-Weisbach 阻力系数分别为 9.84~11.25（表 5-8）和 5.12~5.60（表 5-9），数值区间明显大于 100 mm/h 降雨强度下细沟水流和细沟间水流的 Darcy-Weisbach 阻力系数。该结果与肖培青等（2009b）研究结果一致，即 Darcy-Weisbach 阻力系数随着降雨强度的增加而减小，这主要是由于降雨强度越大，细沟水流流速、细沟间水流流速和侵蚀力越大，则细沟水流和细沟间水流所遭受的阻力越小。坡面径流阻力主要来自 4 个方面：土壤颗粒组成和排列、坡面细沟形态、降雨阻力和径流的自身阻力（张科利，1998；罗榕婷等，2009），在细沟网发育过程中，坡面细沟形态和径流的自身阻力是影响细沟水流的主要阻力。50 mm/h 降雨强度下，细沟网在第 3 场次降雨中发育充分，其细沟水流阻力主要来自坡面细沟形态和细沟水流自身，因此，细沟水流 Darcy-Weisbach 阻力系数随着细沟网的发育而逐渐增大，而 100 mm/h 降雨强度下，细沟网在第 2 场次降雨中发育充分，此后坡面细沟形态对细沟水流的阻碍作用趋于稳定，阻力主要来自细沟水流自身，因此，细沟水流 Darcy-Weisbach 阻力系数随着细沟网的发育呈现先增加后减小的变化。可见，Darcy-Weisbach 阻力系数对细沟网发育过程的响应比较明显，尤其对于细沟网发育达到稳定状态之前的影响更加显著。

5.5.2 坡面水流水动力学特征对细沟网发育过程的响应

径流剥离和搬运土壤的过程，就是一个做功耗能的过程，细沟网发育过程中，径流剪切力、水流功率和单位水流功率的变化对细沟侵蚀特征等有决定作用。水土界面间的径流剪切力能够克服土粒之间的黏结力，使土粒疏松分散，从而为径流侵蚀提供土壤物质来源（李鹏等，2005）。50 mm/h 和 100 mm/h 降雨强度下，细沟间水流剪切力均随着降雨场次的增加而减小（表 5-10），表明细沟网发育过程中，细沟间侵蚀作用逐渐减弱，该结果通过细沟分布密度、细沟间距离、分叉数与合并点数等的变化可以体现，而细沟水流剪切力则随着降雨场次的增加呈现先增加后减小的趋势，细沟网发育过程中单宽细沟侵蚀量随着细沟水流剪切力的增加而增加，其中，第 1 场次降雨的增加幅度最大（图 5-16）。结果表明，细沟网发育过程中，细沟间水流和细沟水流剪切力变化显著，也表明分析径流剪切力能够有效揭示细沟网发育过程的侵蚀水动力机制。

表 5-10 细沟网发育过程中细沟间侵蚀的水动力学参数对比

降雨强度/（mm/h）	降雨场次	剪切力/Pa	水流功率/[N/（m·s）]	单位水流功率/（m/s）
50	第 1 场次降雨	1.112 a	0.150 a	0.049 a
	第 2 场次降雨	0.892 b	0.109 b	0.044 b
	第 3 场次降雨	0.535 c	0.050 c	0.034 c
100	第 1 场次降雨	1.321 a	0.218 a	0.060 a
	第 2 场次降雨	1.070 b	0.157 b	0.053 b
	第 3 场次降雨	0.713 c	0.088 c	0.045 c

水流功率表征了一定高度的水体顺坡流动时所具有的势能。50 mm/h 和 100 mm/h 降雨强度下，细沟间水流功率随着细沟网的发育而显著减小（表 5-10），而细沟水流功率则随着细沟网的发育呈先增加后减小的趋势，同时，细沟网发育过程中单宽细沟侵蚀量随着水流功率的增加而增加，3 场次降雨的增加幅度比较相近（图 5-16）。可见，细沟网发育过程中，水流功率变化明显且平稳，其是衡量水流做功耗能的稳态指标。

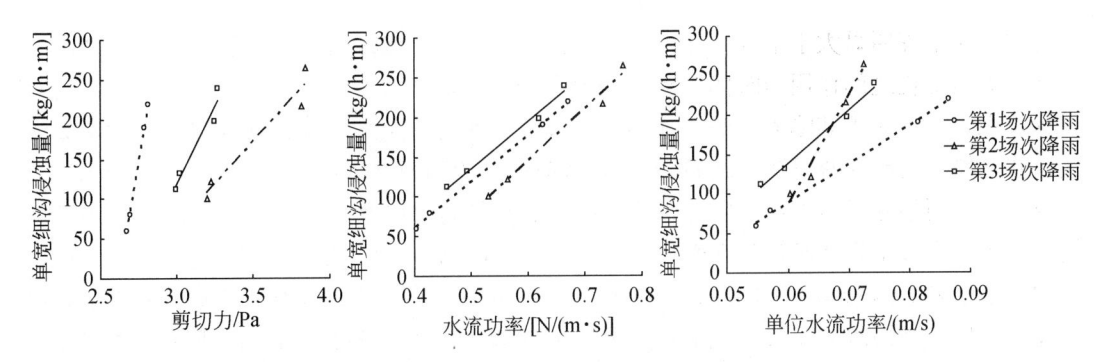

图 5-16 细沟网发育过程中单宽细沟侵蚀量与径流剪切力、水流功率和单位水流功率的关系

单位水流功率为流速和坡降的乘积（Yang，1973）。50 mm/h 降雨强度下，细沟间水流单位水流功率为 0.034~0.049 m/s（表 5-10），该区间明显小于细沟水流单位水流功率变化区间，其值为 0.056~0.062 m/s（图 5-16）。100 mm/h 降雨强度下，细沟间水流单位水流功率为 0.045~0.060 m/s，而细沟水流单位水流功率为 0.071~0.084 m/s，第 1 场次降雨的单位水流功率最大，并且与第 2 场次和第 3 场次降雨间呈现显著性差异。此外，细沟网发育过程中，单宽细沟侵蚀量随着细沟水流单位水流功率的增加而增大，增加幅度的大小顺序为第 2 场次降雨＞第 3 场次降雨＞第 1 场次降雨。与水流功率相比，单位水流功率在细沟网发育过程中的变化比较紊乱，因此，作为评价细沟网发育过程侵蚀水动力机制的参数，单位水流功率不及水流功率。

由图 5-16 可见，细沟网发育过程中，单宽细沟侵蚀量与细沟水流剪切力、水流功率和单位水流功率呈现较好的线性关系，表达式如下：

$$\begin{cases} D_{c1} = 1089.3(\tau - 2.620) & (R^2 = 0.99) \\ D_{c2} = 211.16(\tau - 2.690) & (R^2 = 0.94) \\ D_{c3} = 393.34(\tau - 2.706) & (R^2 = 0.94) \end{cases} \quad (5-2)$$

式中，D_{c1} 为第 1 场次降雨的单宽细沟侵蚀量 [kg/(h·m)]；D_{c2} 为第 2 场次降雨的单宽细沟侵蚀量 [kg/(h·m)]；D_{c3} 为第 3 场次降雨的单宽细沟侵蚀量 [kg/(h·m)]；τ 为径流剪切力（Pa）。

$$\begin{cases} D_{c1} = 579.72(\omega - 0.297) & (R^2 = 0.99) \\ D_{c2} = 649.39(\omega - 0.379) & (R^2 = 0.98) \\ D_{c3} = 589.60(\omega - 0.272) & (R^2 = 0.99) \end{cases} \quad (5-3)$$

式中，ω 为水流功率 [N/(m·s)]。

$$\begin{cases} D_{c1} = 4848.4(\varphi - 0.042) & (R^2 = 0.99) \\ D_{c2} = 13906(\varphi - 0.054) & (R^2 = 0.98) \\ D_{c3} = 6721.6(\varphi - 0.040) & (R^2 = 0.99) \end{cases} \quad (5-4)$$

式中，φ 为单位水流功率（m/s）。

当坡面径流深度小于雨滴直径时，降雨侵蚀力的作用较大，当坡面径流深度比雨滴直径大 3 倍以上时，则降雨侵蚀力的作用将被消除（Palmer，1965；Ghadiri and Payne，1981），而细沟水流水深明显大于雨滴直径，因此，此时侵蚀的发生主要来自径流侵蚀力。细沟水流恰好克服土粒之间作用力时的水动力数值即为临界值，只有细沟水流剪切力、水流功率和单位水流功率大于其临界值时，才会发生侵蚀。通过单宽细沟侵蚀量与水动力学参数的关系式可知，当单宽细沟侵蚀量 D_c=0 时，对应得到的动力学数值即为临界值。50 mm/h 和 100 mm/h 降雨强度下 3 次连续降雨的临界细沟水流剪切力分别为 2.620 Pa、2.690 Pa 和 2.706 Pa，临界水流功率分别为 0.297 N/（m·s）、0.379 N/（m·s）和 0.272 N/（m·s），临界单位水流功率分别为 0.042 m/s、0.054 m/s 和 0.040 m/s。可见，在细沟网发育过程中，要进一步促使侵蚀发生，细沟水流需要更大的作用力才能克服土粒之间的相互黏结，而细沟水流顺坡流动时所具有的势能也随着降雨场次的增加而增强，至细沟网发育相对充分以后，这一势能开始减小。

5.6 结　　语

本章基于 50 mm/h 和 100 mm/h 降雨强度与 20°坡度条件下的长历时长间歇连续模拟降雨试验，以及 60 mm/h 和 90 mm/h 降雨强度与 15°和 25°坡度条件下的短历时短间歇连续模拟降雨试验，基于三维激光扫描技术，研究了坡面细沟及细沟网的发育过程及特征，分析了坡面细沟网发育的时空变化特征，剖析了细沟袭夺和二级沟头对细沟形态的影响机理，探究了细沟网发育过程的径流水动力学机制，以及细沟侵蚀和坡面侵蚀特征。主要结论如下。

（1）以跌坎作为细沟发生的标志，分析了跌坎出现的时间及其宽度和深度的变化。小跌坎在降雨历时 8~10 min 出现；跌坎宽度为 2~8 cm，平均值为 5.0 cm，跌坎深度为 2~6 cm，平均值为 4.4 cm。大部分跌坎继续发育，形成下切沟头，标志着细沟的形成，小细沟在降雨历时 13~20 min 出现。第 1 场次降雨，坡面上形成了许多断续细沟和跌坎；第 2 场次降雨，坡面断续细沟逐渐连通为连续细沟，平均溯源侵蚀速率为 1.7 cm/min；第 3 场次降雨，坡面细沟在平面形态上变化较小，但细沟宽度和深度有一定的增加，当细沟侵蚀下切至犁底层，细沟发育趋向稳定。

（2）第 1 场次降雨，坡面细沟网形态已经基本形成；第 2 场次降雨，坡面细沟网进一步发育，逐渐趋向稳定；第 3 场次降雨，细沟网已经发育充分。50 mm/h 和 100 mm/h 降雨强度下细沟分布密度分别为 3.5 条/m^2 和 4.6 条/m^2，细沟侵蚀深度分别为 1.4 cm 和 1.2 cm，细沟间距离分别为 33.2 cm 和 27.9 cm，细沟分叉数分别为 1.4 条/m^2 和 2.2 条/m^2，细沟合并点数分别为 1.0 个/m^2 和 1.4 个/m^2。通过参照河流水系形态类型，黄土坡面细沟网以树枝状为主。

（3）坡面细沟网发育过程中，细沟分布密度、侵蚀深度、细沟间距离、细沟分叉数和合并点数平均值分别为 4.0 条/m^2、1.2 cm、38.6 cm、1.5 条/m^2 和 1.1 个/m^2。随着降雨场次的增加，细沟分布密度总体表现为先增加后减小的趋势；侵蚀深度在较小降雨强度（50 mm/h）条件下主要呈增加的趋势，而在较大降雨强度（100 mm/h）条件下主要表现为先增加再减小的趋势；细沟分叉数和合并点数基本呈增加的趋势；细沟间距离则逐渐减小。随着坡长的增加，细沟分布密度和侵蚀深度表现为先增加后减小的趋势，转折点分别位于坡长 4 m 和 6 m 上下，这一斜坡位置差值表明，在分析坡面细沟网空间分布特征时，应综合考虑各指标，将有助于充分揭示坡面细沟网发育状况和规律；细沟间距离基本呈先减小后增加的趋势，细沟分叉数和合并点数总体表现为先增加后减小的变化。

（4）细沟网发育过程中，坡面径流量和稳定产流率的变化受坡面细沟形态的影响较小。坡面径流量的增加未必会造成侵蚀量的增加，反之亦然。坡面侵蚀量在细沟网发育初期差异显著，随着细沟网的进一步发育，坡面可侵蚀性土壤逐渐减少；且降雨强度越大，坡面细沟网发育越快，坡面侵蚀量变化减小。50 mm/h 和 100 mm/h 降雨强度下，坡面细沟侵蚀平均贡献率分别为 78.6%和 76.2%，说明细沟侵蚀对坡面土壤侵蚀有重要贡献。

（5）50 mm/h 和 100 mm/h 降雨强度下 3 次连续降雨的细沟水流平均流速分别为 15.5～17.0 cm/s 和 19.6～23.2 cm/s；其细沟水流多为过渡流或紊流，细沟间水流属于层流范畴；而弗劳德数均小于 1，属于缓流；细沟水流 Darcy-Weisbach 阻力系数随着降雨场次的增加呈现先增加后减小的变化。试验条件下，细沟间水流剪切力及细沟间水流功率均随着降雨场次的增加而减小，而细沟水流功率则随着降雨场次的增加呈先增加后减小的趋势；与水流功率相比，单位水流功率在坡面细沟网发育过程中的变化比较紊乱。3 次连续降雨的临界细沟水流剪切力分别为 2.620 Pa、2.690 Pa 和 2.706 Pa，临界水流功率分别为 0.297 N/（m·s）、0.379 N/（m·s）和 0.272 N/（m·s），临界单位水流功率分别为 0.042 m/s、0.054 m/s 和 0.040 m/s。水动力学参数的变化能够显著影响径流的携带和搬运能力，进而影响坡面细沟侵蚀和细沟网发育特征。

（6）细沟袭夺是细沟密度降低的直接原因，犁底层的存在可大幅降低坡面细沟沟底下切侵蚀速率而增加细沟沟壁扩张侵蚀速率，二级细沟沟头的溯源侵蚀是细沟深度增加的主要原因。

参 考 文 献

白清俊, 马树升. 2001. 细沟侵蚀过程中水流跌坑的发生机理探讨. 水土保持学报, 15（6）: 62-65.

陈彦光, 刘继生. 2001. 水系结构的分形和分维——Horton 水系定律的模型重建及其参数分析. 地理科学进展, 16（2）: 178-183.

郭太龙, 王全九, 王力, 等. 2008. 黄土坡面水力学特征参数与土壤侵蚀量间关系研究. 中国水土保持科学, 6（4）: 7-11.

韩鹏, 倪晋仁, 李天宏. 2002. 细沟发育过程中的溯源侵蚀与沟壁崩塌. 应用基础与工程科学学报, 10（2）: 115-125.

和继军, 吕烨, 宫辉力, 等. 2013. 细沟侵蚀特征及其产流产沙过程试验研究. 水利学报, 44（4）: 398-405.

李鹏, 李占斌, 郑良勇. 2006. 黄土坡面径流侵蚀产沙动力过程模拟与研究. 水科学进展, 17（4）: 444-449.

李鹏, 李占斌, 郑良勇, 等. 2005. 坡面径流侵蚀产沙动力机制比较研究. 水土保持学报, 19（3）: 66-69.

雷会珠, 武春龙. 2001. 黄土高原分形沟网研究. 山地学报, 19（5）: 474-477.

刘怀湘, 王兆印. 2007. 典型河网形态特征与分布. 水利学报, 38（11）: 1354-1357.

刘元保, 朱显谟, 周佩华, 等. 1988. 黄土高原坡面沟蚀的类型及其发生发展规律. 中国科学院西北水土保持研究所集刊, 第 7 集: 9-18.

罗榕婷, 张光辉, 曹颖. 2009. 坡面含沙水流水动力学特性研究进展. 地理科学进展, 28（4）: 567-574.

倪晋仁, 张剑, 韩鹏. 2001. 基于自组织理论的黄土坡面细沟形成机理模型. 水利学报, （12）: 1-7.

潘成忠，上官周平. 2005. 牧草对坡面侵蚀动力参数的影响. 水利学报，36（3）：371-377.

潘成忠，上官周平. 2007. 不同坡度草地含沙水流水力学特性及其拦沙机理. 水科学进展，18（4）：490-495.

施明新，李陶陶，吴秉校，等. 2015. 地表粗糙度对坡面流水动力学参数的影响. 泥沙研究，（4）：59-65.

王贵平，白迎平，贾志军，等. 1988. 细沟发育及侵蚀特征初步研究. 中国水土保持，（5）：15-18.

吴普特，周佩华，武春龙，等. 1997. 坡面细沟侵蚀垂直分布特征研究. 水土保持研究，4（2）：47-56.

肖培青，姚文艺，申震洲，等. 2009a. 草被覆盖下坡面径流入渗过程及水力学参数特征试验研究. 水土保持学报，23（4）：50-53.

肖培青，姚文艺，申震洲，等. 2011. 苜蓿草地侵蚀产沙过程及其水动力学机理试验研究. 水利学报，42（2）：232-237.

肖培青，郑粉莉，史学建. 2002. 黄土坡面侵蚀垂直分带性及其侵蚀产沙研究进展. 水土保持研究，9（1）：46-48.

肖培青，郑粉莉，姚文艺. 2009b. 坡沟系统坡面径流流态及水力学参数特征研究. 水科学进展，20（2）：236-240.

杨郁挺. 1995. 坡面土壤细沟侵蚀自组织分析. 中国水土保持，（12）：9-12.

张光辉，卫海燕，刘宝元. 2001. 坡面流水动力学特性研究. 水土保持学报，15（1）：58-61.

张科利. 1998. 黄土坡面细沟侵蚀中的水流阻力规律研究. 人民黄河，20（8）：13-15.

张科利，唐克丽. 2000. 黄土坡面细沟侵蚀能力的水动力学试验研究. 土壤学报，37（1）：9-15.

张永东，吴淑芳，冯浩，等. 2013. 黄土陡坡细沟侵蚀动态发育过程及其发生临界动力条件试验研究. 泥沙研究，（2）：25-32.

张玉斌，郑粉莉，曹宁. 2009. 近地表土壤水分条件对坡面农业非点源污染物运移的影响. 环境科学，30（2）：376-383.

郑粉莉. 1989. 发生细沟侵蚀的临界坡长与坡度. 中国水土保持，（8）：23-24.

郑粉莉，唐克丽，周佩华. 1987. 坡耕地细沟侵蚀的发生、发展和防治途径的探讨. 水土保持学报，（1）：36-48.

郑粉莉，唐克丽，周佩华. 1989. 坡耕地细沟侵蚀影响因素的研究. 土壤学报，26（2）：109-116.

郑粉莉，赵军. 2004. 人工模拟降雨大厅及模拟降雨设备简介. 水土保持研究，11（4）：177-178.

周佩华，王占礼. 1987. 黄土高原土壤侵蚀暴雨标准. 水土保持通报，7（1）：38-44.

朱显谟. 1982. 黄土高原水蚀的主要类型及其有关因素. 水土保持通报，（1）：1-9.

Auerswald K，Fiener P，Dikau R. 2009. Rates of sheet and rill erosion in Germany—A meta-analysis. Geomorphology，111：182-193.

Bennett S J，Casalí J. 2001. Effect of initial step height on headcut development in upland concentrated flows. Water Resources Research，37：1475-1484.

Berger C，Schulze M，Rieke-Zapp D，et al. 2010. Rill development and soil erosion: A laboratory study of slope and rainfall intensity. Earth Surface Processes and Landforms，35：1456-1467.

Bewket W，Sterk G. 2003. Assessment of soil erosion in cultivated fields using a survey methodology for rills in the Chemoga watershed, Ethiopia. Agriculture, Ecosystems & Environment，97：81-93.

Bingner R L，Wells R R，Momm H G，et al. 2016. Ephemeral gully channel width and erosion simulation technology. Natural Hazards，80：1949-1966.

Bracken L J, Croke J. 2007. The concept of hydrological connectivity and its contribution to understanding runoff-dominated geomorphic systems. Hydrological Processes, 21: 1749-1763.

Brayan R B, Poesen J. 1989. Laboratory experiments on the influence of slope length on runoff, percolation and rill development. Earth Surface Processes and Landforms, 14: 211-231.

Bruno C, Di Stefano C, Ferro V. 2008. Field investigation on rilling in the experimental Sparacia area, South Italy. Earth Surface Processes and Landforms, 33: 263-279.

Brunton D A, Bryan R B. 2000. Rill network development and sediment budgets. Earth Surface Processes and Landforms, 25: 783-800.

Bryan R B, Rockwell D L. 1998. Water table control on rill initiation and implications for erosional response. Geomorphology, 23: 151-169.

Di Stefano C, Ferro V. 2011. Measurements of rill and gully erosion in Sicily. Hydrological Processes, 25: 2221-2227.

Di Stefano C, Ferro V, Pampalone V, et al. 2013. Field investigation of rill and ephemeral gully erosion in the Sparacia experimental area, South Italy. Catena, 101: 226-234.

Favis-Mortlock D T, Boardman J, Parsons A J, et al. 2000. Emergence and erosion: A model for rill initiation and development. Hydrological Processes, 14: 2173-2205.

Ghadiri H, Payne D. 1981. Raindrop impact stress. Journal of Soil Science, 32: 41-49.

Gómez J A, Darboux F, Nearing M A. 2003. Development and evolution of rill networks under simulated rainfall. Water Resources Research, 39: 1148-1162.

Gordon L M, Bennett S J, Bingner R L, et al. 2007. Simulating ephemeral gully erosion in AnnAGNPS. Transactions of the ASABE, 50: 857-866.

Govers G, Poesen J. 1988. Assessment of the interrill and rill contributions to total soil loss from an upland field plot. Geomorphology, 1: 343-354.

Horton R E. 1945. Erosional development of streams and their drainage basins: Hydrophysical approach to quantitative morphology. Bulletin of the Geological Society of America, 56: 275-370.

Kimaro D N, Poesen J, Msanya B M, et al. 2008. Magnitude of soil erosion on the northern slope of the Uluguru Mountains, Tanzania: Interrill and rill erosion. Catena, 75: 38-44.

Lei T W, Nearing M A, Haghighi K, et al. 1998. Rill erosion and morphological evolution: A simulation model. Water Resources Research, 34: 3157-3168.

Linse S J, Mergen D E, Smith J L, et al. 2001. Upland erosion under a simulated most damaging storm. Journal of Range Management, 54: 356-361.

Mancilla G A, Chen S, McCool D K. 2005. Rill density prediction and flow velocity distributions on agricultural areas in the Pacific Northwest. Soil & Tillage Research, 84: 54-66.

Moreno-de las Heras M, Espigares T, Merino-Martín L, et al. 2011. Water-related ecological impacts of rill erosion processes in Mediterranean-dry reclaimed slopes. Catena, 84: 114-124.

Nearing M A, Norton L D, Bulgakov D A, et al. 1997. Hydraulics and erosion in eroding rills. Water Resources Research, 33: 865-876.

Nord G, Esteves M. 2010. The effect of soil type, meteorological forcing and slope gradient on the simulation of internal erosion processes at the local scale. Hydrological Processes, 24: 1766-1780.

Owoputi L O, Stolte W J. 1995. Soil detachment in the physically based soil erosion process: a review. Transactions of the ASAE, 38: 1099-1110.

Øygarden L. 2003. Rill and gully development during an extreme winter runoff event in Norway. Catena, 50: 217-242.

Palmer R S. 1965. Waterdrop impact forces. Transactions of the ASAE, 8: 69-70.

Parsons A J, Stone P M. 2006. Effects of intra-storm variations in rainfall intensity on interrill runoff and erosion. Catena, 67: 68-78.

Polyakov V O, Nearing M A. 2003. Sediment transport in rill flow under deposition and detachment conditions. Catena, 51: 33-43.

Raff D A, Ramírez J A, Smith J L. 2004. Hillslope drainage development with time: A physical experiment. Geomorphology, 62: 169-180.

Raff D A, Smith J L, Trlica M J. 2003. Statistical descriptions of channel networks and their shapes on non-vegetated hillslopes in Kemmerer, Wyoming. Hydrological Processes, 17: 1887-1897.

Reichert J M, Norton L D. 2013. Rill and interrill erodibility and sediment characteristics of clayey Australian Vertosols and a Ferrosol. Soil Research, 51: 1-9.

Shen H O, Zheng F L, Wen L L, et al. 2015. An experimental study of rill erosion and morphology. Geomorphology, 231: 193-201.

Slattery M C, Bryan R B. 1992. Hydraulic conditions for rill incision under simulated rainfall: A laboratory experiment. Earth Surface Processes and Landforms, 17: 127-146.

Wilson B N, Storm D. 1993. Fractal analysis of surface drainage networks for small upland areas. Transactions of the ASAE, 36: 1319-1326.

Wirtz S, Seeger M, Ries J B. 2012. Field experiments for understanding and quantification of rill erosion processes. Catena, 91: 21-34.

Yang C T. 1973. Incipient motion and sediment transport. Journal of the Hydraulics Division, ASCE, 99: 1679-1704.

Yao C, Lei T, Elliot W J, et al. 2008. Critical conditions for rill initiation. Transactions of the ASABE, 51: 107-114.

第6章 坡面细沟形态特征量化研究

坡面细沟一旦形成,其塑造的侵蚀形态对坡面地形发育和水文过程都具有重要作用(Loch and Donnollan,1983;Bryan and Rockwell,1998),同时对坡面侵蚀过程也有重要影响(Govindaraju and Kavvas,1994)。细沟形态变化具有明显的时空演变特征(Lei et al.,1998;Bewket and Sterk,2003)。坡面细沟形态主要体现在细沟几何特征和细沟密度等方面。细沟几何形态是通过定量测量细沟长度、宽度、深度、横断面和间距获取。应用细沟长度、宽度和深度可以衍生出一些其他指标用来描述细沟形态,如有的学者(Gilley et al.,1990;王协康和方铎,1997;孔亚平和张科利,2003)采用细沟密度表征侵蚀过程,认为细沟密度能够较好地描述细沟发育程度。细沟密度越高,表明坡面细沟侵蚀越严重,同时,也意味着细沟伴随有较多的分叉;但也有相反的观点认为细沟密度不适合描述坡面细沟形态(Govindaraju and Kavvas,1994)。Bewket 和 Sterk(2003)直接用细沟实际破坏面积(即细沟总表面积)表征细沟侵蚀状况。和继军等(2013)选用细沟宽深比等指标表征杨凌塿土和安塞黄绵土的细沟侵蚀特征。吴普特(1997)也提出细沟平面密度和细沟平均深度指标来表征坡面细沟形态。综上可见,关于细沟形态特征的研究,已经取得了一些重要成果;但对于坡面细沟形态的定量分析还需要深入研究。因此,本章基于模拟降雨试验,设计不同降雨条件,监测细沟发展过程中的细沟长度、宽度和深度等细沟几何形态动态变化,再根据细沟几何形态指标计算细沟倾斜度、细沟密度、细沟割裂度和细沟复杂度等细沟形态特征指标,定量分析坡面细沟形态特征的时空变化,探究坡面细沟侵蚀与细沟形态的关系,构建基于细沟形态特征指标细沟侵蚀预报方程,并采用独立的模拟降雨试验数据与野外监测数据验证方程,研究结果对进一步揭示坡面细沟侵蚀机理具有重要意义,同时为开展坡面细沟发育和简化侵蚀过程的研究提供新的思路。

6.1 坡面细沟形态特征指标描述与计算

细沟的几何形态指标为细沟长度、宽度和深度。根据细沟几何形态指标可以衍生多个指标用于表征坡面细沟形态。基于前人提出的细沟密度和借用有关侵蚀沟形态指标的研究成果,作者提出了细沟倾斜度(图 6-1)、细沟密度细沟割裂度和细沟复杂度等形态特征指标,其定义、计算公式和物理意义见表 6-1。

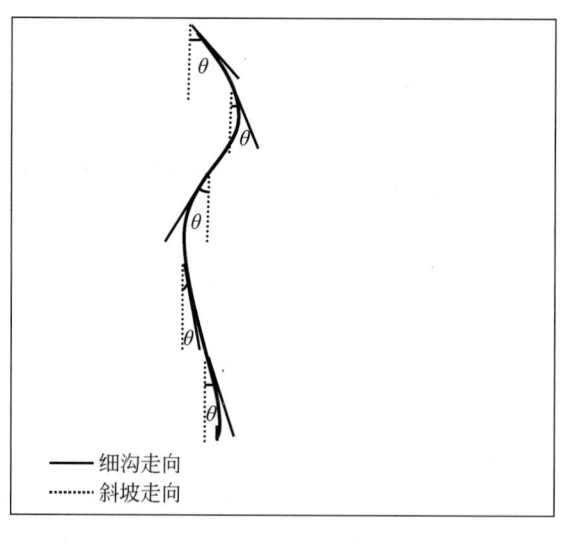

图 6-1 细沟倾斜度示意图

表 6-1　细沟形态特征指标描述

形态特征指标	定义	计算公式	物理意义
细沟倾斜度	细沟倾斜度借鉴倾斜度的概念进行定义,是指细沟走向与所在斜坡走向夹角的平均值,即细沟的倾斜程度	$$\delta = \frac{\sum_{i=1}^{n} \theta_i}{n}$$ 式中,δ 为细沟倾斜度(°);θ_i 为第 i 个监测点处细沟走向与所在斜坡走向的夹角(°),如图 6-1 所示;i 为坡面上的监测点数目,$i=1, 2, \cdots, n$,n 为坡面上监测点的总数	细沟倾斜度能够反映细沟在水平方向和垂直方向的延展性
细沟密度	细沟密度是指单位研究区域内所有细沟的总长度(Bewket and Sterk, 2003; Berger et al., 2010)	$$\rho = \frac{\sum_{j=1}^{m} L_{tj}}{A_0}$$ 式中,ρ 为细沟密度(m/m²);A_0 为研究坡面的表面积(m²);L_{tj} 为坡面上第 j 条细沟及其分叉的总长度(m);j 为细沟数目,$j=1, 2, \cdots, m$,m 为坡面上细沟的总条数	细沟密度能够反映坡面的破碎程度
细沟割裂度	细沟割裂度参照地面割裂度进行定义,是指单位研究区域内所有细沟的平面面积之和,该指标为一无量纲参数	$$\mu = \frac{\sum_{j=1}^{m} A_j}{A_0}$$ 式中,μ 为细沟割裂度;A_j 为坡面上第 j 条细沟的表面积(m²)	细沟割裂度能够更加客观地反映坡面的破碎程度及细沟侵蚀强度
细沟复杂度	细沟复杂度是指一条细沟及其分叉的总长与相应的垂直有效长度的比值	$$c = \frac{L_{tj}}{L_j}$$ 式中,c 为细沟复杂度;L_j 为第 j 条细沟的垂直有效长度(m)	细沟复杂度能够反映坡面细沟网的丰富度

6.2 坡面细沟几何形态特征的时空变化

6.2.1 细沟几何形态特征的时间变化

1. 细沟长宽深的动态变化

下切沟头的溯源侵蚀和同一径流流路上多条细沟的连通是坡面细沟加长的主要方式（郑粉莉等，1987）。50 mm/h 和 100 mm/h 降雨强度下，各场次降雨后坡面细沟累积长度分别为 41.4～67.4 m 和 56.4～77.4 m，皆随降雨场次的增加而增加，但增加幅度逐渐减小，且第 2 场次降雨和第 3 场次降雨之间无显著性差异（表 6-2）。结果表明，细沟网在发育初期比较活跃，此时溯源侵蚀为坡面的主要侵蚀方式，随着细沟网的进一步演变，沟壁崩塌和沟底下切侵蚀加强，而细沟水流能量有限，因此，溯源侵蚀逐渐减弱，细沟长度增加减慢。

表 6-2 坡面细沟累积长度、平均宽度和深度的变化

降雨强度/(mm/h)	降雨场次	降雨历时/min	细沟累积长度/m	细沟平均宽度/cm	细沟平均深度/cm
50	第 1 场次降雨	60	41.4 b	7.2 c	5.0 c
	第 2 场次降雨	60	63.2 a	10.1 b	7.4 b
	第 3 场次降雨	60	67.4 a	12.9 a	9.3 a
100	第 1 场次降雨	30	56.4 b	9.0 c	6.1 c
	第 2 场次降雨	30	74.1 a	10.7 b	8.0 b
	第 3 场次降雨	30	77.4 a	12.9 a	9.7 a

注：相同降雨强度下不同字母表示各场次降雨间经 LSD 检验差异显著（$p<0.05$）。

与 50 mm/h 降雨强度相比，100 mm/h 降雨强度下各场次降雨细沟累积长度均较长（表 6-2）；但细沟累积长度的增加幅度较小，其中，第 1 场次降雨细沟累积长度是 50 mm/h 降雨强度下第 1 场次降雨的 1.36 倍，第 2 场次和第 3 场次降雨后，这一倍数逐渐减小为 1.17 倍和 1.15 倍。这主要是由于降雨强度越大，细沟网发育达到稳定的时间缩短，导致细沟累积长度的增加幅度逐渐减小。结果表明，降雨强度对细沟长度的影响主要反映在细沟侵蚀初期，此时细沟网发育活跃，坡面侵蚀以溯源侵蚀为主；因此，细沟累积长度增加较快；随着细沟网的进一步发育，降雨强度对细沟长度的影响逐渐减小。

沟壁崩塌和相邻细沟的合并是细沟加宽的主要方式。50 mm/h 和 100 mm/h 降雨强度下，各场次降雨后细沟平均宽度分别为 7.2～12.9 cm 和 9.0～12.9 cm，随着降雨场次的增加而增加，各场次降雨之间呈现显著性差异，且增加的幅度逐渐减小（表 6-2）。结果表明，细沟宽度变化比较明显，细沟平均宽度可以较好地表征坡面细沟的几何形态。通过对比两种降雨强度，发现除第 1 场次降雨细沟平均宽度差异较大，第 2 场次降雨和第 3 场次降雨之间无明显差异。分析其原因是本试验在降雨总量相同的条件下进行，50 mm/h 和 100 mm/h 降雨强度的降雨历时分别为 60 min 和 30 min，降雨历时的缩短，导致细沟网发育中后期的细沟沟壁崩塌现象相对减少；因此，两个降雨强度下，细沟网发育中后期细沟平均宽度比

较一致。

沟底下切侵蚀和细沟沟槽内再次出现的下切沟头的进一步溯源侵蚀是细沟加深的主要方式。50 mm/h 和 100 mm/h 降雨强度下，各场次降雨后细沟平均深度分别为 5.0～9.3 cm 和 6.1～9.7 cm，也随着降雨场次的增加而增加，各场次降雨之间呈现显著性差异，且增加的幅度逐渐减小（表 6-2）。结果表明，细沟网发育过程中，细沟深度变化比较明显，细沟平均深度与平均宽度一样，也可以作为较好的表征坡面细沟形态的几何指标。通过对比两种降雨强度发现，100 mm/h 降雨强度下各场次降雨细沟平均深度均大于 50 mm/h 降雨强度，这主要是由于随着降雨强度的增加，细沟水流侵蚀力增大。

2. 细沟宽度和深度的统计分析

通过对各场次降雨后坡面实测的细沟宽度进行频度统计，发现绝大多数细沟宽度<30 cm（表 6-3），该结果与郑粉莉等（1987）根据野外监测和室内模拟降雨试验资料统计的黄土高原坡耕地细沟宽度的分布范围一致。其中，≤5 cm 和 5～10 cm 细沟宽度随着降雨场次的增加而减小，其他区间（10～15 cm、15～20 cm、20～25 cm、25～30 cm 和>30 cm）细沟宽度则随着降雨场次的增加而增加。说明随着细沟网的发育，<10 cm 的细沟宽度逐渐减少，>10 cm 的细沟宽度逐渐增加。

对于 50 mm/h 降雨强度，第 1 场次降雨后 93.0%的细沟宽度<15 cm，其中 83.0%的细沟宽度<10 cm，没有细沟宽度超过 30 cm（表 6-3）；第 2 场次降雨后，90.7%的细沟宽度<20 cm，8.3%的细沟为 20～30 cm，仅有极少数细沟宽度超过 30 cm；第 3 场次降雨后，<20 cm 的细沟宽度减少了 9.1%，>20 cm 的细沟宽度增加较多。100 mm/h 降雨强度下各场次降雨细沟宽度的分布方式与 50 mm/h 降雨强度相似。

表 6-3　坡面细沟宽度的频度统计

降雨强度/(mm/h)	降雨场次	样本数	细沟宽度的频度统计/%						
			≤5 cm	5～10 cm	10～15 cm	15～20 cm	20～25 cm	25～30 cm	>30 cm
50	第 1 场次降雨	458	45.6	37.3	10.0	5.2	1.1	0.7	0
	第 2 场次降雨	614	32.4	32.1	15.3	10.9	5.5	2.8	1.0
	第 3 场次降雨	640	22.0	25.0	19.2	16.3	8.1	6.1	3.3
100	第 1 场次降雨	576	28.8	38.7	21.2	8.9	1.6	0.7	0.2
	第 2 场次降雨	733	25.5	31.5	21.3	12.7	6.0	2.3	0.7
	第 3 场次降雨	748	17.5	25.9	24.5	16.4	9.0	5.5	1.2

通过对各场次降雨后坡面实测的细沟深度进行频度统计，发现绝大多数细沟深度<20 cm（表 6-4），该结果与郑粉莉等（1987）统计的黄土高原坡耕地细沟深度的分布范围一致。第 1 场次降雨后，细沟深度以<10 cm 为主，50 mm/h 和 100 mm/h 降雨强度下<10 cm 的细沟深度分别占 93.9%和 92.5%。第 2 场次和第 3 场次降雨后，细沟深度均以<15 cm 为主。在细沟网发育过程中，仅有非常少的细沟深度>20 cm，即细沟下切到犁底层，由于犁底层土壤容重比耕作层大，因此，细沟下切速率将明显减小，甚至在细沟沟底形成肩状地形（Fullen，1985）。

表 6-4 坡面细沟深度的频度统计

降雨强度/(mm/h)	降雨场次	样本数	细沟深度的频度统计/% ≤5 cm	5～10 cm	10～15 cm	15～20 cm	>20 cm
50	第1场次降雨	458	60.9	33.0	5.5	0.4	0.2
	第2场次降雨	614	36.2	37.8	23.8	2.3	0
	第3场次降雨	640	26.1	34.2	24.1	14.4	1.3
100	第1场次降雨	576	44.6	47.9	7.5	0	0
	第2场次降雨	733	37.1	30.7	25.0	7.2	0
	第3场次降雨	748	30.3	26.9	23.0	18.0	1.7

综上发现，绝大多数细沟宽度小于 20 cm，仅有少数细沟宽度大于 30 cm，这些宽度主要分布于细沟沟壁崩塌的特殊坡段；绝大多数细沟深度小于 15 cm，仅有少数细沟深度大于 20 cm，这些深度主要分布于下切侵蚀极强烈坡段。

6.2.2 细沟几何形态特征的空间变化

细沟平均宽度随斜坡长的增加基本呈现先增加再减小的趋势（图 6-2），这与降雨过程中径流能量的变化有关。在次降雨过程中，随着斜坡长的增加，一方面，径流侵蚀能量增加，使径流含沙量增加；另一方面，径流搬运泥沙所消耗的能量加大，侵蚀减弱，二者相互消长，导致径流能量的沿程增减变化。由于 50 mm/h 和 100 mm/h 降雨强度的径流能量差异较大，所以两种降雨强度下各场次降雨细沟平均宽度随斜坡长的变化在总体趋势相似的前提下，又有一定的差异。与 100 mm/h 降雨强度相比，50 mm/h 降雨强度下，径流流速相对较小，导致径流能量沿程增减的速度较慢，细沟平均宽度随斜坡长的增加呈现一定的波动变化；而 100 mm/h 降雨强度下这种波动现象比较微弱。

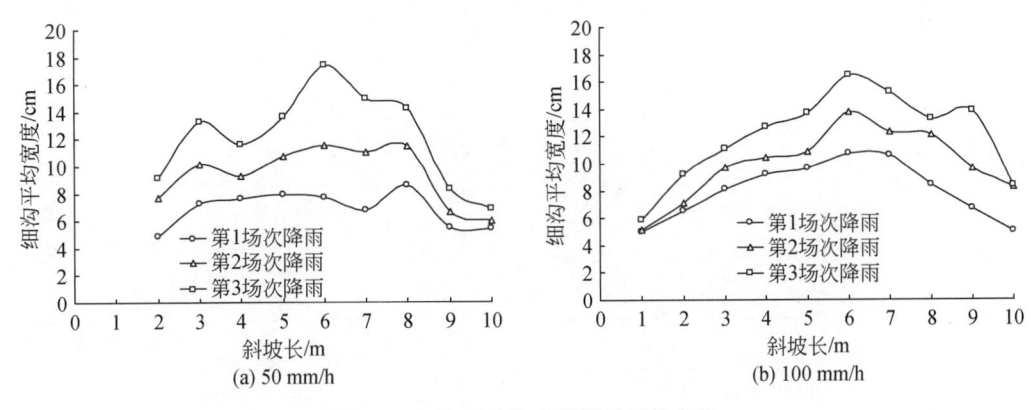

图 6-2 细沟平均宽度随斜坡长的变化

50 mm/h 降雨强度第 1 场次降雨细沟平均宽度在斜坡长 8 m 处达到最大值，其后开始减小；第 2 场次降雨在斜坡长 6～8 m 处达到最大值；第 3 场次降雨在斜坡长 6 m 处达到最大值，其后开始减小（图 6-2）。而 100 mm/h 降雨强度 3 次连续降雨细沟平均宽度均在斜坡长 6 m 处达到最大值，其后开始减小。造成这一现象的原因是，随着降雨历时的延长，土壤含水量逐渐增大，斜坡上部细沟分布密度增加，细沟汇流能力增加，以及细沟间横向溢流使径流集中，造成坡面径流量增加，而径流含沙量也显著增加，与之相应径流搬运泥沙所消耗的能量显著增加，导致径流能量沿程增长较快、消耗也较快，进而影响坡面细沟发育过程及细沟形态。因此，50 mm/h 降雨强度下细沟平均宽度的最大值随着降雨场次的增加，在斜坡上逐渐提前出现；而 100 mm/h 降雨强度下，由于径流侵蚀力较大，细沟发育较快，径流能量沿程增减明显，在斜坡长 6 m 前后分别为径流能量积蓄增长和消耗减小阶段，且第 1 场次降雨后，坡面细沟网发育相对比较充分，所以第 2 场次和第 3 场次降雨径流能量变化小于 50 mm/h 降雨强度，细沟平均宽度的最大值随着降雨场次的增加均出现在斜坡长 6 m 处。结果表明，细沟发育过程中，细沟平均宽度随斜坡长的增加呈现出规律性的变化，能够间接反映坡面径流能量的沿程变化。

细沟平均深度随斜坡长的变化与细沟平均宽度相似，整体基本呈现先增加后减小的趋势（图 6-3），这也与降雨过程中径流能量的变化有关。50 mm/h 降雨强度第 1 场次降雨细沟平均深度在斜坡长 8 m 处达到最大值，其后开始减小；第 2 场次降雨在斜坡长 7 m 处达到最大值；第 3 场次降雨在斜坡长 6~7 m 处达到最大值，其后开始减小。100 mm/h 降雨强度第 1 场次降雨细沟平均深度在斜坡长 7 m 处达到最大值，其后开始减小；第 2 场次和第 3 场次降雨细沟平均深度均在斜坡长 6 m 处达到最大值，其后开始减小。造成上述现象的原因也与细沟发育过程中细沟汇流能力增加，以及细沟间横向溢流使径流集中有关，导致径流能量沿程消长较快，进而影响坡面细沟发育和形态；因此，50 mm/h 降雨强度下细沟平均深度的最大值随着降雨场次的增加，在斜坡上逐渐提前出现。而 100 mm/h 降雨强度下，由于细沟网发育较快，径流能量沿程增减明显，所以细沟平均深度最大值在斜坡上出现的位置提前。此外，由于第 1 场次降雨细沟网发育比较充分，所以第 2 场次和第 3 场次降雨细沟平均深度最大值出现的位置比较一致。结果表明，细沟平均深度随斜坡长的增加呈现规律性的变化，能间接反映坡面径流能量的沿程增减变化。

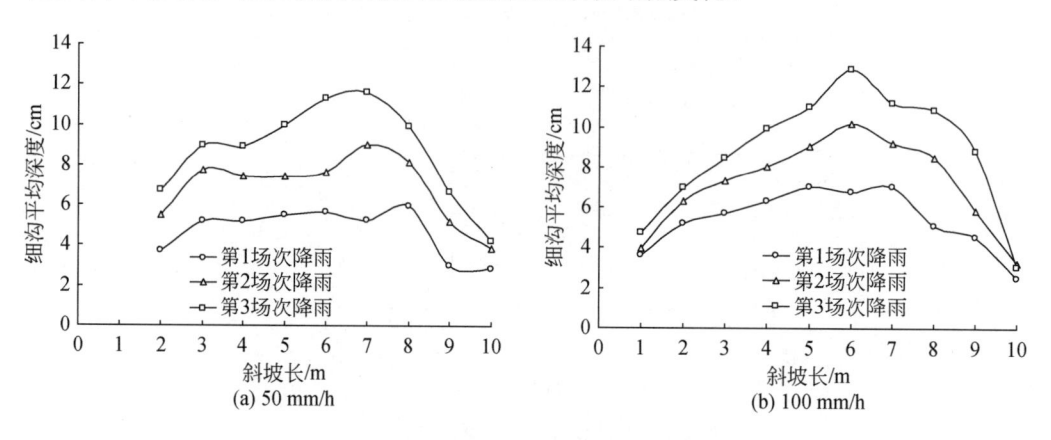

图 6-3 细沟平均深度随斜坡长的变化

综上发现，细沟平均宽度和深度随斜坡长的变化比较一致，均呈先增加后减小的趋势，但二者最大值在斜坡上出现的位置有一定的差异。50 mm/h 降雨强度下，细沟平均宽度和深度的最大值在第 1 场次降雨均出现在斜坡长 8 m 处，而在第 2 场次和第 3 场次降雨出现的位置均有 1 m 左右的间隔。100 mm/h 降雨强度下，上述差异更加提前，细沟平均宽度和深度的最大值，第 1 场次降雨在斜坡上出现的位置即有 1 m 左右的间隔，其后第 2 场次和第 3 场次降雨，均出现在斜坡长 6 m 处。结果表明，细沟侵蚀过程中，细沟平均宽度和深度随斜坡长的变化呈现一定的位置间隔，尽管径流通过积蓄能量，在一定坡段达到最大径流能量，但如果这部分能量侧重沟壁崩塌，则沟底下切侵蚀就会相对减弱，反之亦然；且通过细沟平均宽度和深度在各场次降雨中最大值出现的坡段推断，坡面径流能量优先用于沟壁崩塌侵蚀，其次为沟底下切侵蚀。

6.3 坡面细沟形态特征指标的时空变化

6.3.1 细沟倾斜度的时空变化

1. 细沟倾斜度动态变化

细沟倾斜度能够反映细沟在水平方向和垂直方向的延展性。由表 6-5 可知，50 mm/h 和 100 mm/h 降雨强度下，平均细沟倾斜度分别为 18.1°～22.1°和 19.5°～20.8°，均随着降雨场次的增加而增大，这主要是由于径流选择阻力最小的流路流出坡面，即遵循最小耗能原理。因此，坡面上的一些小细沟具有较大的可塑性，它们会向邻近的主细沟靠近，导致平均细沟倾斜度逐渐增加，至坡面细沟发育充分为止。结果表明，黄土坡面细沟网发育趋向于形成纵横交错的细沟网，而不是趋向平行。

通过对比 50 mm/h 和 100 mm/h 降雨强度发现，前者平均细沟倾斜度的增加幅度大于后者；与 50 mm/h 降雨强度相比，100 mm/h 降雨强度第 1 场次降雨的平均细沟倾斜度较大，而第 2 场次和第 3 场次降雨的平均细沟倾斜度则较小（表6-5）。分析其原因是 100 mm/h 降雨强度下，细沟网发育较 50 mm/h 降雨强度快，因而其细沟倾斜度在第 1 场次降雨即较大；随着细沟网的进一步发育，由于 100 mm/h 降雨强度下径流流速和径流侵蚀力较大，导致径流来不及修饰细沟即流出坡面，加之其沟壁崩塌侵蚀作用较强，也造成细沟倾斜度相对较小。而 50 mm/h 降雨强度下，径流流速和侵蚀力适宜，有助于径流逐渐修饰坡面细沟，从而使细沟倾斜度逐渐增加，甚至大于 100 mm/h 降雨强度下的平均细沟倾斜度。

表 6-5 细沟形态特征指标的变化

降雨强度/(mm/h)	降雨场次	平均细沟倾斜度 δ_{mean}/(°)	细沟密度 ρ/(m/m²)	细沟割裂度 μ	平均细沟复杂度 c_{mean}
50	第 1 场次降雨	18.1 b	1.38 b	0.10 c	1.10 c
	第 2 场次降雨	20.2 a	2.11 a	0.20 b	1.23 b
	第 3 场次降雨	22.1 a	2.25 a	0.28 a	1.35 a
100	第 1 场次降雨	19.5 b	1.88 b	0.16 c	1.24 b
	第 2 场次降雨	19.9 ab	2.47 a	0.25 b	1.27 ab
	第 3 场次降雨	20.8 a	2.58 a	0.31 a	1.30 a

平均细沟倾斜度能反映坡面细沟倾斜度变化的总体水平，为具体分析各条细沟倾斜度的变化，有必要对各场次降雨坡面细沟的倾斜度进行直观体现（图6-4）。对于50 mm/h降雨强度，3次连续降雨细沟倾斜度最大值与最小值的差值的大小顺序为第2场次降雨＞第3场次降雨＞第1场次降雨。而第75百分位数与第25百分位数之间的间距和细沟倾斜度的中位数均随着降雨场次的增加而增加，中位细沟倾斜度主要介于15°～20°。第1场次和第2场次降雨，75%的细沟倾斜度＜25°，而第3场次降雨，75%的细沟倾斜度＜27°。对于100 mm/h降雨强度，3次连续降雨细沟倾斜度最大值与最小值的差值随着降雨场次的增加呈微弱的增加，且第1场次降雨细沟倾斜度最大值与最小值的差值大于50 mm/h降雨强度，而第2场次和第3场次降雨这一差值则小于50 mm/h降雨强度。100 mm/h降雨强度下，第75百分位数与第25百分位数之间的间距和中位数均大于50 mm/h降雨强度，但在细沟发育过程中未体现出规律性，中位细沟倾斜度也主要为15°～20°。综上发现，细沟发育过程中，绝大部分细沟倾斜度为15°～25°；50 mm/h降雨强度对细沟倾斜度的发展大于100 mm/h降雨强度，且在坡面上容易出现极端细沟倾斜度；而100 mm/h降雨强度下，由于细沟网发育较快，使得极端细沟倾斜度出现的比例明显减少。

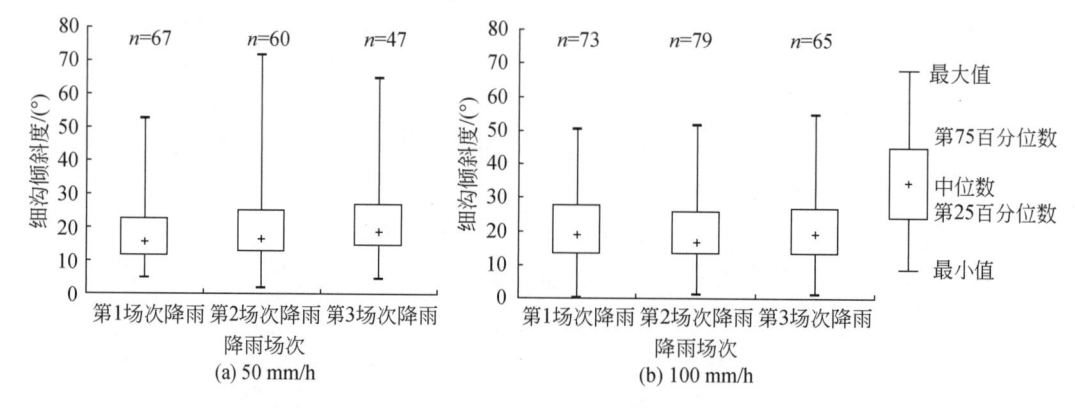

图6-4 细沟倾斜度的变化

2. 细沟倾斜度的空间分布规律

50 mm/h降雨强度下，细沟倾斜度随斜坡长的增加呈现波动的变化趋势（图6-5），这与径流能量有关。径流沿程流动时，不断蓄积和消耗能量，导致径流冲刷力的变化，进而影响径流路，以及细沟的分叉、合并和连通现象，从而改变细沟倾斜度。细沟倾斜度在坡面上部相对较大，其后随着斜坡长的增加，总体呈波动减小的变化；其原因是坡面上部径流汇集和冲刷作用较弱，有利于小细沟和分叉的形成和发育，而坡面下部由于径流的汇流冲刷增强，导致细沟倾斜度趋向于减小。100 mm/h降雨强度下，细沟倾斜度随斜坡长的增加表现为先稳定波动，后逐渐减小，转折点位于斜坡长8 m处。分析其原因是100 mm/h降雨强度下，细沟发育较快，且在坡面上分布比较均匀；因此，细沟倾斜度在斜坡长小于8 m坡面无明显变化，而斜坡长大于8 m坡面，由于径流侵蚀力明显大于50 mm/h降雨强度，所以，其径流流路更加单一、笔直，细沟倾斜度显著减小。结果表明，细沟倾斜度能够直观反映坡面细沟的空间变化特征，间接表征了径流能量的沿程增减变化。因此，细沟倾斜度是一个用于表征细沟在水平方向和垂直方向延展性的较好指标。

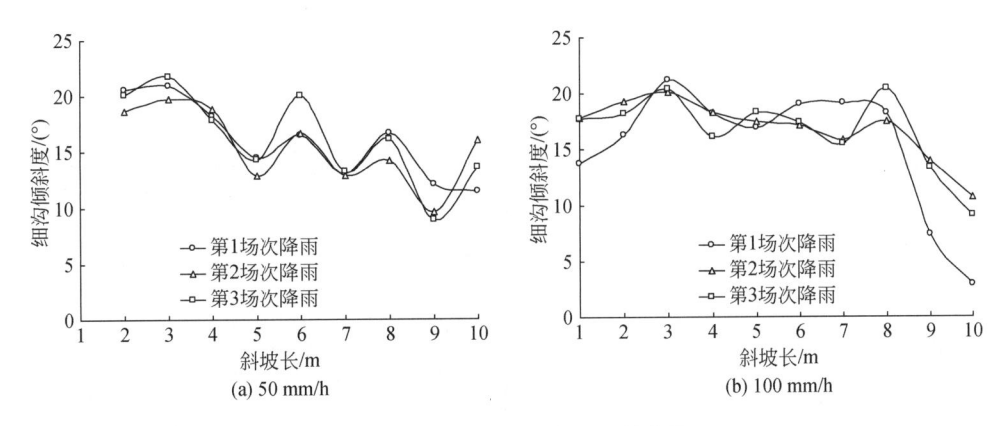

图 6-5 细沟倾斜度随斜坡长的变化

6.3.2 细沟密度的时空变化

1. 细沟密度动态变化

细沟密度能够反映细沟对坡面的破碎程度。细沟发育过程中，细沟密度随着降雨强度和降雨场次的增加而增加（表 6-5）。50 mm/h 降雨强度下，3 次连续降雨的细沟密度由 1.38 m/m² 增加到了 2.25 m/m²，第 2 场次降雨细沟密度是第 1 场次降雨的 1.53 倍，而第 3 场次降雨细沟密度的增加幅度相对较小，是第 2 场次降雨的 1.07 倍。100 mm/h 降雨强度下，3 次连续降雨的细沟密度由 1.88 m/m² 增加到了 2.58 m/m²，第 2 场次降雨细沟密度是第 1 场次降雨的 1.31 倍，而第 3 场次降雨细沟密度的增加幅度较小，且第 2 场次和第 3 场次降雨间细沟密度无显著性差异。细沟密度的变化与上述细沟累积长度的变化原因一致。

2. 细沟密度的空间分布规律

细沟密度随斜坡长的增加总体呈先增加后减小的变化趋势（图 6-6），在 50 mm/h 和 100 mm/h 降雨强度下，斜坡长 4 m 处达到最大值。其中，50 mm/h 降雨强度下细沟密度在斜坡长大于 4 m 坡面的减小趋势明显；而值得注意的是，100 mm/h 降雨强度下，在斜坡长 7~8 m 处，又有一个仅次于斜坡长 4 m 处的细沟密度峰值，这也与细沟网的空间分布特征有关。结果表明，细沟密度能够客观反映细沟的空间分布规律，也能在一定程度上反映细沟侵蚀强度。

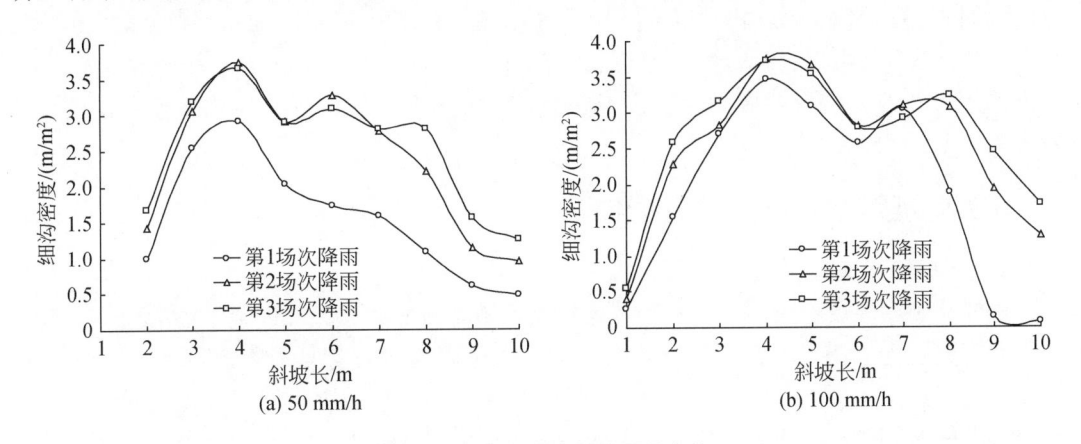

图 6-6 细沟密度随斜坡长的变化

6.3.3 细沟割裂度的时空变化

1. 细沟割裂度动态变化

细沟割裂度能更加客观地反映细沟对坡面的破碎程度及细沟侵蚀强度。细沟发育过程中，细沟割裂度的变化与细沟密度的变化比较一致，也随雨强度和降雨场次的增加而增加（表 6-5），但细沟割裂度的增加幅度明显大于细沟密度的增加幅度。50 mm/h 降雨强度下，细沟割裂度为 0.10～0.28，后一场次降雨分别是前一场次降雨的 2.00 倍和 1.40 倍。100 mm/h 降雨强度下，细沟割裂度为 0.16～0.31，后一场次降雨分别是前一场次降雨的 1.56 倍和 1.24 倍。从细沟割裂度的概念可知，其包含了溯源侵蚀和沟壁崩塌侵蚀的双重影响，而细沟密度仅反映了溯源侵蚀的影响。因此，与细沟密度相比，细沟割裂度能够更好地描述坡面细沟形态特征。

2. 细沟割裂度的空间分布规律

细沟割裂度随着斜坡长的增加总体呈现先增加后减小的变化趋势（图 6-7），与细沟密度在坡面上的空间变化有一定的相似性，但也有一定的差异。

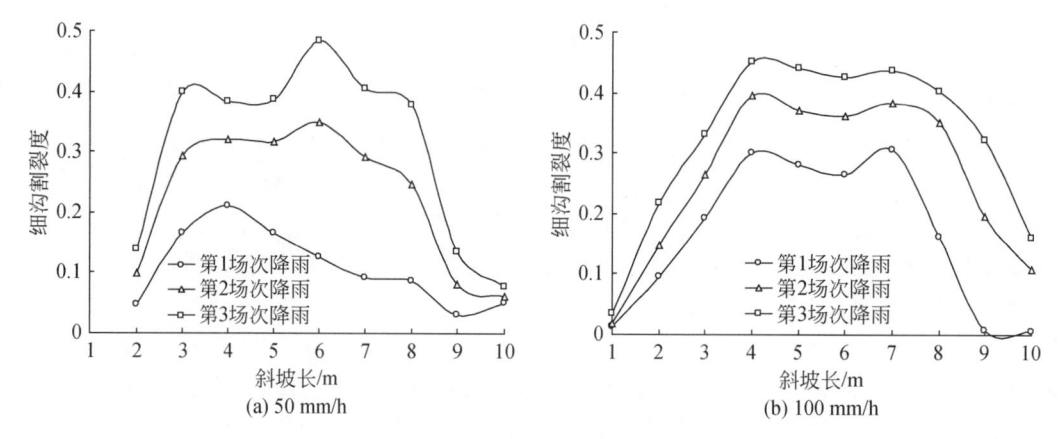

图 6-7 细沟割裂度随斜坡长的变化

随着降雨场次的增加，坡面各坡长处的细沟割裂度增加显著，尤其对于 50 mm/h 降雨强度（图 6-7）。此外，细沟网发育过程中，50 mm/h 降雨强度下，细沟割裂度最大值出现位置有差异，3 次连续降雨细沟割裂度最大值依次出现在斜坡长 4 m、6 m 和 6 m。100 mm/h 降雨强度下，细沟割裂度最大值均出现在斜坡长 4 m 处，说明该降雨强度使细沟网迅速发育。

6.3.4 细沟复杂度的时空变化

1. 细沟复杂度动态变化

细沟复杂度能反映坡面细沟网的丰富程度。50 mm/h 和 100 mm/h 降雨强度下，平均细沟复杂度分别为 1.10～1.35 和 1.24～1.30，均随着降雨场次的增加而增加（表 6-5）。50 mm/h 降雨强度下，第 1 场次降雨的平均细沟复杂度相对较小，第 2 场次和第 3 场次降雨平均细沟复杂度的增幅明显。通过对比 3 场次降雨的平均细沟复杂度发现，后一场次降雨分别较前一场次降雨增加了 11.8%和 9.8%。100 mm/h 降雨强度下，第 1 场次降雨的平均细沟复杂度迅速增加，其值甚至大于 50 mm/h 降雨强度下第 2 场次降雨的平均细沟复杂度，但第 2 场次和第 3 场次降雨的平均细沟复杂度的增幅较小，至第 3 场次降雨，平均细沟复杂度甚至小于 50 mm/h 降雨强度下第 3 场次降雨的平均细沟复杂度。结果表明，细沟网发育趋向于更加复杂丰富，且较小降雨强度更加促进了坡面细沟网的发育和完善。细沟复杂度指标能够表征细沟网的扩展程度，是一个用于衡量坡面细沟形态的较好指标。

细沟复杂度的变化由坡面微地形特征、降雨、坡度和坡长等因子决定。表 6-5 仅反映了平均细沟复杂度的变化，但有必要对细沟发育过程中各场次降雨坡面细沟的复杂度进行直观体现（图 6-8）。50 mm/h 降雨强度下，细沟复杂度最大值与最小值的差值、第 75 百分位数与第 25 百分位数之间的间距均随着降雨场次的增加而逐渐增加；第 1 场次降雨的第 75 百分位数的细沟复杂度为 1.14，第 2 场次降雨这一数值增加了 17.8%，第 3 场次降雨则增加了 9.5%；此外，3 次连续降雨细沟复杂度的中位数均<1.1。100 mm/h 降雨强度下，细沟复杂度最大值与最小值的差值也随着降雨场次的增加而增加，且第 1 场次和第 2 场次降雨细沟复杂度最大值与最小值的差值均大于 50 mm/h 降雨强度，而第 3 场次降雨细沟复杂度最大值与最小值的差值小于 50 mm/h 降雨强度；且细沟复杂度第 75 百分位数与第 25 百分位数之间的间距在细沟发育过程中未呈现明显的变化规律，其间距值在 3 场次降雨间的大小顺序为第 3 场次降雨＞第 1 场次降雨＞第 2 场次降雨；细沟复杂度的中位数接近 1.1，也随着降雨场次的增加而增加。综上可见，两种降雨强度下，绝大多数细沟复杂度<1.5，50 mm/h 降雨强度下细沟复杂度的变化幅度明显大于 100 mm/h 降雨强度下细沟复杂度的变化，说明 50 mm/h 降雨强度下细沟趋势向更加复杂程度发展，且在坡面上容易出现极端细沟复杂度；而 100 mm/h 降雨强度下，由于细沟发育较快，使得极端细沟复杂度出现的比例明显减少。

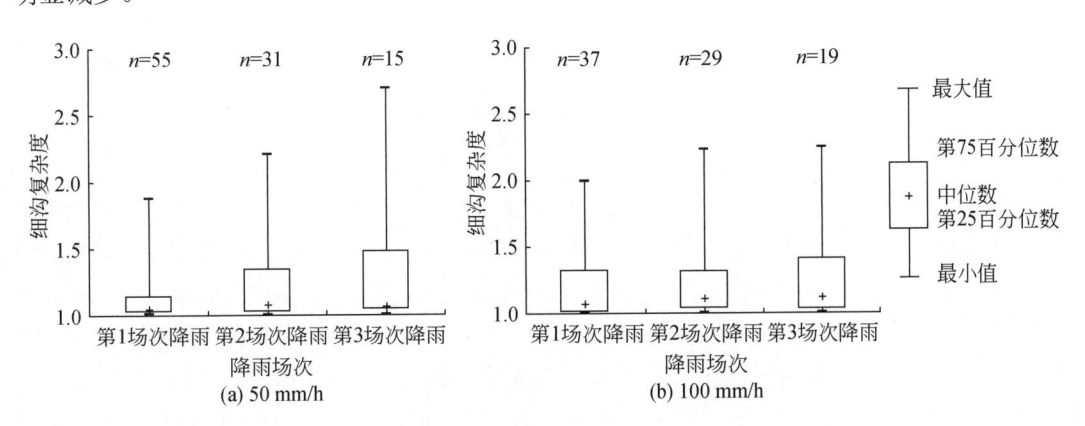

图 6-8 细沟复杂度的变化

2. 细沟复杂度的空间分布规律

50 mm/h 降雨强度下，细沟复杂度随斜坡长呈先减小后波动的变化趋势（图 6-9），在斜坡长大于 5 m 坡面开始波动，波动幅度相对较大；而 100 mm/h 降雨强度下，细沟复杂度随斜坡长的增加表现为先波动变化后减小的趋势，在斜坡长 1~8 m 区间稳定波动，波动幅度相对较小，在斜坡长大于 8 m 坡面开始减小。上述结果是不同降雨强度下降雨侵蚀力和径流侵蚀力差异所造成的。50 mm/h 降雨强度下，细沟在全坡面上的分布略呈"头重脚轻"，即坡面上部细沟分布明显密集，而坡面下部细沟相对较为稀疏。100 mm/h 降雨强度下，细沟在全坡面上的分布比较均匀一致。随斜坡长逐渐增加，50 mm/h 降雨强度下细沟分叉数量减少，单条细沟及其分叉的总长度减小，造成斜坡长小于 5 m 坡面的细沟复杂度减小；而斜坡长大于 5 m 坡面，尽管细沟相对较为稀疏，但由于径流侵蚀作用导致细沟的合并或连通，从而在一定程度上增加或减小细沟复杂度。100 mm/h 降雨强度下，在斜坡长小于 8 m 坡面，均匀的细沟分布导致细沟复杂度在小范围内波动变化，而斜坡长大于 8 m 坡面，在较大的径流冲刷力作用下，径流趋向于上下贯通，径流连通性增加，导致细沟复杂度减小。这些结果说明，细沟复杂度在反映细沟网丰富程度的同时，也能反映坡面上细沟分叉、合并和连通情况。

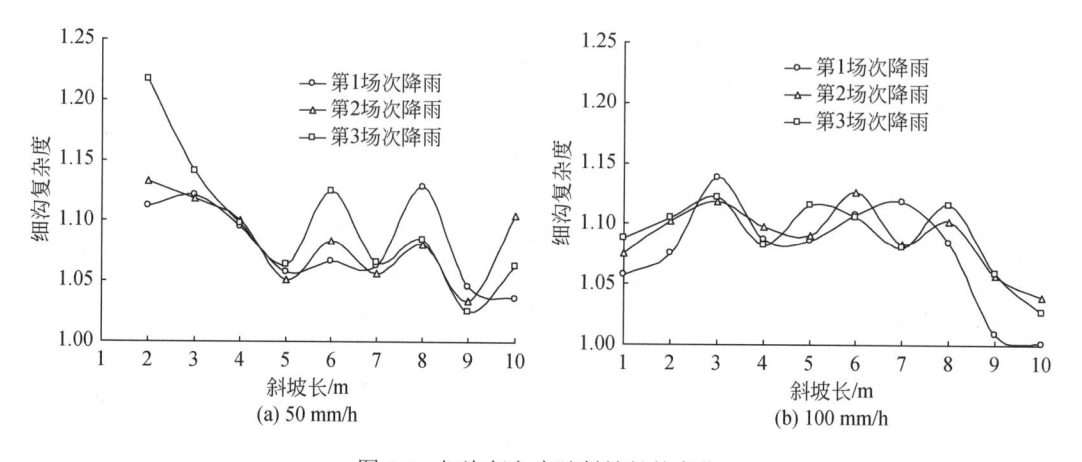

图 6-9 细沟复杂度随斜坡长的变化

6.4 坡面细沟侵蚀与细沟形态特征的关系

通过上述分析可知，细沟长度、宽度和深度，以及细沟倾斜度、细沟密度、细沟割裂度和细沟复杂度能够从不同方面反映坡面细沟形态特征，因此，亟需探究哪些特征指标与坡面细沟侵蚀和坡面总侵蚀的关系最为密切。通过分析各细沟形态特征指标与细沟侵蚀速率和坡面侵蚀速率之间的相关关系，阐明细沟形态指标对坡面细沟侵蚀的影响。表 6-6 表明，坡面侵蚀速率与细沟侵蚀速率呈极显著的正相关关系，相关系数为 0.941。可见，二者之间信息重叠较多，相互解释度较高；因此，细沟侵蚀强弱可以反映坡面侵蚀强弱，前者可以代替后者与其他细沟形态特征指标进行相关分析。

由表 6-6 可知，细沟侵蚀速率与细沟平均宽度和细沟平均深度表现出极显著的正相关关系，与细沟割裂度表现出显著的正相关关系，与平均细沟倾斜度、细沟密度和平均细沟复杂度未呈现显著相关关系。结果表明，当表征坡面细沟侵蚀和坡面侵蚀时，细沟宽度是最佳的形态测量指标，而细沟割裂度则是最佳的衍生形态特征指标。

表 6-6 细沟形态特征指标与细沟侵蚀的相关系数

	D	D_r	W_{mean}	D_{mean}	δ_{mean}	ρ	μ	c_{mean}
D	1	0.941**	0.755**	0.718*	0.519	0.502	0.667*	0.423
D_r	0.941**	1	0.859**	0.773**	0.523	0.364	0.649*	0.352
W_{mean}	0.755**	0.859**	1	0.956**	0.696*	0.461	0.843**	0.511
D_{mean}	0.718*	0.773**	0.956**	1	0.797**	0.683*	0.955**	0.695*
δ_{mean}	0.519	0.523	0.696*	0.797**	1	0.757**	0.876**	0.851**
ρ	0.502	0.364	0.461	0.683*	0.757**	1	0.849**	0.912**
μ	0.667*	0.649*	0.843**	0.955**	0.876**	0.849**	1	0.836**
c_{mean}	0.423	0.352	0.511	0.695*	0.851**	0.912**	0.836**	1

注：*$p<0.05$，**$p<0.01$，$n=12$；D 为坡面侵蚀速率；D_r 为细沟侵蚀速率；W_{mean} 为细沟平均宽度；D_{mean} 为细沟平均深度；δ_{mean} 为平均细沟倾斜度；ρ 为细沟密度；μ 为细沟割裂度；c_{mean} 为平均细沟复杂度。

通过分析平均细沟倾斜度、细沟密度、细沟割裂度和细沟复杂度之间的相关关系，发现 4 个衍生形态特征指标间均呈极显著的正相关关系，其中细沟割裂度与其他形态特征指标间的相关关系最好，其次依次为平均细沟倾斜度、平均细沟复杂度和细沟密度（表 6-6）。上述分析表明，当描述坡面细沟形态特征时，细沟割裂度是最佳的形态特征指标。

6.5 基于细沟形态特征指标的坡面细沟侵蚀估算

前面分析表明，细沟割裂度是表征细沟发育的最佳形态特征指标。据此，这里筛选细沟割裂度指标，通过信赖域方法，同时考虑构建方程的物理意义，采用不同降雨条件和不同坡度试验条件下的模拟降雨数据和野外观测资料，建立细沟侵蚀速率与细沟割裂度关系式，其中用 2/3 的数据构建模型，用另外 1/3 的数据验证模型，以保证试验数据的独立性。

经过拟合，得到细沟侵蚀速率与细沟割裂度的表达式为

$$D_r = 552.915\mu^{1.821} \quad (R^2=0.854, n=22) \quad (6-1)$$

式中，D_r 为细沟侵蚀速率 [kg/(m²·h)]；μ 为细沟割裂度。

式（6-1）表明，坡面细沟侵蚀速率随着细沟割裂度的增加呈幂函数增长。决定系数（R^2）能够表征实测值与模拟值相关的密切程度（Santhi et al.，2001），纳什系数（E_{NS}）（Nash and Sutcliffe，1970）能够表征方程的可信程度（原立峰等，2014），R^2 和 E_{NS} 越接近 1，方程的有效性越高。因此，这里采用决定系数（R^2）和纳什系数（E_{NS}）对方程的有效性进行评价。当 $R^2>0.5$，$E_{NS}>0.4$ 时，模型才能够达到预报精度要求（Santhi et al.，2001；Ahmad et al.，2011）。对式（6-1）进行验证表明，其对细沟侵蚀速率预报结果的 R^2 和 E_{NS} 分别为 0.84 和 0.83（图 6-10），说明构建的细沟侵蚀预报方程的预报精度较高。特别应指出的是，基于室内模拟试验建立的细沟侵蚀预报方程，对野外细沟侵蚀预报的精度也较高，说明式（6-1）可以在野外调查中预报坡面细沟侵蚀速率。

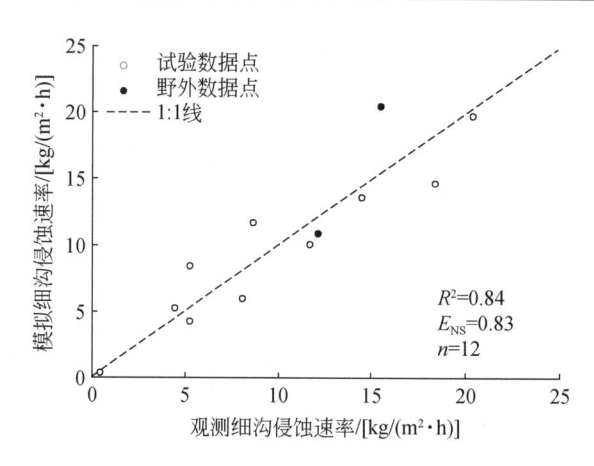

图 6-10　细沟侵蚀速率的观测值与模拟值

6.6　结　语

本章基于 50 mm/h 和 100 mm/h 降雨强度下的 3 次连续模拟降雨试验，以细沟长度、宽度和深度为几何形态指标，以细沟倾斜度、细沟密度、细沟割裂度和细沟复杂度为坡面细沟形态特征指标，定量分析了坡面细沟形态特征的时空变化，探究了坡面细沟侵蚀与细沟形态的相关关系。主要结论如下。

（1）随着降雨场次的增加，坡面细沟累积长度逐渐增加，但增加的幅度逐渐减小，说明坡面细沟网在形成和发育初期比较活跃，此时溯源侵蚀是细沟发育的主要侵蚀方式，随着坡面细沟网的进一步发育，沟壁崩塌和沟底下切逐渐加强，而溯源侵蚀相应减弱。在第 3 场次降雨后，细沟平均宽度达 13 cm，细沟平均深度为 9~10 cm；细沟网发育过程中，绝大多数细沟宽度小于 20 cm，深度小于 15 cm。细沟平均宽度和深度随坡长的变化皆呈先增加后减小的趋势。

（2）随着降雨场次的增加，细沟倾斜度、细沟密度、细沟割裂度和细沟复杂度基本呈增加的趋势。其中，细沟倾斜度为 15°~25°。不同试验条件下的第 3 场次降雨后，细沟密度可达 2.25 m/m² 和 2.58 m/m²。细沟割裂度在坡面细沟发育过程中的变化与细沟密度相似，但其增加幅度明显大于细沟密度的增加幅度；在第 3 场次降雨后，细沟割裂度可达 0.28 和 0.31。坡面细沟网发育趋向于更加复杂丰富，绝大多数细沟复杂度小于 1.5。

（3）随着坡长的增加，细沟倾斜度总体呈现减小的变化趋势，细沟密度和细沟割裂度皆呈先增加后减小的变化。在 50 mm/h 降雨强度下，细沟复杂度随坡长的变化表现为先减小后波动的变化趋势，而在 100 mm/h 降雨强度下，其呈先波动后减小的变化趋势。这些形态特征指标的变化皆客观反映了坡面细沟形态的空间分布规律，间接表征了径流能量的沿程增减变化。

（4）细沟侵蚀速率与坡面侵蚀速率呈极显著的正相关关系，相关系数可达 0.941，说明细沟侵蚀强弱能够反映坡面侵蚀强弱；细沟宽度和细沟割裂度分别是表征坡面细沟网发育的最佳形态测量指标和最佳形态特征指标。

（5）以细沟割裂度作为参数，建立了坡面细沟侵蚀估算式 $D_r = 552.915\mu^{1.821}$，验证结果表明该方程预报精度较高，其决定系数和纳什系数分别达 0.87 和 0.85。此外，该方程对野外坡面细沟侵蚀的预报精度也较高，说明该方程可以在野外调查中预报坡面细沟侵蚀速率。

参 考 文 献

和继军，吕烨，宫辉力，等. 2013. 细沟侵蚀特征及其产流产沙过程试验研究. 水利学报，44（4）：398-405.

孔亚平，张科利. 2003. 黄土坡面侵蚀产沙沿程变化的模拟试验研究. 泥沙研究，（1）：33-38.

王协康，方铎. 1997. 临界细沟水力几何形态问题的研究. 山地研究，15（1）：24-29.

吴普特. 1997. 动力水蚀实验研究. 西安：陕西科学技术出版社.

原立峰，刘星飞，吴淑芳，等. 2014. 元胞大小选择对坡面细沟侵蚀过程 CA 模拟的影响. 武汉大学学报（信息科学版），39（3）：311-316.

郑粉莉，唐克丽，周佩华. 1987. 坡耕地细沟侵蚀的发生、发展和防治途径的探讨. 水土保持学报，（1）：36-48.

Ahmad H M N, Sinclair A, Jamieson R, et al. 2011. Modeling sediment and nitrogen export from a rural watershed in Eastern Canada using the soil and water assessment tool. Journal of Environment Quality, 40: 1182-1194.

Berger C, Schulze M, Rieke-Zapp D, et al. 2010. Rill development and soil erosion: A laboratory study of slope and rainfall intensity. Earth Surface Processes and Landforms, 35: 1456-1467.

Bewket W, Sterk G. 2003. Assessment of soil erosion in cultivated fields using a survey methodology for rills in the Chemoga watershed, Ethiopia. Agriculture, Ecosystems & Environment, 97: 81-93.

Bryan R B, Rockwell D L. 1998. Water table control on rill initiation and implications for erosional response. Geomorphology, 23: 151-169.

Fullen M A. 1985. Compaction, hydrological processes and soil erosion on loamy sands in east Shropshire, England. Soil & Tillage Research, 6: 17-29.

Gilley J E, Kottwitz E R, Simanton J R. 1990. Hydraulic characteristics of rills. Transactions of the ASAE, 33: 1900-1906.

Govindaraju R S, Kavvas M L. 1994. A spectral approach for analyzing the rill structure over hillslopes. Part 2. Application. Journal of Hydrology, 158: 349-362.

Lei T W, Nearing M A, Haghighi K, et al. 1998. Rill erosion and morphological evolution: A simulation model. Water Resources Research, 34: 3157-3168.

Loch R J, Donnollan T A. 1983. Field stimulator studies on two clay soils of Darling Downs, Queensland. I. The effect of plot length and tillage orientation on erosion processes and runoff and erosion rates. Australian Journal of Soil Research, 21: 33-46.

Nash J E, Sutcliffe J V. 1970. River flow forecasting through conceptual models: Part I. A discussion of principles. Journal of Hydrology, 10: 282-290.

Santhi C, Arnold J G, Williams J R, et al. 2001. Application of a watershed model to evaluate management effects on point and nonpoint source pollution. Transactions of the ASAE, 44: 1559-1570.

第 7 章　坡面细沟发育的主要影响因子分析

坡面细沟侵蚀是一个多因素共同影响的过程,其影响因素包括降雨、汇流、地形、土壤、作物管理等。降雨因子对坡面细沟侵蚀的影响主要表现在降雨量、降雨强度、降雨历时、降雨动能和降雨雨型等,其中降雨强度、降雨动能和降雨雨型是关键因子。一般在降雨量相同的情况下,降雨强度越大,则坡面细沟侵蚀量也越大(王治国等,1995;Zheng and Tang,1997),细沟宽度和深度也越大(蒋芳市等,2014)。降雨动能能够很好地表征降雨侵蚀力,对坡面细沟侵蚀有较大的影响(Meyer and Wischmeier,1969;郑粉莉等,1995;王贵平,1998),从而间接影响坡面细沟形态特征。在平均降雨强度相同的 6 种降雨雨型中,极值降雨强度出现越晚,该降雨雨型下的径流量和侵蚀量越大(Flanagan and Foster,1989)。坡度和坡长是地形因子中影响坡面细沟侵蚀和形态特征的主要因子(蔡强国,1998)。总体来说,坡度增加加剧了坡面细沟侵蚀,增加了细沟平均深度,减小了细沟宽深比等(王贵平等,1988;Fox and Bryan,1999;Nord and Esteves,2010)。坡长对细沟侵蚀影响常被忽视,但坡长与细沟长度之间存在密切关系(李君兰等,2010),且细沟长度是决定细沟侵蚀量和细沟侵蚀预报的一个重要参数,因此,需要加强坡长对坡面细沟侵蚀的影响研究。此外,土壤性质、土层构型及坡面汇流等因素也对坡面细沟侵蚀有重要影响。因此,本章以影响坡面细沟侵蚀的降雨因子(雨滴打击、降雨强度和降雨雨型)和地形因子(坡度和坡长)为切入点,设计有/无雨滴打击试验处理,以及设计 3 种降雨强度(50 mm/h、75 mm/h 和 100 mm/h)、3 个降雨历时(60 min、40 min 和 30 min)、3 个地面坡度(10°、15°和 20°)和 2 个坡长(7.5 m 和 10 m)的室内模拟降雨试验,并结合野外观测试验,分析影响坡面细沟侵蚀和形态特征的主要因子,以期深化细沟侵蚀过程机理及形态特征研究,并为坡面侵蚀预报过程模型的构建和坡面土壤侵蚀防治提供理论依据。

7.1　试验设计与研究方法

7.1.1　野外定位观测试验

1. 研究区概况

研究区位于陕西省富县境内的北洛河三级支流——瓦窑沟小流域,地理位置为东经 109°09′,北纬 36°05′。地貌类型属梁状黄土丘陵沟壑区,海拔 920~1683 m,相对高差 100~150 m,沟谷密度 4.5 km/km²。地面组成物质主要以新黄土、老黄土为主,有些沟谷底部出现三趾马红土和白垩纪砂、页岩。本区地处新构造运动强烈抬升区,滑坡面出露频繁,但多已被林草植被所覆盖和固定。研究区内的土壤类型为灰色黄土正常新成土(中国土壤分类系统),其中砂粒占 6.7%,粉粒占 71.7%,黏粒占 21.2%,且无明显的淋溶层和淀积层。

开垦时间较长农地的土壤类似黄绵土（唐克丽等，1993）。年均气温 9℃，年均降水量 576.7 mm，多集中在 7~9 月，占全年降水的 60%以上。最大月降雨量占全年降雨量的 25%~40%，最大日降雨量 130 mm。

2. 坡面径流小区布设

试验布设在富县土壤侵蚀与生态环境观测站的裸露坡耕地上。根据黄土坡面侵蚀垂直分带特征，以及各侵蚀带之间的侵蚀产沙关系，在野外调查基础上，选取典型黄土坡面布设 5 个径流小区。研究区位置及瓦窑沟小流域径流小区的相对位置见图 7-1。

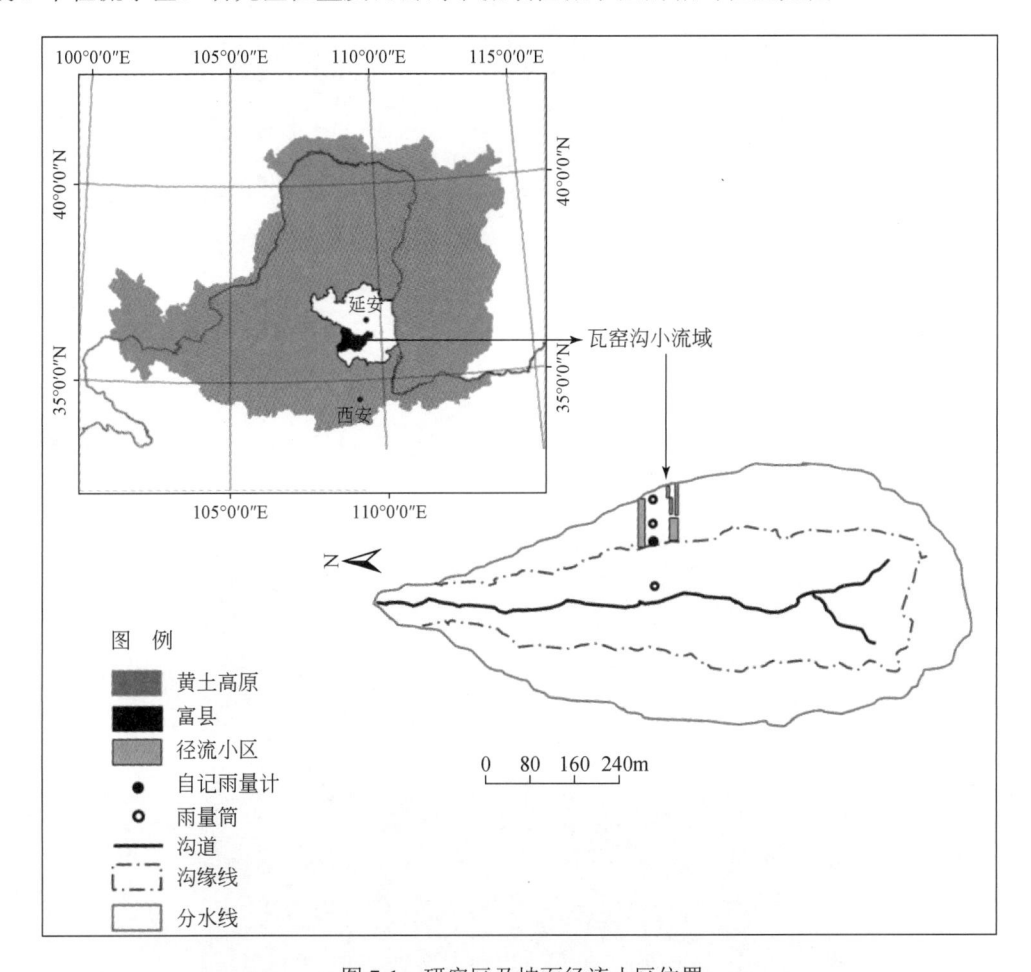

图 7-1 研究区及坡面径流小区位置

从图 7-1 可以看出，径流小区均位于分水线与沟缘线之间的梁坡坡面上。各径流小区长度根据片蚀带、细沟侵蚀带和浅沟侵蚀带在坡面上的分布的坡长进行设计（图 7-2）。

从图 7-2 可以看出，1 号径流小区为坡面片蚀带（即以片蚀为主），位于坡面最上部，其顶部为分水线，底部与 2 号径流小区顶部处于同一位置；2 号径流小区为坡面细沟侵蚀带（即以细沟侵蚀为主，不接受上方片蚀带来水），位于坡面上部，其底部与 3 号径流小区处于同一位置（坡面浅沟沟头所在部位）；3 号径流小区为片蚀-细沟侵蚀复合带，其顶部同 1 号径流小区；4 号径流小区为浅沟侵蚀带（即以浅沟侵蚀为主，不接受上坡来水），其底

· 133 ·

图 7-2 径流小区实景

部为沟缘线；5 号径流小区位于全梁坡坡面，是片蚀-细沟-浅沟复合侵蚀带，沿坡长依次发生片蚀、细沟侵蚀和浅沟侵蚀。径流小区地面处理为翻耕裸露休闲（图 7-3），且在每年雨季前进行顺坡翻耕（3 月下旬），翻耕深度为 20 cm 左右。各侵蚀带在坡面的位置及特征参数如表 7-1 所示。

图 7-3 裸露休闲的 5 号径流小区（全梁坡坡面）发生的片蚀、细沟侵蚀和浅沟侵蚀

各侵蚀带之间的径流和侵蚀产沙关系分析如下：①1 号、2 号和 4 号径流小区所观测的径流量和侵蚀产沙量分别代表片蚀带、细沟侵蚀带和浅沟侵蚀带的径流量和侵蚀产沙量；②3 号径流小区所观测的径流量和侵蚀产沙量代表坡面片蚀-细沟侵蚀复合带的径流量和侵蚀产沙量；③5 号径流小区所观测的径流量和侵蚀产沙量代表整个梁坡的径流量和侵蚀产沙量。这里重点讨论坡面细沟侵蚀发育状况。

表 7-1 坡面径流小区特征参数（唐克丽等，1993）

小区	侵蚀带	位置	长度/m	面积/m²	坡度/(°)
1	片蚀带	梁坡上部	14	35	5~12
2	细沟侵蚀带	梁坡中部	26	65	12~26
3	片蚀-细沟复合带	梁坡上中部	40	100	5~26
4	浅沟侵蚀带	梁坡中下部	36	424	26~35
5	片蚀-细沟-浅沟复合带	整个梁坡	73	995	5~35

3. 数据处理与分析

1）降雨和径流泥沙资料整理

A. 降雨资料整理

降雨资料（2003~2014 年）通过布设于径流小区附近的 SJ1 型虹吸式自动雨量计（上海气象仪器有限公司）获取。降雨资料整理步骤如下：

（1）2003~2014 年共监测到侵蚀性降雨（即发生径流的降雨）115 场次。

（2）通过对 115 场侵蚀性降雨过程的自计纸记录进行判读，获取每场侵蚀性降雨的降雨量、降雨历时和降雨强度等所需的降雨特征指标。

B. 径流泥沙资料整理

径流泥沙观测采用两种方法：一是利用可移动地表径流观测装置（中国科学院东北地理与农业生态研究所，发明专利号：ZL 200610163240.9）（图 7-4），对次降雨径流过程进行动态监测；二是利用分级径流桶（图 7-5）观测次降雨的总径流量和泥沙量。

利用分级径流桶观测总径流量和泥沙量的方法如下：

（1）每场侵蚀性降雨后，分别测定各个径流小区各径流桶含沙水流的深度，用于计算总径流体积。

（2）将各径流桶内的含沙水流充分搅拌均匀后，用 1000 mL 取样瓶采集径流泥沙样若干个（根据产流量的多少，确定取样的数量），用于估算径流含沙量。

图 7-4 地表径流产沙过程观测装置

图 7-5 分级径流桶观测各径流小区的径流量和泥沙量

（3）将径流泥沙样品带回实验室，在 105℃烘箱中烘干后称重，获得径流含沙量值。

（4）根据所测定的各径流桶径流体积乘以对应径流桶的含沙量，计算得到侵蚀量，然后再用其乘以径流桶的分孔数，就得到该径流桶收集到的泥沙量。

（5）将各个径流小区所有径流桶的侵蚀量相加，即可得到次侵蚀性降雨下对应径流小区的侵蚀量。

2）降雨雨型划分方法

基于 K 均值聚类分析和判别分析（Perruchet，1983），以降雨量（P），降雨历时（t）和最大 30 min 降雨强度（I_{30}）这 3 个降雨特征指标为聚类分析特征变量，在 SPSS 16.0 软件的相应程序中运行 K 均值聚类分析，将 115 场次侵蚀性降雨划分成不同降雨雨型，然后进行单因素方差分析检验，用以验证各类降雨雨型之间差异性。

3）统计分析方法

相关分析、显著性差异检验、聚类分析及判别分析等统计分析均在 SPSS 16.0 软件中的相应程序运行。

用变异系数 CV 和标准差 SD 来描述数据的离散程度，其计算公式为

$$CV = \frac{SD}{\overline{X}} \tag{7-1}$$

$$SD = \sqrt{\frac{1}{n}(X_i - \overline{X})^2} \tag{7-2}$$

式中，CV 为变异系数；SD 为标准差；$\overline{X}$ 为样本平均值；X_i 为第 i 个样本值；n 为样本个数。根据 Nielsen 和 Bouma（1985）提出的分类体系：当 CV≤0.1 时，为弱变异；当 0.1<CV<1 时，为中等变异；当 CV≥1 时，为强变异。

用平均相对误差（MRE）、复相关系数（R^2）、Nash-Suttclife 效率系数（E_{NS}）（Nash and Sutcliffe，1970；Santhi et al.，2001）来检验所拟合关系式的有效性及估算精度，其计算公式为

$$\mathrm{MRE} = \frac{1}{n}\sum_{i=1}^{n}\left|\frac{O_{\mathrm{sl}} - C_{\mathrm{sl}}}{O_{\mathrm{sl}}}\right| \tag{7-3}$$

$$R^2 = \frac{\left(\sum_{i=1}^{n}(O_{\mathrm{sl}} - \overline{O})(C_{\mathrm{sl}} - \overline{C})\right)^2}{\sum_{i=1}^{n}(O_{\mathrm{sl}} - \overline{O})^2 \sum_{i=1}^{n}(C_{\mathrm{sl}} - \overline{C})^2} \tag{7-4}$$

$$E_{\mathrm{NS}} = 1 - \frac{\sum_{i=1}^{n}(C_{\mathrm{sl}} - O_{\mathrm{sl}})^2}{\sum_{i=1}^{n}(C_{\mathrm{sl}} - \overline{O})^2} \tag{7-5}$$

式中，O_{sl} 为土壤侵蚀量观测值；$\overline{O}$ 为土壤侵蚀量观测平均值；C_{sl} 为土壤侵蚀量预测值；$\overline{C}$ 为土壤侵蚀量预测平均值；$i=1, \cdots, n$，n 为统计样本的样本量；R^2 为表征观测值与预测值之间关系紧密程度的指标；E_{NS} 为表征观测值与预测值在 1∶1 趋势线分布图所处位置远近的指标。R^2 和 E_{NS} 越接近 1，表明所拟合方程的预报精度越好；反之，该值越接近 0，则预报精度越差。

7.1.2 室内模拟试验

模拟降雨试验在黄土高原土壤侵蚀与旱地农业国家重点实验室人工模拟降雨大厅进行，降雨设备采用下喷式人工模拟降雨装置，降雨强度变化范围为 30～350 mm/h，降雨覆盖面积为 27 m×18 m，降雨高度 18 m，能够满足所有雨滴达到终点速度（郑粉莉和赵军，2004），雨滴大小和分布与自然界雨滴较为相似（Shen et al.，2015）。试验所用土槽为液压式可调坡度钢槽，其整体规格为 10 m（长度）×3 m（宽度）×0.5 m（深度）。试验过程中可以根据研究需要设置不同规格的试验土槽：第一种是用 PVC 板将试验土槽纵向均匀分开，形成两个小的试验土槽区，其规格均为 10 m（长度）×1.5 m（宽度）×0.5 m（深度）；第二种是在第一种试验的基础上，将试验土槽横向分隔成上下两个坡段，其中下坡段为试验所用，其规格为 7.5 m（长度）×1.5 m（宽度）×0.5 m（深度）。试验土槽坡度调节范围为 0°～30°，调节步长为 5°；试验土槽底部每 1 m 长排列 4 个孔径为 2 cm 的排水孔，用以保证降雨试验过程中排水良好。供试土壤为黄土高原丘陵沟壑区安塞县的耕作层黄绵土，砂粒（当量粒径大于 50 μm）含量为 28.3%，粉粒（当量粒径 50～2 μm）含量为 58.1%，黏粒（当量粒径小于 2 μm）含量为 13.6%，有机质（重铬酸钾氧化—外加热法）含量为 5.9 g/kg。试验土槽底部铺 5 cm 厚天然细沙作为透水层，以保障试验过程中土槽排水良好；细沙层之上覆盖纱布，再分别为犁底层和耕作层装填试验土壤，犁底层深度为 15 cm，土壤容重控制在 1.35 g/cm³；耕作层深度为 20 cm，土壤容重控制在 1.10 g/cm³。

1. 雨滴打击对坡面细沟侵蚀和形态特征的影响

1）试验设计

依据黄土高原侵蚀性降雨的瞬时降雨强度标准，即 $I_{15} \geqslant 0.852$ mm/min，$I_{10} \geqslant 1.055$ mm/min 和 $I_5 \geqslant 1.520$ mm/min（周佩华和王占礼，1987），在坡度为 15°的条件下，设计试验降雨强度为 50 mm/h、75 mm/h 和 100 mm/h，为保证降雨总量（50 mm）相同，降雨历时依次为 60 min、40 min 和 30 min。由于细沟侵蚀在 10°～30°的裸露坡耕地上表现最明显（白清俊

和马树升，2001），而 25°是坡耕地研究的上限，据此，在降雨强度为 75 mm/h 条件下，设计试验坡度为 10°、15°和 20°。试验土槽（图 7-6）规格为 10 m（长度）×1.5 m（宽度）×0.5 m（深度），试验处理包括有雨滴打击（无纱网覆盖）和无雨滴打击（纱网覆盖）；所有纱网覆盖即在试验土槽上方架设网孔为 1 mm×1 mm 尼龙纱网，纱网距土槽表面 10 cm。通过采用滤纸色斑法测定雨滴能量，发现纱网覆盖能够消除 99.6%的降雨动能（郑粉莉等，1995）。每一个试验处理重复 2 次。通过上述模拟试验，研究雨滴打击对黄土坡面细沟侵蚀及其形态特征的作用。具体试验设计见表 7-2。

图 7-6　试验土槽（10 m×1.5 m×0.5 m）

表 7-2　雨滴打击对细沟侵蚀和形态特征影响的试验设计

试验处理	降雨强度/(mm/h)	降雨历时/min	坡度/(°)
有雨滴打击	50	60	15
	75	40	10
			15
			20
	100	30	15
无雨滴打击	50	60	15
	75	40	10
			15
			20
	100	30	15

2）试验流程

每次试验前，将试验土槽翻耕 20 cm，并用齿耙耙平，模拟黄土区坡耕地耕作层状况。翻耕完毕后，自沉降 48 h。正式降雨前一天，采用 30 mm/h 降雨强度进行前期预降雨，至坡面刚产流为止。预降雨结束后，用塑料布将试验土槽遮盖，静置 24 h 待正式模拟降雨试验，本试验所有处理的前期土壤含水量为 23.40%±0.53%。对于无雨滴打击试验处理，将纱网架设在试验土槽上方（纱网距土槽坡面 10 cm），然后根据前期降雨强度的率定结果，揭开塑料布进行正式降雨。

降雨过程中，观测并记录坡面产流时间，产流后，每隔 1 min 或 2 min 采集一次径流泥沙样，收集径流量约为塑料桶体积的 2/3，并用秒表记录取样时间；同时用普通温度计测量径流温度，以计算水流黏滞系数。在整个降雨时段内，每隔 5 min 用染色剂法测定斜坡长 1 m、3 m、5 m、7 m 和 9 m 处的坡面径流流速及细沟沟槽内的径流流速，并用滤纸色斑法测定纱网上下的雨滴直径。

降雨结束后，对径流泥沙样品进行后期处理，并采用直尺测量坡面细沟几何形态，具体试验方法与 5.1 节中试验流程相同。

2. 降雨强度和坡度对坡面细沟侵蚀和形态特征的影响

1）试验设计

本试验设计降雨强度为 50 mm/h、75 mm/h 和 100 mm/h；在 50 mm 降雨总量下，3 个降雨强度对应的降雨历时依次为 60 min、40 min 和 30 min；试验坡度设计为 10°、15°和 20°。所用的试验土槽（图 7-7）规格为 10 m（长度）×1.5 m（宽度）×0.5 m（深度），坡面为翻耕裸露处理。每一个试验处理重复 2 次。通过本试验设计，研究降雨强度和坡度对黄土坡面细沟侵蚀及其形态特征的影响。具体试验设计如表 7-3 所示。

图 7-7　试验土槽（10 m×1.5 m×0.5 m）

表 7-3　降雨强度和坡度对细沟侵蚀和形态特征影响的试验设计

降雨强度/（mm/h）	降雨历时/min	坡度/（°）
50	60	10
		15
		20
75	40	10
		15
		20
100	30	10
		15
		20

2）试验流程

本试验的试验土槽整理、预降雨、降雨强度率定流程，径流泥沙样品采集、坡面径流流速及细沟水流流速、水温、降雨动能测定等与 7.1.2 节中方法相同。所有试验处理的前期土壤含水量为 23.43%±0.53%。此外，降雨过程中，记录坡面的积水时间、填洼情况；坡面产流时间；细沟出现的时间、位置，量测细沟的长度、宽度和深度。同时，用数码相机频繁拍照，并用摄像机全程录像，以记录坡面细沟发育过程。

降雨结束后，对径流泥沙样品进行后期处理，并采用直尺测量坡面细沟几何形态，具体试验方法与 5.1 节中试验流程相同。

3. 坡长对坡面细沟侵蚀和形态特征的影响研究

1）试验设计

由于 15° 是坡耕地土壤侵蚀强度的相对质变点，因此，本试验坡度选为 15°。在上述降雨强度和坡度对坡面细沟侵蚀及其形态特征影响研究的试验基础上，设计了降雨强度为 50 mm/h 和 75 mm/h 的模拟降雨试验，其试验土槽（图 7-8）规格为 7.5 m（长度）×1.5 m（宽度）×0.5 m（深度），坡面为翻耕裸露处理。每一个试验处理重复 2 次。结合上述试验，能够揭示斜坡长度对黄土坡面细沟侵蚀和形态特征的影响。具体试验设计如表 7-4 所示。

图 7-8 试验土槽（7.5 m×1.5 m×0.5 m）

表 7-4 坡长对细沟侵蚀和形态特征影响的试验设计

坡度/（°）	降雨强度/（mm/h）	降雨历时/min	坡长/m
15	50	60	7.5
		60	10
	75	40	7.5
		40	10

2）试验流程

本试验的试验土槽整理、预降雨、降雨强度率定流程，径流泥沙样品采集、坡面径流流速及细沟水流流速、水温、降雨动能测定等与 7.1.2 节中方法相同。不同坡长下，所有试验处理的前期土壤含水量为 23.42%±0.61%。

对降雨强度进行率定后，将试验土槽上方 2.5 m 坡长范围内的土槽用塑料布遮盖，并用挡板隔开（避免降雨过程中上方水流汇入坡面），以满足试验需要的试验土槽规格。此后，揭开塑料布进行正式降雨；试验过程中的所有指标测定及拍照录像过程与 7.1.2 节中方法相同。

降雨结束后，对径流泥沙样品进行后期处理，并采用直尺测量坡面细沟几何形态，具体试验方法与 5.1 节中试验流程相同。

4. 犁底层对坡面细沟形态特征的影响研究

1）试验设计

根据黄土高原常见的短历时、高强度侵蚀性降雨标准（周佩华和王占礼，1987）（I_5= 1.52 mm/min，5 min 瞬时雨量为 7.6 mm；I_{10}=1.05 mm/min，10 min 瞬时雨量为 10.6 mm），设计降雨强度分别为 60 mm/h、90 mm/h（1.0 mm/min、1.5 mm/min），降雨历时 80 min。当地表坡度大于 15°后，坡面细沟侵蚀强烈；且 25°是黄土高原地区退耕的上限坡度。因此，本试验坡度设计为 15°和 25°。每个试验处理重复 2 次，所有数据均取 2 次重复试验的平均值。

2）试验流程

本试验的试验土槽整理、预降雨、降雨强度率定流程等与 7.1.2 节中方法相同。正式降雨试验开始后即仔细观察坡面产流情况，记录初始产流时间并连续采集径流样，待坡面产流稳定后每隔 2 min 收集径流泥沙样品。同时，在每米坡长内分别选取典型细沟 2 条和细沟间位置 2 处（若遇到坡段无细沟、细沟条数较少或坡面破碎已无较完整的细沟间位置，则减少相应的观测），分别用染色剂示踪法测量细沟间水流和细沟水流的表层流速，测流区长度为 50 cm（若测距不足则改为 30 cm），同时用精度为 0.1 mm 的 SX40-1 型水位测针测量水深（施明新等，2015），所有测量均重复 2 次。

在整个降雨过程中，大约每隔 10 min 暂停降雨 1 次，以监测坡面细沟形态的动态变化，待坡面退水结束后，在距离坡面前端 3 m 的 5 m 高空用三维激光扫描仪（Leica scan station 2）扫描待测坡面，获取坡面细沟高程信息（图 5-2）。确定的扫描精度为 2 mm（水平精度）× 2 mm（垂直精度），整个扫描过程大约需要 4.5 min（包括坡面退水时间 2 min 和扫描仪工作时间 2.5 min）。同时在整个试验过程中用高清摄像机进行摄像记录。

降雨结束后，去除径流样上层清液，然后放入烘箱（105℃），烘干后称量，计算径流量和泥沙量。

7.2 降雨因子对坡面细沟侵蚀的影响

7.2.1 雨滴打击对坡面细沟侵蚀影响的模拟试验研究

1. 雨滴打击对坡面细沟侵蚀和坡面侵蚀的作用分析

坡面径流量的变化较为复杂，其大小主要由土壤入渗性能和坡面承雨量决定。通过纱网覆盖消除雨滴打击后，各试验处理的坡面径流量同有雨滴打击试验处理相比减小 1.6%~15.5%（表 7-5）。原因是消除雨滴打击后能够减缓结皮层的形成，有利于降雨的入渗，因此，其坡面径流量较小。而消除雨滴打击后坡面径流减少较小的原因，主要是试验进行了前期预降雨，使前期土壤含水量较高，平均值为 23.40%±0.53%，导致土壤入渗作用较小。与径流减少作用相比，消除雨滴打击试验处理的减少侵蚀作用更加明显，细沟侵蚀量减少 20.2%~38.6%，坡面侵蚀量减少 28.1%~47.7%，表明黄土坡面侵蚀过程中，雨滴打击对土壤颗粒的分散和搬运均有重要贡献。该结果与郑粉莉等（1995）的研究结果相比略小，郑粉莉等以武功黏黄土为试验用土，在未进行前期预降雨的情况下（前期土壤含水量为 10.2%~11.4%），利用人工模拟降雨试验研究降雨动能对细沟侵蚀的影响，得出用纱网覆盖消除雨滴打击后，细沟侵蚀量减少 38%~64%，坡面侵蚀量减少 31%~55%，说明雨滴打击对坡面侵蚀的影响受土壤前期含水量的影响。

表 7-5 有/无雨滴打击试验处理的坡面径流量、侵蚀量及细沟侵蚀量对比

降雨强度/（mm/h）	50		75						100	
坡度/（°）	15		10		15		20		15	
试验处理	With RI	Without RI	With RI	Without RI	With RI	Without RI	With RI	Without RI	With RI	Without RI
径流量/mm	43.8 a	37.0 b	43.2 a	41.8 a	45.0 a	38.1 b	43.3 a	42.6 a	44.6 a	40.5 a
细沟侵蚀量/（kg/m²）	8.4 a	6.0 a	5.7 a	3.5 a	9.0 a	7.1 a	12.4 a	9.0 a	10.4 a	8.3 a
侵蚀量/（kg/m²）	13.2 a	6.9 b	7.7 a	4.5 a	14.5 a	8.9 b	14.6 a	10.5 a	15.8 a	10.1 b
细沟侵蚀贡献率/%	63.5 a	86.8 b	75.0 a	77.7 a	61.8 a	79.8 b	84.6 a	85.7 a	65.9 a	82.0 a

注：With RI 代表有雨滴打击试验处理，Without RI 代表无雨滴打击试验处理；相同降雨强度和坡度下不同字母表示有/无雨滴打击试验处理经 F 检验差异显著（$p<0.05$），下同。

细沟侵蚀对坡面土壤侵蚀有重要贡献，不同降雨强度和坡度试验条件下，有雨滴打击试验处理的细沟侵蚀贡献率为 61.8%~84.6%，平均值为 70.2%；无雨滴打击试验处理的细沟侵蚀贡献率为 77.7%~86.8%，平均值为 82.4%（表 7-5）。可见，无雨滴打击试验处理的细沟侵蚀贡献率均高于对应的有雨滴打击试验处理。WEPP（water erosion prediction project）模型的基本理论之一为，细沟间侵蚀以降雨侵蚀为主，而细沟侵蚀以径流侵蚀为主。细沟间侵蚀是由雨滴打击和坡面薄层水流引起的土粒分离过程，侵蚀泥沙被坡面薄层水流输送到细沟内；细沟侵蚀是由径流冲刷引起的剥离现象，由细沟水流沿坡面向下搬运输送（肖培青和姚文艺，2005）。本试验结果与早期的研究结果均表明，雨滴打击对细沟侵蚀有重要作用；因此，需要根据现有研究结果修正 WEPP 模型的基础理论。纱网覆盖消除雨滴打击后，径流水动力的增加受到限制，导致坡面细沟侵蚀的发生发展受到限制；雨滴打击被纱网覆盖消除后，细沟间侵蚀仅受坡面薄层水流的剥离冲刷作用，故消除雨滴打击对细沟间侵蚀减少作用更加显著。因此，消除雨滴打击一方面减少了坡面细沟侵蚀量，但另一方面增加了细沟侵蚀对坡面侵蚀的贡献率。

表 7-5 中各个试验处理的坡面细沟侵蚀量是在降雨总量相同的条件下获取的数值，而细沟侵蚀速率能够更加客观地反映坡面细沟侵蚀与各影响因素之间的关系。鉴于此，绘制了有/无雨滴打击试验处理下的细沟侵蚀速率与降雨强度和坡度关系的三维图（图 7-9），可

以看出，细沟侵蚀速率随着降雨强度和坡度的增加而增大，而两种试验处理的增加幅度略有差异。为了进一步分析雨滴打击的影响作用，通过拟合有/无雨滴打击试验处理下细沟侵蚀速率与降雨强度和坡度的经验回归方程实现。

(a) 有雨滴打击试验处理　　　　　　　　　(b) 无雨滴打击试验处理

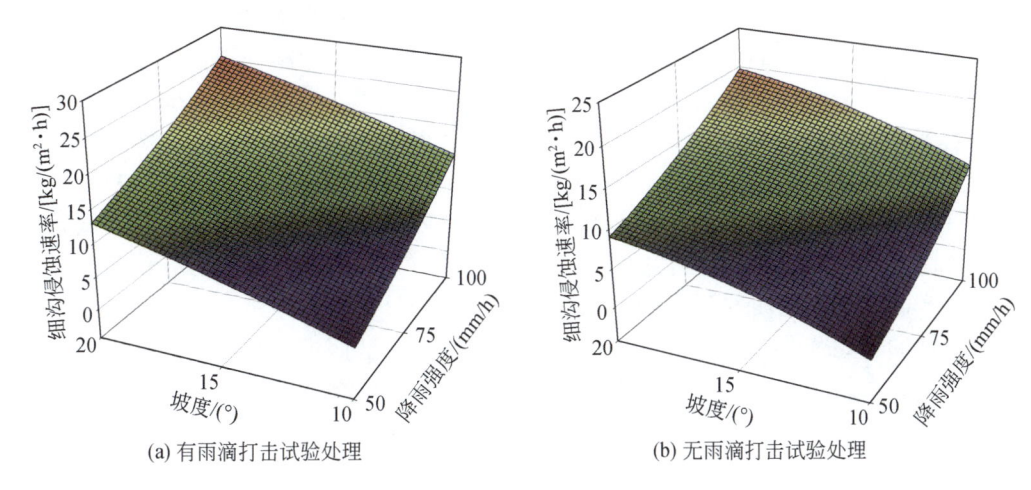

图 7-9　有/无雨滴打击试验处理下细沟侵蚀速率与降雨强度和坡度的关系

采用 Matlab 7.9.0 中 Surface Fitting Tool 对有/无雨滴打击试验处理的细沟侵蚀速率与降雨强度和坡度的关系进行拟合，拟合过程中采用信赖域方法，同时考虑方程的物理意义，据此获取最优经验回归方程：

有雨滴打击试验处理　　　$D_r = 0.002R^{1.396}S^{1.074}$　（R^2=0.968，n=10）　　　　(7-6)

无雨滴打击试验处理　　　$D_r = 0.0003R^{1.647}S^{1.170}$　（R^2=0.969，n=10）　　　(7-7)

式中，D_r 为细沟侵蚀速率 [kg/（m²·h）]；R 为降雨强度（mm/h）；S 为坡度（°）。

由经验回归方程可知，有/无雨滴打击试验处理下，细沟侵蚀速率均与降雨强度和坡度呈幂函数关系。对比式（7-6）和式（7-7）发现，消除雨滴打击后，降雨强度对细沟侵蚀的影响增加，而坡度对细沟侵蚀的影响与有雨滴打击时相同。

2. 雨滴打击对坡面侵蚀过程的影响

通过绘制产流率随降雨历时的变化过程曲线，探究雨滴打击对坡面产流过程的影响。由于不同降雨强度和坡度下的产流率变化过程相似，因此，以 75 mm/h 降雨强度下 3 种不同坡度有/无雨滴打击试验处理为例（图 7-10）进行分析。

由图 7-10 可知，有雨滴打击试验处理的产流率随降雨历时的变化可明显划分为 3 个阶段：初始产流阶段、迅速增长阶段和稳定阶段。其中，初始产流阶段一般持续 6~8 min，迅速增长阶段至 13 min 左右结束，13 min 后至降雨结束为稳定阶段。初始产流阶段产流率较低，原因是降雨初期，土壤含水量尚未达到饱和，且土壤表面还未形成结皮，土壤入渗率较大，因而造成产流率较小。随着土壤结皮，以及坡面径流的形成，坡面侵蚀方式以细沟间侵蚀为主，入渗率减小，产流率增加。细沟间侵蚀区薄层水流的汇聚为细沟侵蚀的发生发展准备了动力条件，随着细沟侵蚀发生演变为坡面的主要侵蚀方式，坡面产流率迅速增加并达到稳定。

无雨滴打击试验处理的产流率随降雨历时的变化只有两个阶段：迅速增长阶段和稳定阶段（图 7-10），即坡面开始产流后，产流率急剧增加，一般在 4~6 min 内达到稳定产流率，并持续到降雨结束。产流率急剧增加的原因：一是试验土槽进行了前期预降雨，无雨滴打击试验处理下降雨对坡面的击溅非常微弱，造成入渗率恒定，产流率迅速增加到稳定值；二是消除雨滴打击后，其对径流的扰动作用亦被消除，使得产流率迅速增加并达到稳定；三是在无雨滴打击试验处理下降雨直接转化为径流，而坡面细沟侵蚀以径流侵蚀为主。因此，降雨初期即迅速形成小细沟，进入微弱细沟侵蚀为主阶段，产流率达到稳定。

通过对比稳定产流率发现，无雨滴打击试验处理的稳定产流率均小于有雨滴打击试验处理的稳定产流率（图 7-10），由此可见，尽管消除雨滴打击对坡面总径流量的影响较小，但在产流达到稳定阶段后的削减径流作用显著。分析其原因是，虽然无雨滴打击试验处理在坡面开始产流后，产流率迅速增加到稳定值，然而由于其结皮层的形成受到抑制，有利于降水入渗，因此，整个降雨时段均有稳定的入渗率；而有雨滴打击试验处理，由于雨滴对径流表面的打击，增加了径流水动力，加剧了细沟侵蚀，同时，雨滴击溅作用能够加剧细沟间薄层水流溢入细沟内。因此，有雨滴打击试验处理的稳定产流率相对较高。

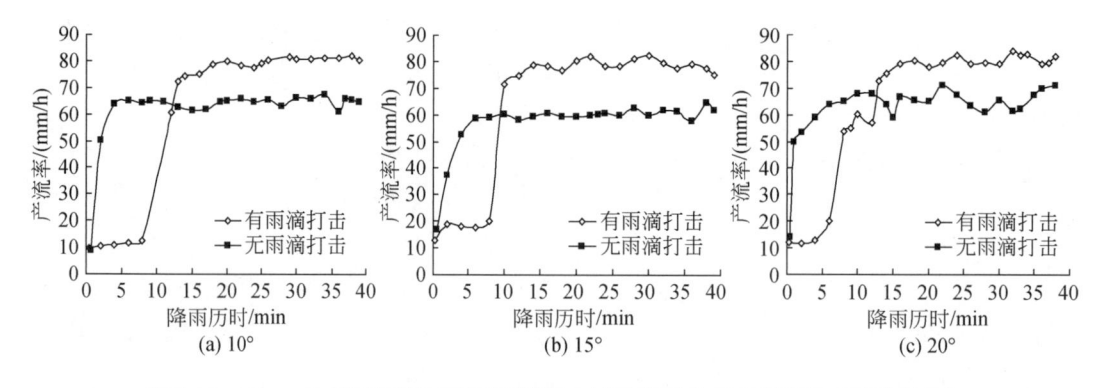

图 7-10　75 mm/h 降雨强度下有/无雨滴打击试验处理的产流率随降雨历时的变化

径流含沙量是分析坡面土壤侵蚀过程规律的重要指标。图 7-11 为 75 mm/h 降雨强度下 3 种坡度坡面有/无雨滴打击试验处理的径流含沙量变化过程曲线。郑粉莉（1998）将黄土坡面土壤侵蚀过程划分为溅蚀、细沟间侵蚀、细沟侵蚀和雨后径流侵蚀 4 个阶段，这里仅选取降雨历时内径流含沙量数据进行分析，因此，不包括雨后径流侵蚀阶段。由图 7-11 可知，有雨滴打击试验处理降雨初期为溅蚀阶段，此时坡面径流含沙量较低；随着降雨的持续，坡面进入细沟间侵蚀阶段，由于雨滴对土壤表面的打击作用，土壤表面形成相对致密的临时结皮层，土壤孔隙被封闭，土壤入渗能力降低，形成薄层水流，径流含沙量增加。临时结皮层的形成使坡面降雨入渗减少，径流量增大，同时，雨滴打击对径流有一定的扰动作用，使径流冲刷能力增强，在坡面形成若干细沟下切沟头，导致细沟侵蚀的发生发展，进入细沟侵蚀阶段，径流含沙量迅速增加并达到稳定。无雨滴打击试验处理径流含沙量达到稳定的时间较有雨滴打击试验处理滞后 3 min 左右。现有研究结果（王贵平，1998；Di

Stefano et al., 2013) 表明, 细沟的出现将导致坡面侵蚀急剧增加, 本试验条件下, 有雨滴打击试验处理稳定径流含沙量是初始径流含沙量的 5~8 倍; 无雨滴打击试验处理稳定径流含沙量是初始径流含沙量的 2~3 倍。

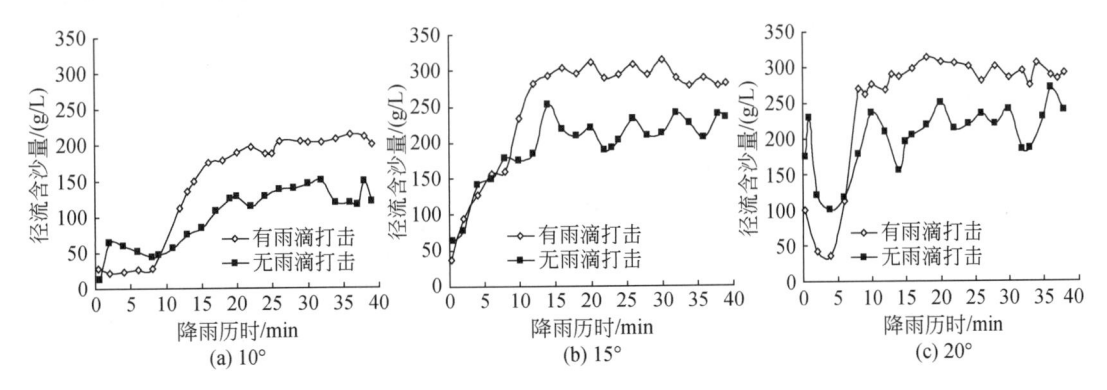

图 7-11　75 mm/h 降雨强度下有/无雨滴打击试验处理的径流含沙量随降雨历时的变化

通过对比有/无雨滴打击试验处理的径流含沙量变化过程曲线, 发现其变化趋势较为相近 (图 7-11)。降雨初期, 无雨滴打击试验处理径流含沙量均大于有雨滴打击试验处理; 随着降雨的持续, 有雨滴打击试验处理的径流含沙量明显高于无雨滴打击试验处理。这主要是因为降雨初期形成的径流带走了易被搬移的疏松分散的土壤颗粒 (肖培青等, 2011), 从而引起径流含沙量的迅速增加。消除雨滴打击后, 降雨初期即迅速形成小细沟, 侵蚀方式以微弱细沟侵蚀为主, 因此, 降雨初期无雨滴打击试验处理下的径流含沙量较高。随着降雨历时延长, 细沟侵蚀成为有雨滴打击试验处理的主要侵蚀方式; 而无雨滴打击试验处理由于径流水动力的增加受到限制, 细沟发育受阻, 而且也使径流挟沙能力受到限制, 径流含沙量降低。同时, 微弱的溅蚀作用使片流搬运泥沙及片流向细沟输送的泥沙减少。因此, 无雨滴打击试验处理径流含沙量低于有雨滴打击试验处理。

7.2.2　降雨强度对坡面细沟侵蚀影响的模拟试验研究

1. 降雨强度对坡面细沟发育过程中关键时刻的影响

认识和掌握坡面细沟发育过程中的关键时刻, 有助于深入揭示细沟侵蚀机理。本试验监测了坡面产流时间、坡面流稳定时间、跌水出现时间和细沟出现时间 (表 7-6), 结果表明, 上述关键时刻皆随着降雨强度的增加而逐渐提前, 但提前的幅度逐渐减小, 75 mm/h 和 100 mm/h 降雨强度试验处理之间无显著性差异。

对于多数试验处理, 产流时间基本在 0.5 min 以内 (表 7-6), 其原因是正式模拟降雨试验之前进行了前期预降雨, 导致坡面前期土壤含水量基本相似, 为 23.43%±0.53%, 因此, 一旦正式模拟降雨试验开始进行, 坡面出口处很快产流。但对于 10°条件下 50 mm/h 降雨强度试验处理, 由于其坡度较缓, 土壤水分向下坡流动的速度较小, 且土壤入渗率较高 (图 7-10), 因此, 其产流时间相对较长, 但也在 1 min 以内。

表 7-6 不同降雨强度下细沟发育过程中关键时刻对比

坡度/(°)	降雨强度/(mm/h)	关键时刻/min			
		产流	坡面流稳定	跌水出现	细沟出现
10	50	0.83 a	8 a	13 a	20 a
	75	0.45 ab	4 b	9 ab	14 b
	100	0.25 b	3 b	7 b	12 b
15	50	0.35 a	4 a	7 a	15 a
	75	0.33 a	2 b	5 a	9 b
	100	0.22 a	1 b	4 a	6 b
20	50	0.25 a	3 a	7 a	13 a
	75	0.22 a	2 a	5 ab	8 b
	100	0.17 a	1 a	3 b	6 b

注：产流时间为径流刚流出坡面的时间；坡面流稳定时间为以坡面没有明显的雨滴击溅痕迹为准；跌水出现时间为坡面出现明显跌坎形态的时间；细沟出现时间为跌坎形成明显的下切沟头的时间。

由于 10°条件下 50 mm/h 降雨强度试验处理产流时间的滞后性，导致其坡面流稳定时间、跌水出现时间和细沟出现时间均明显大于其他试验处理（表 7-6）。本试验绝大多数试验处理的坡面流稳定时间、跌水出现时间和细沟出现时间分别在 5 min、10 min 和 15 min 以内。坡面流稳定时间反映了雨滴击溅明显作用于坡面的时间长度，当降雨强度增加，尽管降雨侵蚀力相应增强，但坡面上雨滴明显击溅的时间逐渐缩短。坡面上集中水流的出现导致径流侵蚀力增加，进而使坡面形成小跌水，因此，跌水出现的时间能够间接反映由坡面流到集中水流的时间长度，即反映了坡面流能量的汇集时间。结果表明，坡面流能量的汇集时间基本随着降雨强度的增加而缩短。跌水的出现常被看作是细沟侵蚀的开始（Zheng and Tang，1997），因此，可以用跌水出现时间与细沟出现时间的间隔长度作为坡面发生细沟侵蚀难易程度的标准（和继军等，2013），随着降雨强度的增加，细沟侵蚀更容易发生。通过对 3 种降雨强度试验处理关键时刻的综合分析发现，当降雨强度小于 75 mm/h 时，降雨强度对各个关键时刻的影响作用更加显著，当降雨强度大于 75 mm/h 时，降雨强度对各个关键时刻的影响会被坡面条件等抑制。

分析细沟出现时的临界单宽径流率对于认识坡面细沟侵蚀的水力学特征有非常重要的意义。由表 7-7 可知，50 mm/h、75 mm/h 和 100 mm/h 降雨强度试验处理坡面细沟发生时的临界单宽径流率分别为 27.3~33.6 mm/(h·m)、35.9~49.6 mm/(h·m) 和 44.3~66.6 mm/(h·m)，随着降雨强度的增加而明显增加。结果表明，降雨强度通过影响水力学特性，从而对细沟出现的时间产生显著影响。因此，未来研究中应注重探讨降雨强度对坡面细沟侵蚀的影响，及其对土壤侵蚀预报模型的作用，如 WEPP 模型，也尤为重要。

表 7-7 不同降雨强度下细沟出现时的临界单宽径流率

坡度/(°)	降雨强度/(mm/h)	临界单宽径流率/[mm/(h·m)]
10	50	33.6 c
	75	49.6 b
	100	66.6 a

续表

坡度/(°)	降雨强度/(mm/h)	临界单宽径流率/[mm/(h·m)]
15	50	30.7 c
	75	40.8 b
	100	55.9 a
20	50	27.3 c
	75	35.9 b
	100	44.3 a

综上可知，细沟发育过程中的每一个关键时刻都是坡面上一系列复杂变化的表征。因此，通过系统地研究细沟侵蚀过程中的关键时刻，既有助于揭示细沟侵蚀机理，也能为坡面侵蚀预报模型的构建提供理论依据。

2. 降雨强度对坡面细沟溯源侵蚀速率的影响

细沟溯源侵蚀速率能够反映细沟纵向发育演变程度。尽管发生最大细沟溯源侵蚀速率具有随机性，但也有一定的必然性，因为最大溯源侵蚀速率能够间接反映径流侵蚀力的极端变化。由表 7-8 可知，最大溯源侵蚀速率随着降雨强度的增加而增大，最大值甚至达到 12.5 cm/min，但相同坡度条件下，不同降雨强度间的差异较小。

表 7-8　不同降雨强度下细沟溯源侵蚀速率

坡度/(°)	降雨强度/(mm/h)	溯源侵蚀速率/(cm/min) 最大值	平均值
10	50	5.9 a	2.2 b
	75	7.6 a	3.6 b
	100	8.7 a	5.2 a
15	50	6.4 b	3.0 c
	75	9.1 ab	5.0 b
	100	11.9 a	6.9 a
20	50	11.2 a	3.8 c
	75	11.3 a	6.1 b
	100	12.5 a	8.2 a

平均细沟溯源侵蚀速率与最大溯源侵蚀速率的变化比较相似，也随着降雨强度的增加而增大，其值为 2.2~8.2 cm/min；但相同坡度条件下，不同降雨强度试验处理的平均溯源侵蚀速率差异显著，明显大于最大溯源侵蚀速率的差异（表 7-8）。溯源侵蚀速率与坡面侵蚀关系密切（韩鹏等，2002），原因也是由于径流侵蚀力随降雨强度发生变化。坡面细沟溯源侵蚀速率的变化趋势与表 7-9 中坡面细沟侵蚀速率的变化一致，当降雨强度由 50 mm/h 增加到 75 mm/h，以及由 75 mm/h 增加到 100 mm/h 时，平均溯源侵蚀速率分别增加了 61.3%~68.6% 和 34.9%~44.6%，这主要是由于存在影响坡面细沟侵蚀的临界值（Léonard and Richard，2004），当降雨强度逐渐增加，并接近临界值时，坡面细沟溯源侵蚀速率的增加幅度逐渐减小。

3. 不同降雨强度下的坡面细沟侵蚀和坡面侵蚀特征

在总降雨量相同的条件下，3 种坡度条件下不同降雨强度试验处理的径流量比较一致，为 41.5~45.0 mm，且各试验处理间无显著性差异（表 7-9）。这主要是由于正式模拟降雨试验前，在试验土槽上进行了前期预降雨，所有试验处理的前期土壤含水量基本相似，为 23.43%±0.53%，所以，当降雨量相同时，坡面径流量差异不大。

坡面侵蚀速率和细沟侵蚀速率皆随着降雨强度的增加而明显增大（表 7-9），原因是降雨强度越大，则降雨侵蚀力和径流侵蚀力越大。结果表明，降雨强度对坡面土壤侵蚀具有重要影响，尤其对于细沟侵蚀作用显著。因此，通过采取降低降雨动能的措施，如秸秆覆盖（Zhang et al., 2009）和牧草覆盖（Fullen, 1998）等，将有效防治坡面细沟侵蚀。

对于所有试验处理，细沟侵蚀速率占坡面侵蚀速率的 62.2%~84.8%，平均值为 73.4%，该结果与郑粉莉等（1987）研究结果一致。说明坡面细沟侵蚀对不同降雨强度下的坡面土壤侵蚀有重要贡献，因此，研究黄土坡面细沟侵蚀速率能够清晰反映坡面侵蚀速率的变化。由表 7-9 可知，当降雨强度由 50 mm/h 增加到 75 mm/h，以及由 75 mm/h 增加到 100 mm/h 时，细沟侵蚀速率分别增加了 56.3%~79.2% 和 35.5%~65.1%，这也与坡面细沟侵蚀影响因素的临界值有关，当降雨强度逐渐增加，越接近影响坡面细沟侵蚀的临界值，则细沟侵蚀速率的增加幅度将会逐渐减小。

表 7-9 不同降雨强度下的坡面径流量、细沟侵蚀速率及坡面侵蚀速率

坡度/(°)	降雨强度/(mm/h)	径流量/mm	细沟侵蚀速率/[kg/(m²·h)]	坡面侵蚀速率/[kg/(m²·h)]
10	50	43.4 a	4.8 b	7.4 b
	75	43.2 a	8.6 ab	11.5 ab
	100	42.4 a	14.2 a	17.0 a
15	50	43.8 a	8.4 b	13.2 c
	75	45.0 a	13.5 ab	21.8 b
	100	44.6 a	20.9 a	31.6 a
20	50	41.5 a	11.9 b	14.4 c
	75	43.3 a	18.6 ab	21.9 b
	100	41.5 a	25.2 a	32.2 a

4. 不同降雨强度下的坡面侵蚀过程分析

坡面产流过程由降雨特征和坡面条件共同决定（潘成忠和上官周平，2005）。由于 3 种降雨强度试验处理的降雨历时不同，而降雨量相同，故以降雨量为横坐标分析坡面产流过程（图 7-12）。由图 7-12 可知，当坡面条件一致时，产流率随着降雨强度的增加而明显增大；此外，所有试验处理的产流率随降雨量的变化比较一致，均可明显划分为 3 个阶段：初始产流阶段、迅速增长阶段和稳定阶段。其中，降雨量小于 10 mm 时为初始产流阶段，10~20 mm 时为迅速增长阶段，其后为稳定阶段。初始产流阶段产流率较低，原因是降雨初期，土壤含水量尚未达到饱和，且土壤表面还未形成结皮，土壤入渗率较大，因而造成产流率较小。随着土壤结皮以及坡面径流的形成，坡面侵蚀方式以细沟间侵蚀为主，入渗率减小，产流率增加。细沟间侵蚀区薄层水流的汇聚为坡面细沟侵蚀的发生发展准备了动力条件（Bruno et al., 2008），随着细沟侵蚀发生演变为坡面的主要侵蚀方式，坡面产流率迅速增加并达到稳定。值得注意的是，随着降雨强度的增加，稳定产流率的波动幅度也在增加，这主要是由于降雨强度越大，则径流的紊动性越大。

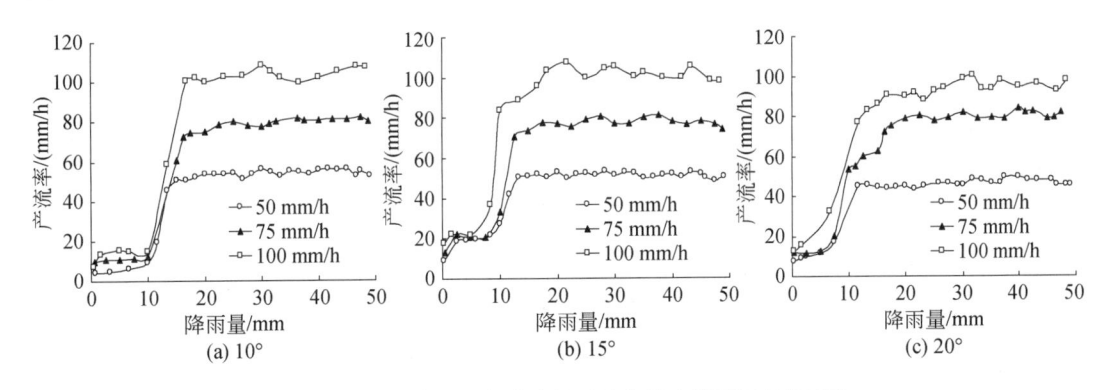

图 7-12　不同降雨强度试验处理的产流率随降雨量的变化

径流含沙量是分析坡面土壤分离和输移过程的重要参数。通过绘制径流含沙量随降雨量的变化过程曲线可知，径流含沙量的变化（图 7-13）与产流率随降雨量的变化（图 7-12）相辅相成，也可划分为初始侵蚀阶段、迅速增长阶段和相对稳定阶段。

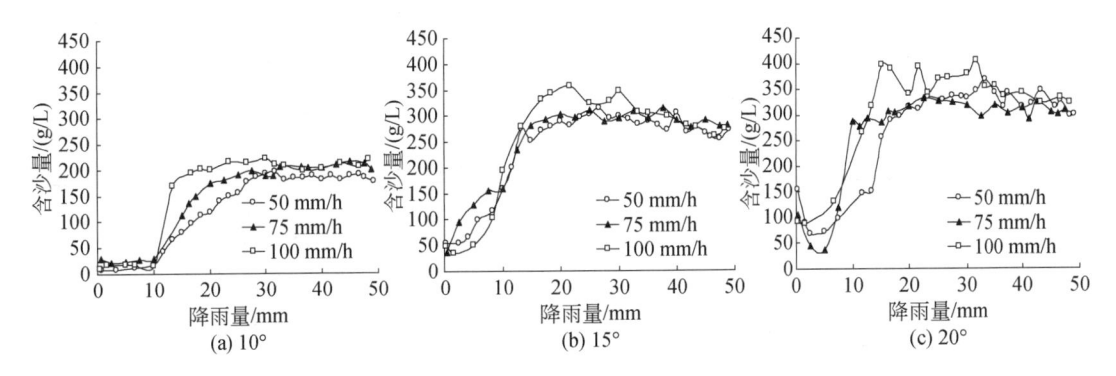

图 7-13　不同降雨强度试验处理的径流含沙量随降雨量的变化

相同坡度条件下，各降雨强度试验处理的径流含沙量随降雨量的变化比较一致，基本随着降雨强度的增加而增加，但增加的幅度较小（图 7-13）。分析其原因是，本试验通过控制降雨历时，保证降雨量相同，所以侵蚀过程随降雨量的变化差异不大。初始侵蚀阶段径流含沙量较小，如 10°坡度条件下，初始径流含沙量不足 30 g/L，这是由于此时坡面侵蚀以溅蚀为主，没有径流进行搬运雨滴溅起的泥沙，所以径流含沙量较低；随着降雨的持续，坡面侵蚀逐渐以细沟间侵蚀（溅蚀和片蚀）为主，由于雨滴对土壤表面的打击作用，土壤表面形成相对致密的临时结皮层，土壤孔隙被封闭，土壤入渗能力降低，形成薄层水流，径流含沙量增加，进入迅速增长阶段；临时结皮层的形成使坡面降雨入渗减少，径流量增大，径流冲刷能力增强，在坡面形成若干细沟下切沟头，导致细沟网的形成和发育，坡面侵蚀以细沟侵蚀为主，径流含沙量迅速增加并达到相对稳定。之所以称之为相对稳定阶段，是由于当降雨强度较大（100 mm/h）时，径流含沙量在达到稳定后，随着降雨量的增加又呈一定的减小趋势。径流含沙量随降雨量的变化主要与泥沙输移能力有关，其次为土壤剥蚀情况（Nearing et al.，1997；许炯心，1999），在多数情况下，土壤剥蚀速率接近泥沙输移速率，但也有一些情况下，土壤剥蚀速率大于泥沙输移速率。降雨强度越大，则坡面细沟发育越快，此时坡面上易被剥蚀的土壤明显减少，泥沙输移能力受到限制，所以，降雨后期径流含沙量随降雨量的变化呈现一定的减小趋势。

现有研究结果（王贵平，1998；Bryan and Rockwell，1998；Di Stefano et al.，2013）表明，坡面细沟的出现将导致坡面侵蚀急剧增加，最主要的原因是细沟水流的剥蚀能力和泥沙输移能力明显大于细沟间侵蚀（Auerswald et al.，2009）；其次，是由于细沟一旦形成，则细沟水流既能搬运自身产生的泥沙，也能搬运来自细沟间侵蚀的泥沙（Bruno et al.，2008）。本试验条件下，不同降雨强度试验处理稳定径流含沙量是初始径流含沙量的 4～12 倍。

7.2.3 降雨雨型对坡面细沟侵蚀影响的野外观测研究

1. 降雨雨型划分及验证

基于 K 均值聚类分析方法，以降雨量（P）、降雨历时（t）和最大 30 min 降雨强度（I_{30}）作为聚类分析的特征变量，将 115 场侵蚀性降雨划分成 3 种降雨雨型。从表 7-10 可以看出，降雨雨型 1（RR1）总计 65 场，累积降雨量 1254.3 mm；降雨雨型 2（RR2）总计 30 场，累积降雨量 1258.6 mm；降雨雨型 3（RR3）发生 20 场，累积降雨量 862.8 mm。3 种降雨雨型的降水事件次数分别占侵蚀性降雨总数的 56.5%、26.1%和 17.4%，说明该地区产生径流的降雨以 RR1 为主。

表 7-10 不同降雨雨型统计特征

降雨雨型	特征变量	均值	变异系数	总和	频次/次
RR1	P/mm	19.3	0.55	1254.3	65
	t/h	2.2	0.63	141.2	
	I_{30}/(mm/h)	25.8	0.49		
RR2	P/mm	31.1	0.63	1258.6	30
	t/h	13.5	0.25	405.0	
	I_{30}/(mm/h)	12.6	0.43		
RR3	P/mm	43.1	0.57	862.8	20
	t/h	27.7	0.16	554.3	
	I_{30}/(mm/h)	6.0	0.30		

对比 3 种降雨雨型，RR1 的 P 和 t 的平均值最小，而 I_{30} 的平均值最大；RR3 的 P 和 t 的平均值都是最高的，而其 I_{30} 的平均值最低。RR2 的 P、t、I_{30} 的平均值处于 RR1 和 RR3 之间。从变异系数来看，3 个特征指标在不同降雨雨型下的变异程度不同。对于 RR2 和 RR3 雨型，I_{30} 的变异最大，而 t 的变异最小；而 RR2 雨型则是 t 的变异最大，P 变异最小。由于 3 个特征变量的均值即可代表 3 种降雨雨型的主要特征。因此，将 3 种降雨雨型归纳为：RR1 为小降雨量、大降雨强度、短历时的降雨事件的集合；RR3 为大降雨量、小降雨强度、长历时的降雨事件的集合；而 RR2 的降雨特征介于 RR1 和 RR3 之间。

为进一步验证降雨雨型划分结果，在 K 均值聚类的基础上，对划分结果进行判别分析检验（图 7-14）。结果表明，RR1 与 RR3 聚类函数显著性检验的概率 $P<0.01$，RR2 聚类函数显著性检验的概率 $P<0.05$，聚类效果均较好。3 种降雨雨型的聚类函数散点分别聚集在 3 个相对集中的区域，说明划分的 3 种降雨雨型结果很好，且 3 种降雨雨型降雨特征相对稳定，可以用其分析降雨特征对坡面侵蚀的影响（图 7-14）。

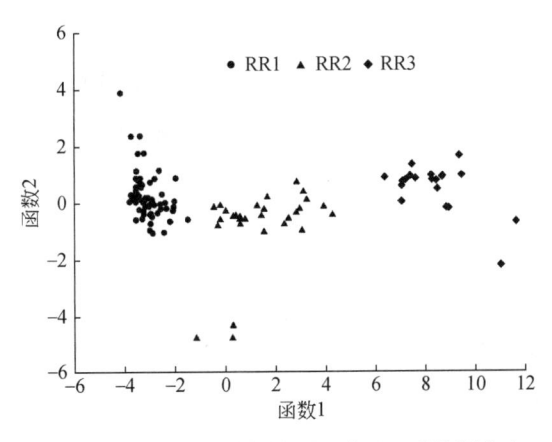

图 7-14 基于判别分析的不同降雨雨型数据分布

2. 降雨雨型特征指标分析

根据降雨雨型划分结果，对不同降雨雨型的降雨特征指标的最大值、最小值和平均值等进行统计（表 7-11），发现 RR1 的降雨特征为短历时、大降雨强度、小降雨量，其降雨历时为 0.3～3.2 h，降雨量为 9～30 mm，降雨强度为 10～40 mm/h；RR3 的降雨特征为长历时、小降雨强度、大降雨量，其降雨历时为 20～30 h，降雨量为 20～80 mm，降雨强度为 3～12 mm/h；RR2 的降雨特征为 RR1 和 RR3 之间，其降雨历时为 8～20 h，降雨量为 16～60 mm，降雨强度为 5～30 mm/h。

3 种降雨雨型中 RR1 的时段最大降雨强度（I_{10}、I_{15}、I_{30}、I_{60}），以及平均降雨强度（I_m）均最大，其次为 RR2，而以 RR3 为最小。RR1 和 RR2 的 I_{30} 平均值分别是 RR3 的 4.3 倍和 2.0 倍；而 RR1 的 I_{30} 平均值是 RR2 的 2.0 倍。3 种降雨雨型中，RR2 的降雨量与时段降雨强度组合值最高，其次为 RR1，而 RR3 最小。RR2 的 PI_{30} 平均值分别是 RR1 与 RR3 的 1.3 倍和 1.6 倍；RR2 的 PI_{60} 平均值均为 RR1 与 RR3 的 1.6 倍（表 7-11）。

表 7-11 不同降雨雨型降雨特征指标统计特征

降雨雨型		P/mm	t/h	时段降雨强度/(mm/h)					降雨量与降雨强度乘积/[mm/(mm·h)]				
				I_{10}	I_{15}	I_{30}	I_{60}	I_m	PI_{10}	PI_{15}	PI_{30}	PI_{60}	PI_m
RR1	最大值	63.0	6.7	123.0	115.4	90.0	59.4	40.6	9900.0	7524.0	5412.0	3564.0	3302.0
	最小值	8.8	0.17	21.2	16.6	13.0	8.8	5.8	39.6	36.3	28.6	19.8	15.7
	平均值	19.3	2.2	47.4	33.6	25.8	15.0	12.6	1077.8	775.6	581.8	359.9	266.0
	总和	1254.3											
RR2	最大值	131.0	19.7	68.0	56.2	37.2	20.8	10.2	10178.7	9982.2	3930.0	2126.5	1320.1
	最小值	12.6	8.5	6.6	4.6	3.0	2.4	1.2	41.6	41.5	38.8	30.5	11.7
	平均值	31.1	13.5	24.6	19.2	12.6	10.2	3.0	1321.2	1081.2	736.8	585.3	382.7
	总和	1258.6											
RR3	最大值	123.0	39.1	24.2	18.2	13.0	9.6	5.4	3463.4	3080.4	3034.4	2619.9	691.0
	最小值	18.0	22.0	4.8	4.2	3.6	3.0	1.2	109.0	94.5	80.5	64.9	19.8
	平均值	43.1	27.7	13.2	9.2	7.2	2.6	0.6	531.9	493.1	466.8	356.1	115.3
	总和	862.8											

3. 不同降雨雨型特征年际变化

从图 7-15 可以看出，3 种降雨雨型的降雨频次与降雨量变化趋势明显不同。在大多数年份中，RR1 的频次明显高于 RR2 和 RR3；但 3 种降雨雨型的降雨量分布无明显规律。

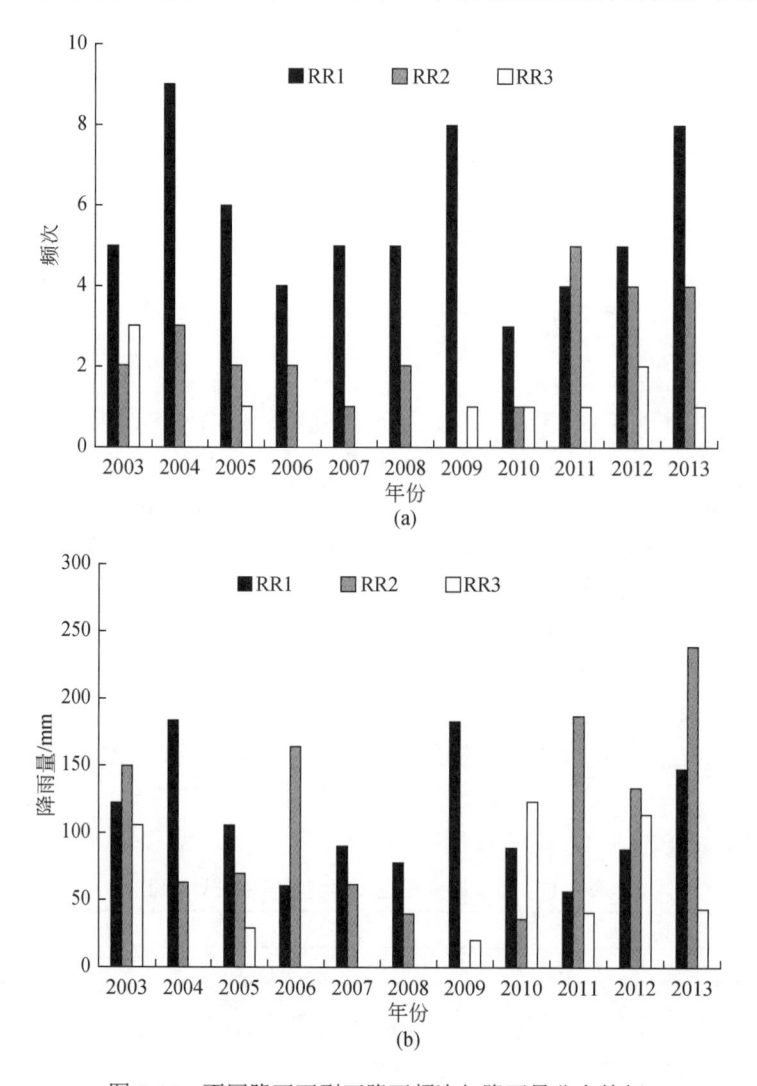

图 7-15　不同降雨雨型下降雨频次与降雨量分布特征

RR1 的年降雨量平均值为 104.5 mm；RR2 的年降雨量平均值为 104.9 mm；RR3 的年降雨量平均值最小，为 71.9 mm。3 种降雨雨型的降雨量占总降雨量的比例分别为 37.1%（RR1）、37.3%（RR2）、25.6%（RR3）（表 7-12）。

3 种降雨雨型的降雨频次变化与降雨量变化不同。在 2003~2014 年的 12 年间，RR1 年降雨频次变化范围为 2~9 场次，平均每年发生 5 场次；RR2 和 RR3 的降雨频次的变化范围均为 0~5 场次，平均每年分别发生 3 场次和 2 场次。在 3 种降雨雨型中，RR1 的降雨频次最高，占总降雨场次的 56.5%，其次为 RR2，为 26.1%；RR3 最小，为 17.4%（表 7-12）。降雨雨型特征的差异势必影响坡面侵蚀过程。

表 7-12 不同降雨雨型降雨特征指标

降雨雨型	降雨频次			降雨量/mm		
	变化范围	平均值	比例/%	变化范围	平均值	比例/%
RR1	2~9	5.4	56.5	21.0~200.3	104.5	37.1
RR2	0~5	2.5	26.1	0~239.0	104.9	37.3
RR3	0~5	1.7	17.4	0~234.0	71.9	25.6

4. 坡面细沟侵蚀带产流产沙特征对降雨雨型的响应

坡面细沟侵蚀带的多年平均年径流量为 43093.7 m³/(km²·a)，多年平均侵蚀量为 9822.0 t/(km²·a)（图 7-16）。进一步对比不同降雨雨型下细沟侵蚀带的侵蚀产沙特征发现，由 RR1 引起的径流量和侵蚀量在 3 种降雨雨型中仍为最大，其年径流量和年侵蚀量变化范围分别为 1614.5~50432.3 m³/(km²·a) 和 245.6~18299.5 t/(km²·a)，二者平均值分别为 26008.3 m³/(km²·a) 和 6928.3 t/(km²·a)；RR3 引起的径流量和侵蚀量亦为最小，其年径流量和年侵蚀量变化范围分别为 0~18579.4 m³/(km²·a) 和 0~3537.9 t/(km²·a)，二者平均值分别为 6689.2 m³/(km²·a) 和 1048.1 t/(km²·a)；RR2 引起的径流量和侵蚀量仍处于 RR1 和 RR3 之间，其年径流量和年侵蚀量变化范围分别为 0~25101.3 m³/(km²·a) 和 0~3523.7 t/(km²·a)，二者平均值分别为 10396.3 m³/(km²·a) 和 1845.6 t/(km²·a)。

通过细沟侵蚀带在 3 种降雨雨型的侵蚀量与径流量进行双变量相关分析，发现侵蚀量与径流量均呈极显著的相关关系。其中，RR1 和 RR3 的相关系数较高，分别为 0.915 和 0.918，RR2 的相关系数相对较小，为 0.790。进一步对比细沟侵蚀带在 3 种降雨雨型下的多年平均径流量和侵蚀量，由 RR1 引起的年径流量占细沟侵蚀带全年总径流量的 60.4%，由 RR2 引起的年径流量占细沟侵蚀带全年总径流量的 24.1%，由 RR3 引起的年径流量占细沟侵蚀带全年总径流量的 15.5%。而由 RR1 引起的年侵蚀量占细沟侵蚀带全年总侵蚀量的 70.5%，由 RR2 引起的年侵蚀量占细沟侵蚀带全年总侵蚀量的 18.8%，由 RR3 引起的年侵蚀量占细沟侵蚀带全年总侵蚀量的 10.7%。结果表明，RR1 也是引起细沟侵蚀带产流产沙的主要降雨雨型。

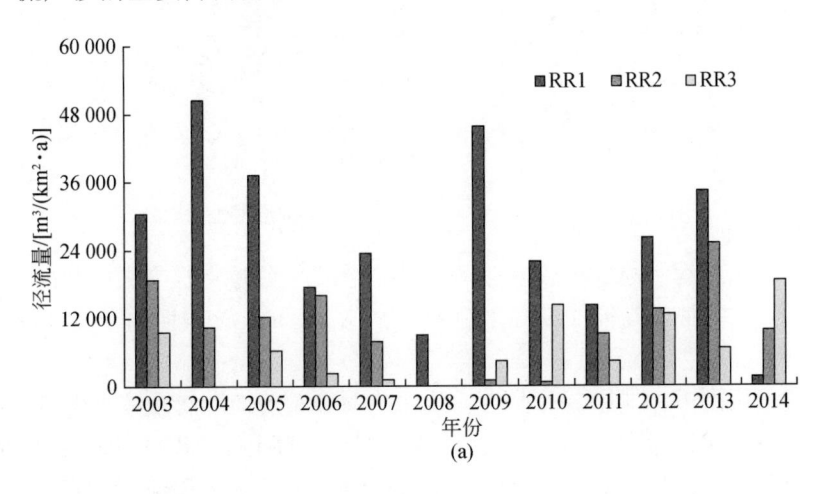

(a)

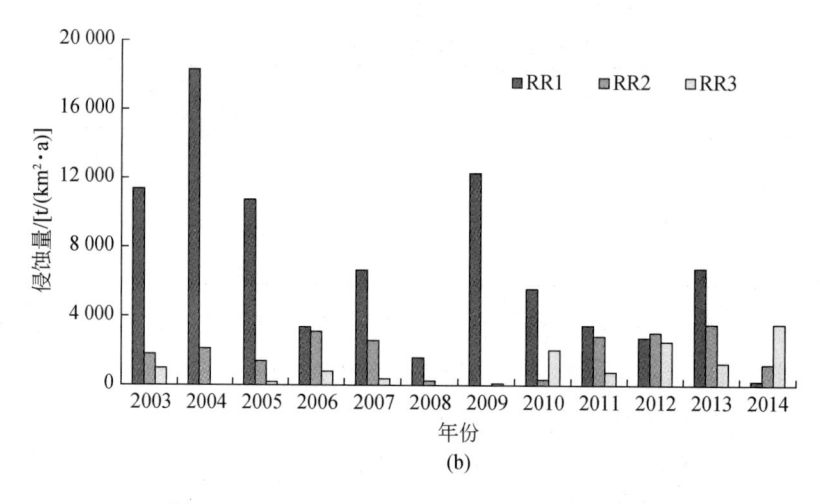

图 7-16 不同降雨雨型下细沟侵蚀带产流产沙特征

5. 不同降雨雨型下次降雨细沟侵蚀特征

图 7-17 是细沟侵蚀带与片蚀-细沟复合带 14 场侵蚀性降雨的细沟侵蚀量对比。可以看出，片蚀-细沟复合带的细沟侵蚀量均大于细沟侵蚀带的细沟侵蚀量。而且细沟侵蚀量基本产生于前 7 场降雨，后 7 场降雨引起的细沟侵蚀量很小。

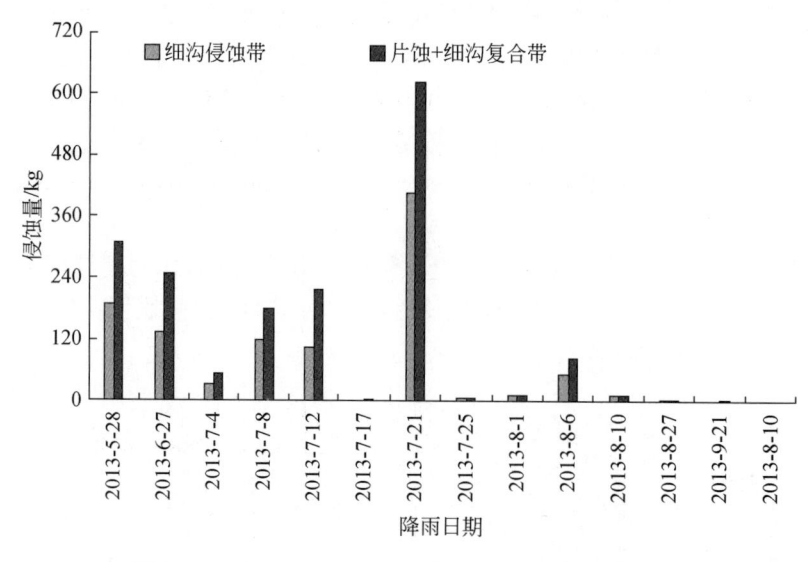

图 7-17 不同侵蚀带 14 场侵蚀性降雨细沟侵蚀量对比

为进一步揭示细沟侵蚀带和片蚀-细沟复合带在细沟侵蚀特征方面的差异，这里对比了不同降雨雨型下二者的细沟侵蚀量变化趋势（表 7-13），以此来说明两个侵蚀带的细沟侵蚀量之间的差异。

在 3 种降雨雨型下，细沟侵蚀带和片蚀-细沟复合带的细沟侵蚀量变化趋势相同，均以 RR2 最大，其次为 RR1 和 RR3。方差分析结果表明，RR1 与 RR2 两种降雨雨型下的细沟侵蚀量差异不显著，但与 RR3 降雨雨型下的细沟侵蚀量相比，RR1 与 RR2 下的细沟侵蚀量均呈显著性差异。其主要原因是对于 RR2 降雨雨型，在 2013 年 7 月 21 日发生了极端降雨事件，加剧了细沟侵蚀带和片蚀-细沟复合带细沟的发育，且对二者坡面细沟形态的形成产生了决定性的影响。因此，此次降雨引起的细沟侵蚀量也明显高于其他降雨场次，分别占各自全年细沟侵蚀量的 38.1%和 35.5%；这也是 RR2 降雨雨型引起的细沟侵蚀量较高的主要原因。

表 7-13 不同降雨雨型下细沟侵蚀量对比

降雨雨型	细沟侵蚀带 范围/kg	平均值/kg	比例/%	片蚀-细沟复合带 范围/kg	平均值/kg	比例/%
RR1	0～187.8	65.3	42.7	0～309.0	115.4	46.0
RR2	0～401.7	115.8	54.2	0～612.5	177.9	50.7
RR3	0～33.6	16.7	3.1	4.7～52.6	28.7	3.2

7.3 地形因子对坡面细沟侵蚀影响的模拟试验研究

7.3.1 坡度对坡面细沟侵蚀影响的模拟试验研究

1. 坡度对细沟发育过程中关键时刻的影响

认识和掌握坡面产流时间、坡面流稳定时间、跌水出现时间和细沟出现时间等，有助于深入揭示坡面细沟侵蚀机理。由表 7-14 可知，10°、15°和 20°坡度试验处理坡面产流时间分别为 0.25～0.83 min、0.22～0.35 min 和 0.17～0.25 min，坡面流稳定时间分别为 3～8 min、1～4 min 和 1～3 min，跌水出现时间分别为 7～13 min、4～7 min 和 3～7 min，细沟出现时间分别为 12～20 min、6～15 min 和 6～13 min。这些关键时刻基本随着坡度的增加而提前，但提前的幅度逐渐减小。因此，10°和 15°坡度试验处理下关键时刻差异比较显著，而 15°和 20°坡度试验处理下关键时刻无显著性差异。

表 7-14 不同坡度下细沟发育过程中关键时刻对比

降雨强度/(mm/h)	坡度/(°)	关键时刻/min 产流	坡面流稳定	跌水出现	细沟出现
50	10	0.83 a	8 a	13 a	20 a
50	15	0.35 b	4 b	7 b	15 b
50	20	0.25 b	3 b	7 b	13 b
75	10	0.45 a	4 a	9 a	14 a
75	15	0.33 b	2 a	5 a	9 b
75	20	0.22 a	2 a	5 a	8 b
100	10	0.25 a	3 a	7 a	12 a
100	15	0.22 b	1 b	4 b	6 b
100	20	0.17 a	1 b	3 b	6 b

注：相同降雨强度下不同字母表示不同坡度试验处理经 LSD 检验差异显著（$p<0.05$），下同。

坡面流稳定时间反映了雨滴击溅明显作用于坡面的时间长度；跌水出现的时间能够间接反映由坡面流到集中水流的时间长度，即反映了坡面流能量的汇集时间；跌水出现时间与细沟出现时间的间隔长度作为坡面发生细沟侵蚀难易程度的标准。由表 7-14 可知，当坡度由 10°增加到 15°时，雨滴击溅明显作用于坡面的时间和坡面流能量的汇集时间明显缩短，坡面细沟侵蚀相对更容易发生；但当坡度由 15°增加到 20°时，雨滴击溅明显作用于坡面的时间、坡面流能量的汇集时间和细沟侵蚀发生的难易程度无明显变化。结果表明，当坡度小于 15°时，坡度对关键时刻的作用效应更加显著；当坡度大于 15°时，坡度对各关键时刻的影响会受到坡面土壤条件等的抑制。

2. 坡度对细沟溯源侵蚀速率的影响

最大细沟溯源侵蚀速率随着坡度的增加而增加，10°、15°和 20°坡度试验处理下，其值分别为 5.9~8.7 cm/min、6.4~11.9 cm/min 和 11.2~12.5 cm/min（表 7-15），最大溯源侵蚀速率能够间接反映径流侵蚀力的极端变化。

表 7-15　不同坡度下细沟沟头溯源侵蚀速率

降雨强度/（mm/h）	坡度/（°）	沟头溯源侵蚀速率/（cm/min）	
		最大值	平均值
50	10	5.9 b	2.2 b
	15	6.4 b	3.0 ab
	20	11.2 a	3.8 a
75	10	7.6 a	3.6 b
	15	9.1 a	5.0 ab
	20	11.3 a	6.1 a
100	10	8.7 a	5.2 b
	15	11.9 a	6.9 a
	20	12.5 a	8.2 a

平均细沟溯源侵蚀速率与最大溯源侵蚀速率的变化比较相似，也随着坡度的增加而增大，10°、15°和 20°坡度试验处理平均溯源侵蚀速率分别为 2.2~5.2 cm/min、3.0~6.9 cm/min 和 3.8~8.2 cm/min（表 7-15）；但相同降雨强度下，不同坡度间平均溯源侵蚀速率的差异明显大于最大溯源侵蚀速率的差异。溯源侵蚀速率与坡面侵蚀关系密切（韩鹏等，2002），原因也是由于径流侵蚀力随坡度发生变化。不同坡度条件下，细沟溯源侵蚀速率的变化趋势与表 7-14 中细沟侵蚀速率的变化一致，当坡度由 10°增加到 15°，以及由 15°增加到 20°时，平均溯源侵蚀速率分别增加了 32.2%~38.2%和 18.3%~26.7%，这也与影响坡面细沟侵蚀的临界值有关，当坡度逐渐增加并接近临界值时，细沟溯源侵蚀速率的增加幅度逐渐减小。

3. 不同坡度下的坡面细沟侵蚀和坡面侵蚀特征对比

相同降雨强度下，不同坡度试验处理的径流量比较一致，各试验处理间无显著性差异（表 7-16）。这主要是由于正式模拟降雨试验前，在试验土槽上进行了前期预降雨，所有试验处理的前期土壤含水量基本相似，为 23.43%±0.53%。因此，当降雨强度相同时，坡面径流量差异不大。

第7章 影响坡面细沟发育的主要因子分析

表 7-16 不同坡度下的坡面径流量、细沟侵蚀速率及坡面侵蚀速率

降雨强度 /（mm/h）	坡度 /（°）	径流量 /mm	细沟侵蚀速率 /[kg/(m²·h)]	坡面侵蚀速率 /[kg/(m²·h)]
50	10	43.4 a	4.8 c	7.4 b
	15	43.8 a	8.4 b	13.2 a
	20	41.5 a	11.9 a	14.4 a
75	10	43.2 a	8.6 b	11.5 b
	15	45.0 a	13.5 ab	21.8 a
	20	43.3 a	18.6 a	21.9 a
100	10	42.4 a	14.2 b	17.0 b
	15	44.6 a	20.9 ab	31.6 a
	20	41.5 a	25.2 a	32.2 a

坡度为10°试验处理的坡面侵蚀速率相对较小，与15°和20°试验处理的坡面侵蚀率差异显著，而15°和20°试验处理间无显著性差异（表7-16），原因是由于随着坡度的增加，尽管承雨面积逐渐减小，但径流流速逐渐增加，两种效应同时作用于细沟侵蚀过程中，当坡度由10°增加到15°时，径流侵蚀力的增加效应明显大于承雨面积的减小效应，导致坡面侵蚀明显增加；当坡度由15°增加到20°时，一方面由于承雨面积的减小效应相对较大，另一方面由于此时的坡度接近影响坡面侵蚀的临界值，所以坡面侵蚀差异不显著。结果表明，坡度也是驱动黄土坡面土壤侵蚀的重要因子。因此，深入开展坡度效应研究对防治坡耕地土壤侵蚀有重要意义。

坡度对细沟侵蚀的影响大于其对坡面侵蚀的影响，细沟侵蚀速率基本随着坡度的增加而增大（表7-16）。对于所有试验处理，不同坡度下细沟侵蚀速率平均占坡面侵蚀速率的63.9%～81.9%，说明细沟侵蚀对不同坡度下的坡面土壤侵蚀也有有重要贡献。因此，研究黄土坡面细沟侵蚀速率能够清晰反映坡面侵蚀速率的变化。由表7-14可知，当坡度由10°增加到15°，以及由15°增加到20°时，细沟侵蚀速率分别增加了47.2%～75.0%和20.8%～41.7%，原因是由于存在影响坡面细沟侵蚀的临界值（Léonard and Richard，2004），当坡度逐渐增加，越接近坡面细沟侵蚀的临界值，则细沟侵蚀速率的增加幅度将会逐渐减小，而本试验设计的坡度还未达到影响坡面细沟侵蚀的临界值。

4. 不同坡度下的坡面侵蚀过程分析

坡面产流过程由降雨特征和坡面条件共同决定（潘成忠和上官周平，2005），当降雨特征一致时，不同坡度下产流率随降雨量的变化非常相似，也可明显划分为3个阶段：初始产流阶段、迅速增长阶段和稳定阶段（图7-18）。其中，降雨量小于10 mm时为初始产流阶段，10～20 mm时为迅速增长阶段，其后为稳定阶段。不同坡度下各个阶段产流率数值比较相近。结果表明，坡度对坡面径流的影响较小。

与对径流的影响相比，坡度对侵蚀的作用更加明显。径流含沙量伴随产流率随降雨量的变化而变化，也可划分为初始侵蚀阶段、迅速增长阶段和相对稳定阶段。相同降雨强度下，各坡度试验处理的径流含沙量的变化随着坡度的增加而增加，但增加的幅度逐渐减小

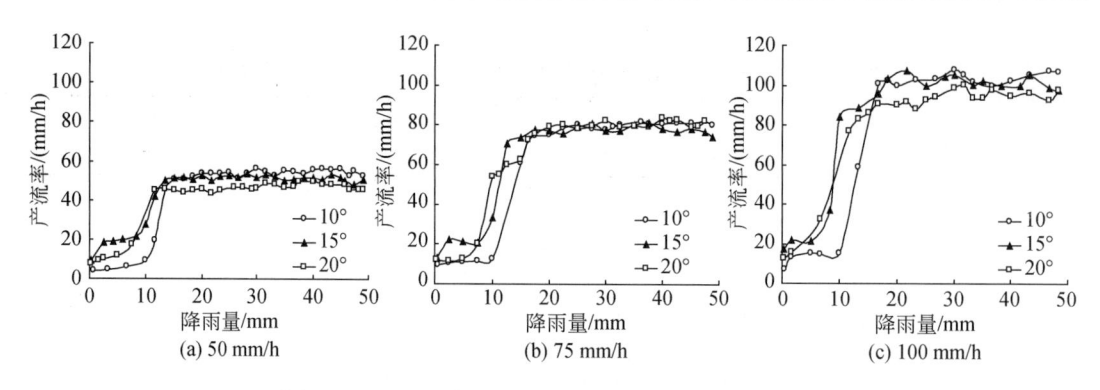

图 7-18 不同坡度试验处理的产流率随降雨量的变化

（图 7-19）。初始侵蚀阶段径流含沙量较小，且坡度越大，其变化越剧烈，甚至当坡度增加到 20°时，出现径流含沙量的第一个峰值，这主要是由于降雨初期坡面上存在大量松散的土壤（Parsons and Stone，2006；Wirtz et al.，2012），坡度越大，这些松散的土壤流失的越快，导致初始侵蚀阶段径流含沙量随着坡度的增加而逐渐增加，甚至出现第一个峰值。迅速增长阶段径流含沙量的增加幅度随坡度的增加而增加。相对稳定阶段径流含沙量的波动随着坡度的增加而明显增加，之所以称该阶段为相对稳定，是由于当坡度增加到 15°或 20°时，径流含沙量首先在一定数值范围内稳定波动，其后随着降雨量的增加而呈些许减小的趋势。径流含沙量随降雨量的变化主要与泥沙输移能力有关，其次为土壤剥蚀情况（Nearing et al.，1997）。在多数情况下，土壤剥蚀速率接近泥沙输移速率，但也有一些情况下，土壤剥蚀速率大于泥沙输移速率，这主要与坡面细沟发育过程中的土壤剥蚀、沟头溯源侵蚀、沟壁崩塌和沟底下切侵蚀等相关（Wirtz et al.，2012）。坡度越大，越有利于坡面细沟的充分发育，一旦细沟发育速度减缓，则泥沙输移能力就会受到限制，所以，降雨后期径流含沙量随降雨量的变化也呈现一定的减小趋势。

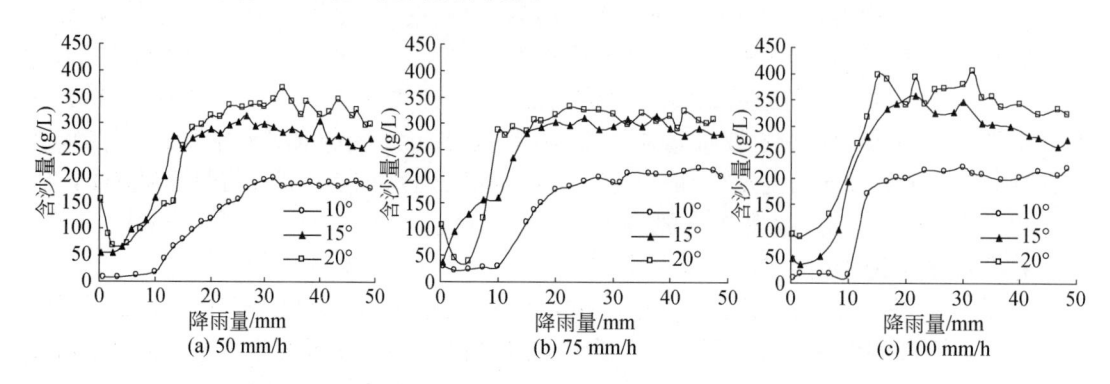

图 7-19 不同坡度试验处理的径流含沙量随降雨量的变化

7.3.2 坡长对坡面细沟侵蚀影响的模拟试验研究

1. 坡长对细沟发育过程中关键时刻的影响

坡长对坡面细沟发育过程的关键时刻也有一定的作用。由表 7-17 可知，2 种坡长试验处理的产流时间和坡面流稳定时间无显著性差异，其中产流时间均在 0.5 min 以内，坡面流稳定时间在 5 min 以内。由此可见，坡长对降雨初期的产流和雨滴击溅明显作用于坡面的时间无影响，二者主要受降雨特征和坡度因子的影响；7.5 m 和 10 m 坡长试验处理的跌水出现时间分别为 7~16 min 和 5~7 min，细沟出现时间分别为 14~33 min 和 9~15 min，即随着坡长的增加，跌水和细沟出现的时间均在缩短。

由于跌水出现的时间能够间接反映由坡面流到集中水流的时间长度，即反映了坡面流能量的汇集时间；跌水出现时间与细沟出现时间的间隔长度作为坡面发生细沟侵蚀难易程度的标准。由表 7-17 可知，当坡长由 7.5 m 增加到 10 m 时，坡面流能量的汇集时间相对缩短，尤其对于 50 mm/h 降雨强度试验处理，2 种坡长下坡面流能量的汇集差异显著；而 75 mm/h 降雨强度试验处理，2 种坡长下坡面流能量的汇集无显著性差异。此外，随着坡长的增加，坡面细沟侵蚀更容易发生。

表 7-17　不同坡长下细沟发育过程中关键时刻对比

坡度/(°)	降雨强度/(mm/h)	坡长/m	关键时刻/min			
			产流	坡面流稳定	跌水出现	细沟出现
15	50	7.5	0.28 a	5 a	16 a	33 a
		10	0.35 a	4 a	7 b	15 b
	75	7.5	0.22 a	3 a	7 a	14 a
		10	0.33 a	2 a	5 a	9 b

注：相同坡度和降雨强度下不同字母表示不同坡长试验处理经 F 检验差异显著（$p<0.05$），下同。

2. 坡长对细沟溯源侵蚀速率的影响

最大细沟溯源侵蚀速率随着坡长的增加而明显增加，7.5 m 和 10 m 试验处理下，其值分别为 3.2~5.2 cm/min 和 6.4~9.1 cm/min（表 7-18）。最大溯源侵蚀速率能够间接反映径流侵蚀力的极端变化，由此可知，随着坡长的增加，径流侵蚀能力明显增强。

表 7-18　不同坡长下细沟溯源侵蚀速率

坡度/(°)	降雨强度/(mm/h)	坡长/m	溯源侵蚀速率/(cm/min)	
			最大值	平均值
15	50	7.5	3.2 b	1.7 a
		10	6.4 a	3.0 a
	75	7.5	5.2 b	2.8 b
		10	9.1 a	5.0 a

平均细沟溯源侵蚀速率与最大溯源侵蚀速率的变化比较相似，也随着坡长的增加而增大，当坡长由 7.5 m 增加到 10 m 时，平均溯源侵蚀速率分别增加了 72.1%和 77.6%（表 7-18）。其中，50 mm/h 降雨强度下，7.5 m 和 10 m 坡长试验处理平均溯源侵蚀速率无显著性差异。这主要是由于 7.5 m 坡长试验处理下，细沟在降雨中后期才开始出现，至降雨结束时，细沟还处于明显发育阶段，所以，尽管其细沟侵蚀量非常小，但在细沟发育时段内的平均溯源侵蚀速率没有明显减小。由于溯源侵蚀速率与坡面侵蚀关系密切（韩鹏等，2002），所以，

应用这一指标可以很好地表征不同坡长下坡面细沟侵蚀速度。

3. 不同坡长下的坡面细沟侵蚀和坡面侵蚀特征对比

当降雨强度和降雨历时相同时，不同坡长试验处理的坡面径流量无显著性差异，而坡面侵蚀速率和细沟侵蚀速率差异显著（表7-19）。当坡长由7.5 m增加到10 m时，50 mm/h降雨强度下，坡面侵蚀速率增加了5.8倍，细沟侵蚀速率则增加了18.2倍；75 mm/h降雨强度下，坡面侵蚀速率增加了98.5%，细沟侵蚀速率则增加了50.0%。造成这些结果的原因是，坡长的增加一方面导致坡面承雨面积增加，另一方面导致坡面径流汇流面积增加，从而使径流汇集、冲刷和搬运能力增加，造成坡面侵蚀和细沟侵蚀的明显增加。50 mm/h降雨强度下7.5 m坡长试验处理只有在降雨中后期于坡面底部出现小细沟，由此推断这一试验条件刚刚突破发生细沟侵蚀的临界条件，所以，细沟侵蚀微弱，此时细沟侵蚀速率占坡面侵蚀速率的22.5%；其他3个试验处理细沟侵蚀贡献率达62.0%~82.3%。结果表明，坡长对坡面侵蚀和细沟侵蚀的影响比较显著，通过采取有效措施间接减小有效坡长，如通过布设秸秆带（温磊磊等，2014）、草带（叶瑞卿等，2008；唐佐芯和王克勤，2012）等方法，将有助于防治坡面土壤侵蚀，提高土壤肥力，具有较好的生态效益和经济效益。

表7-19 不同坡长下的坡面径流量、细沟侵蚀速率及坡面侵蚀速率

坡度/(°)	降雨强度/(mm/h)	坡长/m	径流量/mm	细沟侵蚀速率/[kg/(m²·h)]	坡面侵蚀速率/[kg/(m²·h)]
15	50	7.5	41.0 a	0.4 b	1.9 b
		10	43.8 a	8.4 a	13.2 a
	75	7.5	43.9 a	9.1 b	11.0 b
		10	45.0 a	13.5 a	21.8 a

4. 不同坡长下的坡面侵蚀过程分析

通过绘制产流率随降雨量的变化过程曲线，探究坡长对坡面产流过程的影响。由图7-20（a）可知，相同坡长条件下，产流率随降雨量的变化过程基本一致。当坡长为10 m时，产流过程曲线可以明显划分为3个阶段：初始产流阶段、迅速增长阶段和稳定阶段，其中，降雨量小于10 mm时为初始产流阶段，10~15 mm时为迅速增长阶段，其后为稳定阶段。初始产流阶段产流率较低，原因是降雨初期，土壤含水量尚未达到饱和，且土壤表面还未形成结皮，土壤入渗率较大，因而造成产流率较小。随着土壤结皮及坡面径流的形成，坡面侵蚀方式以细沟间侵蚀为主，入渗率减小，产流率增加。细沟间侵蚀区薄层水流的汇聚为坡面细沟侵蚀的发生发展准备了动力条件（Bruno et al.，2008），随着细沟侵蚀发生演变为坡面的主要侵蚀方式，坡面产流率迅速增加并达到稳定，当坡长为7.5 m时，产流率随降雨量的变化只有两个阶段：迅速增长阶段和稳定阶段，即坡面开始降雨后，产流率急剧增加，一般在降雨量达5 mm以后进入稳定阶段，并持续到降雨结束。产流率急剧增加的原因是，7.5 m坡长相对较短，一旦降雨作用于坡面，会导致径流的局部紊动性增强；此外，较短的径流流路，造成降雨初期土壤入渗率较小，产流率迅速增加并达到稳定。

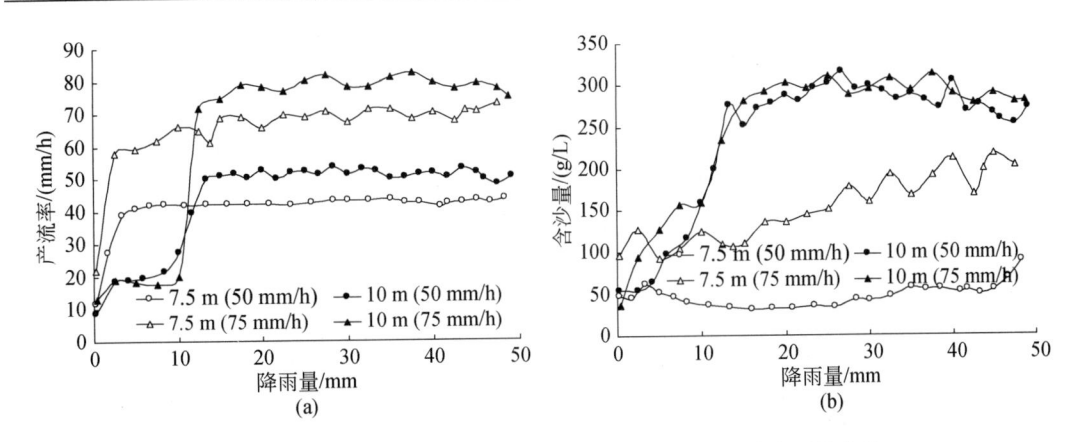

图 7-20　不同坡长试验处理的产流率和径流含沙量随降水量的变化

通过对比 2 种坡长试验处理的产流率变化过程发现，7.5 m 坡长试验处理的稳定产流率明显小于 10 m 坡长试验处理 [图 7-20（a）]。由此可见，尽管缩短坡长对总径流量的影响较小，但在产流率达到稳定阶段后的影响较大。分析其原因是，7.5 m 坡长试验处理在坡面开始产流后，产流率即迅速增加达到稳定值，然而，由于较短坡长条件下，径流流速相对较小，此时土壤入渗率相对稳定，所以，稳定产流率变化不大；而 10 m 坡长试验处理，尽管径流汇集所需时间较长，但是，一旦径流汇集完成，并且侵蚀方式转变为以细沟侵蚀为主，此时的稳定产流率就会明显高于 7.5 m 坡长试验处理。

不同坡长条件下，径流含沙量随降雨量的变化差异显著 [图 7-20（b）]。当坡长为 10 m 时，初始径流含沙量相对较小，其后迅速增长并达到稳定径流含沙量，其值基本为 250～300 g/L。当坡长为 7.5 m 时，由于 50 mm/h 降雨强度试验处理只有在降雨中后期于坡面底部出现小细沟，所以，其径流含沙量相对较低，小于 50 g/L，至细沟开始出现后，径流含沙量逐渐增加，最大值为 90 g/L；75 mm/h 降雨强度试验处理径流含沙量随降雨量的变化呈逐渐增加的趋势，最大值为 200 g/L 左右。通过对比径流含沙量的变化过程曲线发现，7.5 m 坡长试验处理的初始径流含沙量大于 10 m 坡长试验处理，其后均小于 10 m 坡长试验处理，这主要是由于坡长较短时，降雨初期径流强度较大，由雨滴击溅产生的泥沙更容易被径流搬运，且较短的搬运路径使泥沙更容易流出坡面。当降雨量继续增加，10 m 坡长试验处理坡面细沟发育显著，径流含沙量迅速增加。结果表明，坡长对坡面侵蚀过程的影响非常显著，研究其影响效应，有助于揭示坡长这一因子的驱动机制。

7.4　降雨因子对坡面细沟形态特征的影响

7.4.1　基于模拟降雨的雨滴打击对坡面细沟形态特征的影响

1. 雨滴打击对坡面细沟几何形态的影响

细沟的几何形态指标为细沟长度、宽度和深度，由于单条细沟形态不规则，直接测量细沟长度误差较大，故根据相邻测点的间距和位置坐标换算相应细沟长度，将这些细沟长度进行累加即可得到单条细沟的总长度。不同试验处理间细沟长度的变化由细沟密度指标体现。

图 7-21 为有/无雨滴打击试验处理次降雨后实际测量的细沟宽度的变化。由图可知，细沟平均宽度为 8~11 cm。通过对比发现，无雨滴打击试验处理细沟宽度最大值与最小值的差值、第 75 百分位数与第 25 百分位数之间的间距均小于有雨滴打击试验处理。说明消除雨滴打击后，细沟宽度的变异程度减小。

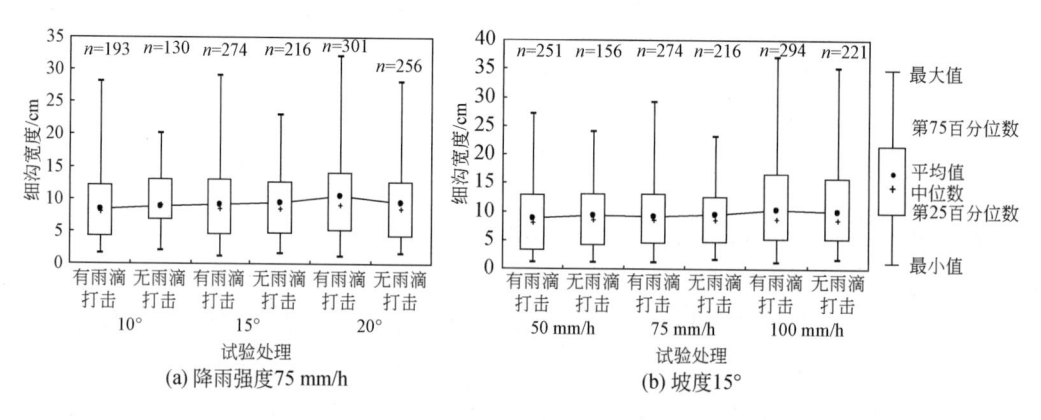

图 7-21 有/无雨滴打击试验处理的细沟宽度的变化

图 7-22 为有/无雨滴打击试验处理次降雨后实际测量的细沟深度的变化。由图可知，细沟平均深度为 5~7 cm。通过对比发现，无雨滴打击试验处理的细沟深度最大值与最小值间距、第 75 百分位数与第 25 百分位数之间的间距均小于有雨滴打击试验处理。结果表明，消除雨滴打击后，细沟深度的变异程度也减小。

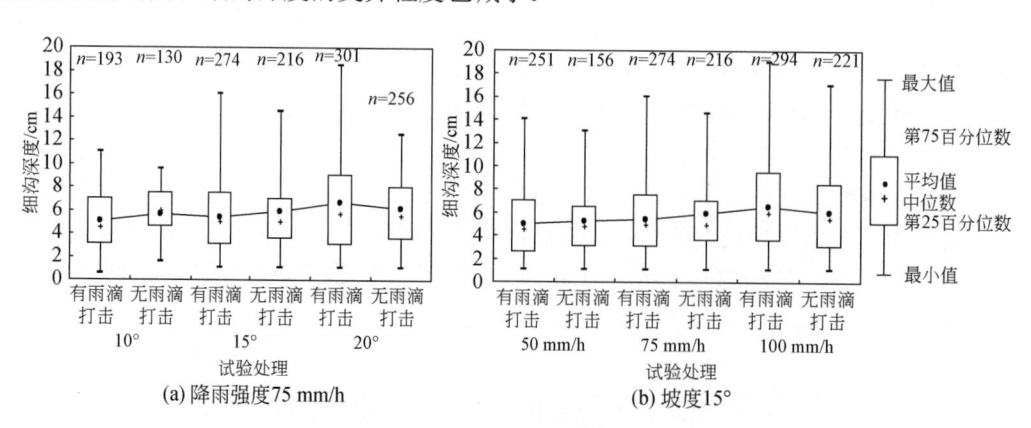

图 7-22 有/无雨滴打击试验处理的细沟深度的变化

通过分析次降雨后的细沟平均宽度和平均深度（图 7-21、图 7-22），发现在降雨强度为 50 mm/h 和 75 mm/h，坡度为 10°和 15°时，无雨滴打击试验处理的细沟平均宽度和平均深度均大于对应的有雨滴打击试验处理。造成这种现象的原因是，消除雨滴打击能够使径流水动力的增加受到限制，减缓细沟宽度和深度变化的随机性和偶然性，进而使坡面细沟沟槽形态更为规则，单条细沟各个坡段断面形态差异较小；而有雨滴打击试验处理由于雨滴击溅作用的存在，径流紊动性较大，细沟断面形态更为不规则，单条细沟各个坡段断面形态差异较大，尤其是细沟沟头、沟尾与细沟中部横断面差异显著，这种现象通过试验过程中的观测可以证明。因此，有雨滴打击试验处理的细沟平均宽度和平均深度被客观减小，甚至小于无雨滴打击试验处理。当降雨强度为 100 mm/h 或坡度为 20°时，细沟宽度和深度的随机变化主要受径流量的影响，对雨滴打击的响应较弱。因此，无雨滴打击试验处理的细沟平均宽度和平均深度与有雨滴打击试验处理相差较小。

综上可见，消除雨滴打击能够使坡面细沟宽度和深度的变异程度减小，细沟沟槽形状更为规则，径流紊动性降低，对细沟沟壁和沟底的侵蚀冲刷减弱，进而使坡面细沟侵蚀量明显减少。

2. 雨滴打击对坡面细沟形态特征的影响

根据细沟几何形态指标可以衍生多个指标用于描述坡面细沟形态特征，选取细沟密度、细沟割裂度、细沟倾斜度和细沟宽深比，用于对比有/无雨滴打击试验处理的坡面细沟形态差异（表 7-20）。由表可知，有/无雨滴打击试验处理的细沟密度分别为 1.11～1.92 m/m² 和 0.81～1.45 m/m²，细沟割裂度分别为 0.08～0.17 和 0.08～0.13，细沟倾斜度分别为 16.8°～19.1°和 14.6°～16.9°，细沟宽深比分别为 1.94～2.27 和 1.74～1.86。由此可见，纱网覆盖消除雨滴打击后，各细沟形态特征指标均减小，即坡面破碎程度、细沟侵蚀强度，以及细沟在水平方向的延展性等减小。

表 7-20　有/无雨滴打击试验处理的坡面细沟形态特征指标对比

降雨强度/(mm/h)	50		75					100	
坡度/(°)	15		10		15		20		15	
试验处理	With RI	Without RI	With RI	Without RI	With RI	Without RI	With RI	Without RI	With RI	Without RI
细沟密度/(m/m²)	1.11 a	0.85 a	1.19 a	0.81 b	1.34 a	1.19 a	1.91 a	1.45 a	1.92 a	1.26 a
细沟割裂度	0.08 a	0.08 a	0.11 a	0.08 b	0.12 a	0.11 a	0.15 a	0.12 a	0.17 a	0.13 a
细沟倾斜度/(°)	16.8 a	14.6 a	19.1 a	16.90 a	17.3 a	15.4 a	16.9 a	14.6 a	18.6 a	16.4 a
细沟宽深比	2.18 a	1.74 b	2.27 a	1.86 b	2.11 a	1.78 a	1.94 a	1.75 a	1.94 a	1.86 a

通过显著性分析发现，对于细沟密度和细沟割裂度，当坡度较缓（10°）时，有/无雨滴打击试验处理间具有显著性差异；而细沟倾斜度在所有试验降雨强度和坡度下，有/无雨滴打击试验处理间均未呈现显著性差异；细沟宽深比仅在降雨强度较小（50 mm/h）和坡度较小（10°）时，有/无雨滴打击试验处理间具有显著性差异（表 7-20）。结果表明，消除雨滴打击不仅能够影响坡面径流侵蚀，也对坡面细沟形态有一定的间接影响。

有/无雨滴打击试验处理，细沟密度和细沟割裂度均随着降雨强度和坡度的增加而增大；细沟倾斜度随着降雨强度的增加而增大，随着坡度的增加呈减小趋势（表 7-20）。有雨滴打击试验处理的细沟宽深比随着降雨强度和坡度的增加而减小，无雨滴打击试验处理的细沟宽深比随着坡度的增加而减小，但随着降雨强度的增加呈微弱的增加趋势。对于有雨滴打击试验处理，随着降雨强度和坡度的增加，在细沟溯源侵蚀和沟壁崩塌侵蚀均增强的同时，细沟下切侵蚀增强的幅度更加明显（和继军等，2013），造成细沟宽深比逐渐减小。

无雨滴打击试验处理随着坡度的增加，坡面径流流速增大，径流侵蚀力增强，造成细沟下切侵蚀增强明显，细沟宽深比减小；但对于15°坡面，通过纱网覆盖消除雨滴打击后，沟壁崩塌侵蚀作用较强，而下切侵蚀相对较弱，因此，细沟宽深比增大。综上可见，同细沟密度和细沟割裂度相比，细沟倾斜度和细沟宽深比的变化较为复杂。因此，建议用细沟密度和细沟割裂度作为描述细沟形态的最佳指标，分析降雨特征因子（降雨强度和能量）和坡度对细沟形态特征的影响。

7.4.2 基于模拟降雨的降雨强度对坡面细沟形态特征的影响

1. 不同降雨强度下坡面细沟横断面特征

细沟横断面是次降雨后，在坡面上选取典型细沟的3个断面位置进行详细测量，得到该断面的细沟宽度和深度值，为了保证所有试验处理的可比性，选取的断面位置比较一致，分别为斜坡长330~400 cm（坡上）、530~600 cm（坡中）和840~860 cm（坡下）。由于细沟宽度一般不超过30 cm（郑粉莉等，1987），为充分体现坡面上中下各部位的细沟横断面特征，假设其中轴线相同，以15 cm作为中轴，其右侧最大值与左侧最小值的差值即为实际细沟宽度。根据这些数值可绘制各降雨强度试验处理的细沟横断面特征图（图7-23）。由图可见，细沟横断面呈"V形"字型或箱形，符合典型细沟剖面特征（刘秉正和吴发启，1996），其中"V形"字型的细沟横断面所占比例较高。

对比相同试验处理的坡面细沟横断面特征发现，一般随着斜坡长的增加，细沟横断面的"V形"更加明显；且坡上部的细沟宽度和深度均较小，即其细沟横断面最小；此外，对于降雨强度（50 mm/h）较小的试验处理，坡中部的细沟横断面大于坡下部的细沟横断面，随着降雨强度的增加，坡下部的细沟横断面逐渐增大（图7-23）。分析其原因是，坡上部汇水面积较小，水流相对均匀，径流侵蚀力较弱，对细沟沟壁和沟底的侵蚀冲刷作用较小，细沟较为"窄浅"，即细沟横断面较小；随着斜坡长的增加，汇水面积逐渐增大，径流汇集作用增强，径流侵蚀力增大，对细沟沟壁和沟底的侵蚀冲刷加强，导致细沟"V形"更加明显。细沟侵蚀沿坡面呈现强弱交替的波动趋势（吴永红等，2005；李君兰等，2011），侵蚀、搬运和沉积在坡面侵蚀过程中随时随地发生，坡面侵蚀呈现以侵蚀-搬运为主与侵蚀-沉积为主的交替现象，且越向坡下部的侵蚀增强作用越明显；当降雨强度较小时，径流流速和径流侵蚀力较弱，坡面细沟侵蚀强弱交替周期较长。本试验选取的坡中（530~600 cm）可能刚好位于侵蚀增强带，而坡下（840~860 cm）可能位于侵蚀减弱带或者刚刚开始增强带。因此，坡中细沟横断面大于坡下，随着降雨强度的增加，径流侵蚀力明显增强，坡面细沟侵蚀强弱交替周期缩短，本试验选取的坡下部位可能也位于侵蚀增强带，故其细沟横断面较大。

对比各个试验处理的细沟横断面特征发现，随着降雨强度的增加，细沟宽度和深度增加，细沟横断面的变化趋于不规则（图7-23）。原因可能是降雨强度越大，径流量增大，导致径流紊动性增强，径流对细沟的冲刷侵蚀波动较大。因此，细沟横断面变化趋于不规则性。

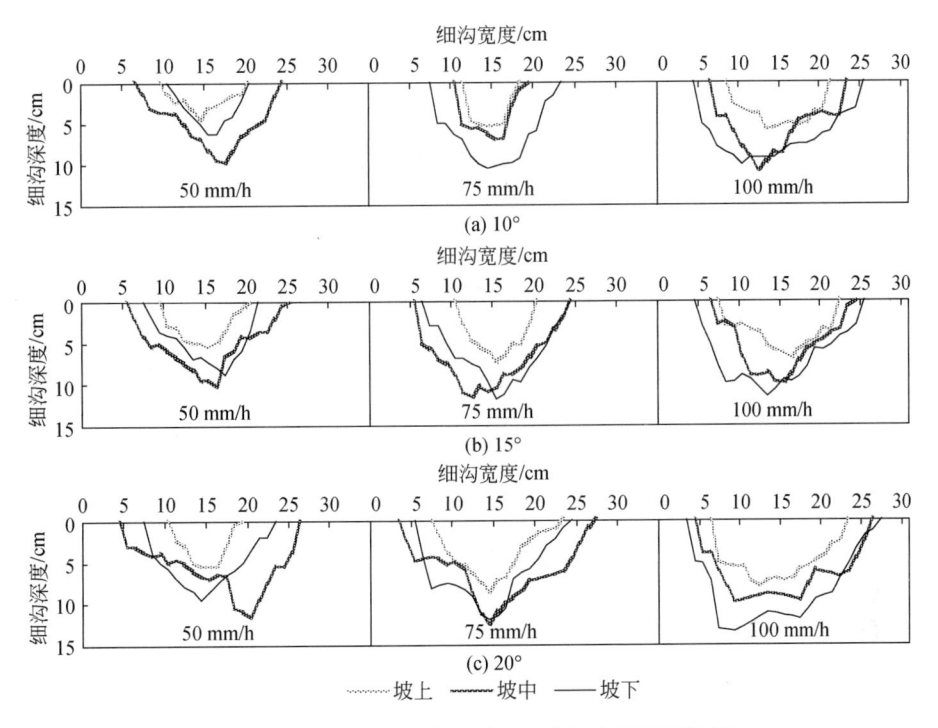

图 7-23 不同降雨强度试验处理的细沟横断面特征

2. 不同降雨强度下的细沟形态特征指标

通过对比不同降雨强度下的坡面细沟形态特征指标（表 7-21），发现试验条件下，细沟倾斜度变化于 16°～20°，50 mm/h、75 mm/h 和 100 mm/h 降雨强度试验处理的细沟倾斜度分别为 16.2°～17.3°、16.9°～19.1°和 18.5°～19.3°，基本随着降雨强度的增加而增加。对于降雨强度由 50 mm/h 增加到 75 mm/h 及由 75 mm/h 增加到 100 mm/h 的试验处理，细沟倾斜度平均增加率较为相近，分别为 6.0%和 6.1%。分析其原因是，在坡度一定的条件下，降雨强度增大，雨滴打击和径流冲刷能力增加，造成径流流路更加复杂；且为保证降雨总量相同，降雨强度增大，则降雨历时缩短，导致径流对细沟的冲刷修饰作用减弱，因此，细沟在垂直方向的延展性降低。

表 7-21 不同降雨强度试验处理的坡面细沟形态特征指标对比

坡度/(°)	降雨强度/(mm/h)	细沟倾斜度/(°)	细沟密度/(m/m²)	细沟割裂度	细沟复杂度	细沟宽深比
10	50	17.3 a	0.74 b	0.08 b	1.09 b	2.35 a
	75	19.1 a	1.19 a	0.11 ab	1.18 b	2.27 a
	100	19.3 a	1.40 a	0.13 a	1.32 a	2.22 a
15	50	16.8 a	1.11 b	0.09 b	1.15 a	2.18 a
	75	17.3 a	1.34 b	0.12 b	1.20 a	2.11 a
	100	18.6 a	1.92 a	0.17 a	1.33 a	1.94 a
20	50	16.2 b	1.85 a	0.13 a	1.20 b	1.96 a
	75	16.9 ab	1.91 a	0.15 a	1.24 b	1.94 a
	100	18.5 a	1.95 a	0.17 a	1.38 a	1.93 a

细沟密度、细沟割裂度和细沟复杂度随降雨强度的变化趋势较为一致，均随着降雨强度的增加而增大（表 7-21）。50 mm/h、75 mm/h 和 100 mm/h 降雨强度试验处理的细沟密度分别为 0.74～1.85 m/m²、1.19～1.91 m/m² 和 1.40～1.95 m/m²。对于降雨强度由 50 mm/h 增加到 75 mm/h 及由 75 mm/h 增加到 100 mm/h 的试验处理，细沟密度的平均增加率分别为 28.3% 和 21.0%。分析其原因是，降雨强度越大，细沟水流流速越大，径流侵蚀能力越强，造成细沟溯源侵蚀强度越大，细沟密度增大。试验结果表明，降雨强度由 50 mm/h 增加到 75 mm/h 的试验处理对细沟密度的影响大于降雨强度由 75 mm/h 增加到 100 mm/h 的试验处理。可见，降雨强度对细沟密度的影响较为明显。

50 mm/h、75 mm/h 和 100 mm/h 降雨强度试验处理的细沟割裂度分别为 0.08～0.13、0.11～0.15 和 0.13～0.17（表 7-21）。对于降雨强度由 50 mm/h 增加到 75 mm/h 及由 75 mm/h 增加到 100 mm/h 的试验处理，细沟割裂度的平均增加率分别为 28.7% 和 23.9%。原因是随着降雨强度和坡度的增加，坡面径流侵蚀能力增强，导致细沟沟壁崩塌侵蚀强度增大，坡面的破碎程度及细沟侵蚀强度增加，即细沟割裂度增加。试验结果表明，降雨强度由 50 mm/h 增加到 75 mm/h 的试验处理对细沟割裂度的影响大于降雨强度由 75 mm/h 增加到 100 mm/h 的试验处理。可见，降雨强度对细沟割裂度的影响也较为明显。

50 mm/h、75 mm/h 和 100 mm/h 降雨强度试验处理的细沟复杂度分别为 1.09～1.20、1.18～1.24 和 1.32～1.38（表 7-21）。对于降雨强度由 50 mm/h 增加到 75 mm/h 及由 75 mm/h 增加到 100 mm/h 的试验处理，细沟复杂度的平均增加率分别为 5.3% 和 11.3%。结果表明，降雨强度增大，细沟网的丰富度增大，即细沟复杂度增加。降雨强度由 50 mm/h 增加到 75 mm/h 的试验处理对细沟复杂度的影响小于降雨强度由 75 mm/h 增加到 100 mm/h 的试验处理。

细沟宽深比能够反映坡面细沟沟槽形状的变化，一般随着降雨强度的增加而减小，但未表现出显著性差异，50 mm/h、75 mm/h 和 100 mm/h 降雨强度试验处理的细沟宽深比分别为 1.96～2.35、1.94～2.27 和 1.93～2.22（表 7-21）。说明随着降雨强度的增加，在细沟溯源侵蚀和沟壁崩塌侵蚀均增强的同时，细沟下切侵蚀增强的幅度更加明显（和继军等，2013），造成宽深比逐渐减小。对于降雨强度由 50 mm/h 增加到 75 mm/h 及由 75 mm/h 增加到 100 mm/h 的试验处理，细沟宽深比的减小率分别为 2.5% 和 3.6%。

7.4.3 基于野外观测的降雨雨型对坡面细沟形态特征的影响

这里利用野外观测资料和基于细沟发育的程度，分析降雨雨型对主细沟和次细沟形态特征的影响。表 7-22 和表 7-23 表明，无论是坡面细沟带还是坡面片蚀-细沟复合带，当降雨雨型从 RR1 变化到 RR2 和 RR3 时，坡面主细沟和次细沟密度、割裂度和宽深比皆呈减少趋势。在 3 种降雨雨型下，细沟侵蚀带和片蚀-细沟复合带的细沟密度分别为 0.79～1.65 和 0.80～1.82，细沟侵蚀带和片蚀-细沟复合带的细沟割裂度分别为 0.04～0.12 和 0.05～0.15，细沟侵蚀带和片蚀-细沟复合带的细沟宽深比分别为 1.70～2.17 和 1.74～2.20。对于细沟侵蚀带，RR1 降雨雨型下主细沟密度、主细沟割裂度和宽深比分别是 RR3 降雨雨型下的 2.06 倍、2.75 倍和 1.25 倍；对于片蚀-细沟复合带，RR1 降雨雨型下主细沟密度、主细沟割裂度和宽深比分别是 RR3 降雨雨型下的 2.06 倍、2.40 倍和 1.24 倍。研究还表明，对于细沟侵蚀带，RR1 降雨雨型下次细沟密度、次细沟割裂度和宽深比分别是 RR3 降雨雨型下的 2.04 倍、2.40 倍和 1.25 倍；对于片蚀-细沟复合带，RR1 降雨雨型下次细沟密度、次细沟割裂度和宽深比分别是 RR3 降雨雨型下的 1.51 倍、2.50 倍和 1.26 倍。

表 7-22 不同降雨雨型下细沟侵蚀带的细沟形态特征指标

形态特征指标	细沟级别	降雨雨型 RR1	RR2	RR3
细沟密度/（m/m²）	主细沟	1.64±0.12	1.27±0.14	0.79±0.10
	次细沟	1.65±0.10	1.29±0.10	0.81±0.11
细沟割裂度	主细沟	0.11±0.04	0.07±0.02	0.04±0.03
	次细沟	0.12±0.06	0.08±0.01	0.05±0.01
细沟宽深比	主细沟	2.17±0.10	2.05±0.12	1.74±0.03
	次细沟	2.13±0.10	2.01±0.11	1.70±0.06

注：表中数据形式为平均值±标准差，下同。

表 7-23 不同降雨雨型下片蚀-细沟复合带的细沟形态特征指标

形态特征指标	细沟级别	降雨雨型 RR1	RR2	RR3
细沟密度/（m/m²）	主细沟	1.65±0.15	1.28±0.11	0.80±0.07
	次细沟	1.82±0.13	1.33±0.11	0.83±0.08
细沟割裂度	主细沟	0.12±0.05	0.07±0.03	0.05±0.01
	次细沟	0.15±0.05	0.11±0.03	0.06±0.02
细沟宽深比	主细沟	2.20±0.04	2.10±0.10	1.77±0.04
	次细沟	2.20±0.08	2.07±0.13	1.74±0.05

7.5 野外自然坡面汇流对坡面细沟形态特征的影响

上方来水为下方侵蚀带侵蚀产沙提供了动力来源，在一定程度上增加了坡下方侵蚀的强度，进而影响坡下方侵蚀带的细沟形态变化。图 7-24 和图 7-25 对比了片蚀-细沟复合带（细沟侵蚀带接受上方片蚀带来水）与片蚀带+细沟侵蚀带（细沟侵蚀带不接受上方片蚀带来水）之间径流量与侵蚀量的差异。

从图 7-24 可以看出，对于接受上方片蚀带来水的片蚀-细沟复合带径流量与片蚀带+细沟侵蚀带（不接受上方片蚀带来水）的径流量之和非常接近，二者之间几乎不存在差异。然而，与径流量相比，二个侵蚀带的侵蚀量差异性明显（图 7-25）。分析表明，2013 年历次侵蚀性降雨下，片蚀带的来水可使坡面细沟侵蚀带侵蚀量增加 11.3%～50.7%，说明上方汇水对坡面细沟侵蚀带侵蚀产沙的增加具有重要作用。

从图 7-26 可以看出，随上方来水量增加，细沟体积也逐渐增大，但上方来水量对主细沟体积和次细沟体积的影响不同。当上方来水量较小时，主细沟体积和次细沟体积相差不明显；当上方来水量大于 1 m³ 时，主细沟体积则明显大于次细沟体积，说明上方来水对主细沟形态的影响大于次细沟形态。

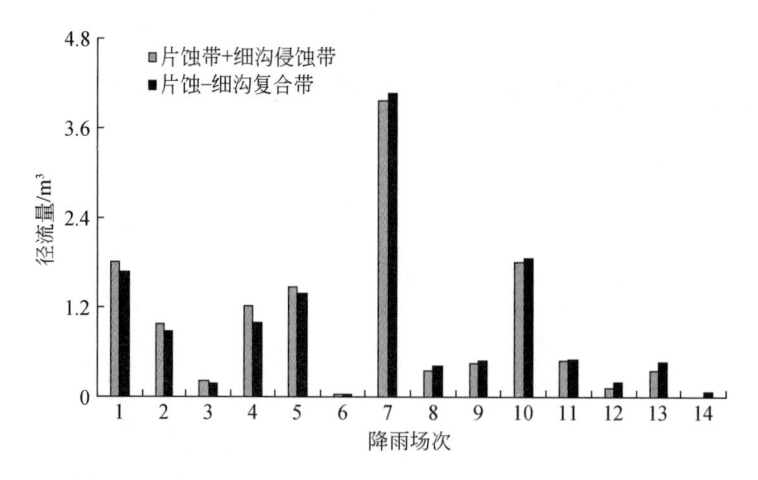

图 7-24　片蚀-细沟复合带与片蚀带+细沟侵蚀带径流量对比

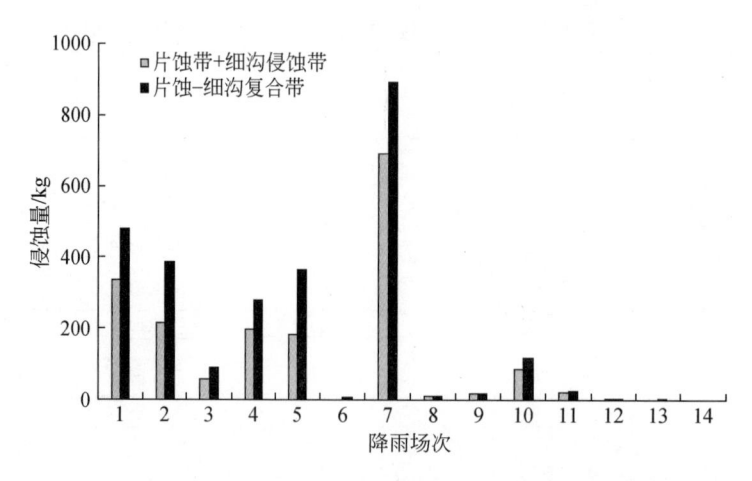

图 7-25　片蚀-细沟复合带与片蚀带+细沟侵蚀带泥沙量对比

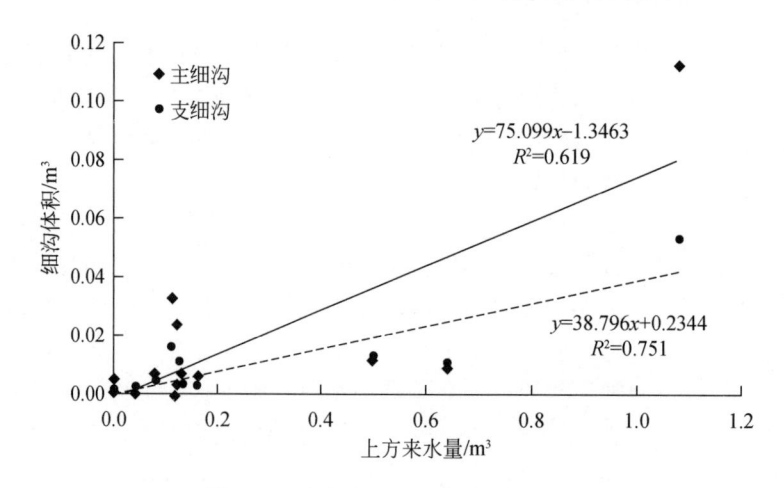

$y=75.099x-1.3463$
$R^2=0.619$

$y=38.796x+0.2344$
$R^2=0.751$

图 7-26　上方来水对细沟体积的影响

7.6 地形因子对坡面细沟形态特征影响的模拟试验研究

7.6.1 坡度对坡面细沟形态特征的影响

1. 不同坡度下坡面细沟横断面特征

通过绘制各坡度条件下的细沟横断面特征可知，坡上部的细沟宽度和深度均较小，即其细沟横断面最小；此外，对于坡度（10°）较小的试验处理，坡中部的细沟横断面大于坡下部的细沟横断面，随着坡度的增加，坡下部的细沟横断面逐渐增大（图7-27）。分析其原因是，坡上部汇水面积较小，水流相对均匀，径流侵蚀力较弱，对细沟沟壁和沟底的侵蚀冲刷作用较小，细沟较为"窄浅"，即细沟横断面较小。细沟侵蚀沿坡面呈现强弱交替的波动趋势（吴永红等，2005；李君兰等，2011），坡面侵蚀呈现以侵蚀-搬运为主与侵蚀-沉积为主的交替现象，且越向坡下部的侵蚀增强作用越明显；当坡度较小时，径流流速和径流侵蚀力较弱，坡面细沟侵蚀强弱交替周期较长。本试验选取的坡中（530~600 cm）可能刚好位于侵蚀增强带，而坡下（840~860 cm）可能位于侵蚀减弱带或者刚刚开始增强带。因此，坡中细沟横断面大于坡下，随着坡度的增加，径流侵蚀力明显增强，坡面细沟侵蚀强弱交替周期缩短，本试验选取的坡下部位可能也位于侵蚀增强带，故其细沟横断面较大。

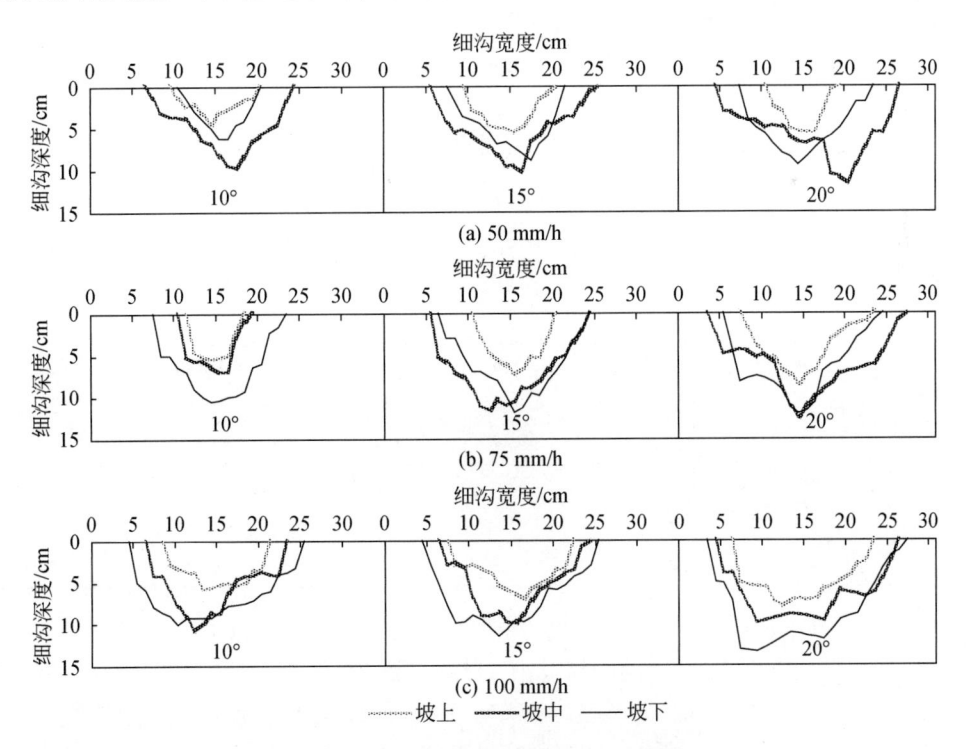

图 7-27 不同坡度试验处理的细沟横断面特征

对比各个试验处理的细沟横断面特征发现，随着坡度的增加，细沟宽度和深度增加，细沟横断面的变化趋于不规则（图7-27）。原因可能是，坡度增大，径流流速增加；同时，由于径流沿坡面倾斜方向的重力分量增大，也促进了径流流速的增加。此外，坡面土体在坡面向下方向上重力的分量越大，土体稳定性越差。因此，坡面细沟横断面变化趋向于不规则。

2. 不同坡度下细沟形态特征指标对比

通过对比不同坡度下的坡面细沟倾斜度（表 7-24），发现其值基本随着坡度的增加而减小，但并未呈现显著性差异；10°、15°和 20°坡度试验处理的细沟倾斜度分别为 17.3°～19.3°、16.8°～18.6°和 16.2°～18.5°。对于坡度由 10°增大到 15°及由 15°增大到 20°的试验处理，细沟倾斜度分别减小了 5.1%和 2.2%。分析其原因是，在降雨强度一定的条件下，坡度越大，坡面土壤在坡面向下方向上的重力分量就越大，土体稳定性降低，且随着坡度的增加，细沟水流流速增大，导致径流越来越来不及分散即流出坡面，反而造成径流流路较为单一，细沟倾斜度减小。试验结果表明，坡度由 10°增大到 15°的试验处理对细沟倾斜度的影响大于坡度由 15°增大到 20°的试验处理。

细沟密度、细沟割裂度和细沟复杂度随坡度的变化趋势较为一致，均随着坡度的增加而增大（表 7-24）。10°、15°和 20°坡度试验处理的细沟密度分别为 0.74～1.40 m/m²、1.11～1.92 m/m² 和 1.85～1.95 m/m²。对于坡度由 10°增大到 15°及由 15°增大到 20°的试验处理，细沟密度的平均增加率分别为 33.2%和 36.9%。分析其原因是，坡度越大，细沟水流流速越大，径流侵蚀能力越强，造成细沟溯源侵蚀强度越大，细沟密度增大。此外，随着坡度的增加，不同降雨强度下细沟密度的增加率逐渐减小。试验结果表明，随着坡度的增加，细沟密度的增加率较为相近。可见，坡度对细沟密度的影响较为明显。

表 7-24　不同坡度试验处理的坡面细沟形态特征指标对比

降雨强度 /（mm/h）	坡度 /（°）	细沟倾斜度 /（°）	细沟密度 /（m/m²）	细沟割裂度	细沟复杂度	细沟宽深比
50	10	17.3 a	0.74 b	0.08 a	1.09 b	2.35 a
	15	16.8 a	1.11 b	0.09 a	1.15 ab	2.18 ab
	20	16.2 a	1.85 a	0.13 a	1.20 a	1.96 b
75	10	19.1 a	1.19 a	0.11 b	1.18 a	2.27 a
	15	17.3 a	1.34 a	0.12 ab	1.20 a	2.11 ab
	20	16.9 a	1.91 a	0.15 a	1.24 a	1.94 b
100	10	19.3 a	1.40 b	0.13 a	1.32 a	2.22 b
	15	18.6 a	1.92 a	0.17 a	1.33 a	1.94 a
	20	18.5 a	1.95 a	0.17 a	1.38 a	1.93 a

10°、15°和 20°坡度试验处理的细沟割裂度分别为 0.08～0.13、0.09～0.17 和 0.13～0.17（表 7-24）。对于坡度由 10°增大到 15°及由 15°增大到 20°的试验处理，细沟割裂度的平均增加率分别为 16.2%和 25.0%。原因是随着坡度的增加，坡面径流侵蚀能力增强，导致细沟沟壁崩塌侵蚀强度增大，坡面的破碎程度及细沟侵蚀强度增加，即细沟割裂度增加。试验结果表明，坡度由 10°增大到 15°的试验处理对细沟割裂度的影响小于坡度由 15°增大到 20°的试验处理。可见，坡度对细沟割裂度的影响也较为明显。

10°、15°和20°坡度试验处理的细沟复杂度分别为1.09~1.32、1.15~1.33和1.20~1.38（表7-24）。对于坡度由10°增大到15°及由15°增大到20°的试验处理，细沟复杂度的平均增加率分别为2.7%和3.8%。结果表明，坡度增大，细沟网的丰富度增大，即细沟复杂度增加。坡度由10°增大到15°的试验处理对细沟复杂度的影响小于坡度由15°增大到20°的试验处理。

细沟宽深比随着坡度的增加而减小，10°、15°和20°坡度试验处理的细沟宽深比分别为2.22~2.35、1.94~2.18和1.93~1.96（表7-24）。说明随着坡度的增加，在细沟溯源侵蚀和沟壁崩塌侵蚀均增强的同时，细沟下切侵蚀增强的幅度更加明显（和继军等，2013），造成宽深比逐渐减小。对于坡度由10°增大到15°及由15°增大到20°的试验处理，细沟宽深比的减小率分别为9.0%和6.2%。

7.6.2 坡长对坡面细沟形态特征的影响

根据细沟几何形态指标可以衍生多个指标用于描述坡面细沟形态特征，选取细沟倾斜度、细沟密度、细沟割裂度、细沟复杂度和细沟宽深比，用于对比各坡长试验处理的坡面细沟形态差异（表7-25）。7.5 m和10 m坡长试验处理的细沟倾斜度分别为8.2°~13.8°和16.8°~17.3°，细沟密度分别为0.19~0.85 m/m²和1.11~1.34 m/m²，细沟割裂度分别为0.01~0.09和0.09~0.12，细沟复杂度分别为1.02~1.19和1.15~1.20，细沟宽深比分别为1.56~2.08和2.11~2.18。通过对比发现，当坡长由7.5 m增加到10 m时，上述坡面细沟形态特征指标均呈增加的趋势，尤其对于细沟倾斜度、细沟密度和细沟割裂度这3个指标，其值增加显著，说明其对坡长变化的响应更加明显。

表7-25 不同坡长试验处理的坡面细沟形态特征指标对比

坡度/(°)	降雨强度/(mm/h)	坡长/m	细沟倾斜度/(°)	细沟密度/(m/m²)	细沟割裂度	细沟复杂度	细沟宽深比
15	50	7.5	8.2 b	0.19 b	0.01 b	1.02 b	2.08 a
		10	16.8 a	1.11 a	0.09 a	1.15 a	2.18 a
	75	7.5	13.8 b	0.85 a	0.09 a	1.19 a	1.56 b
		10	17.3 a	1.34 a	0.12 a	1.20 a	2.11 a

7.7 坡耕地犁底层对坡面细沟形态特征的影响

主细沟和次细沟形态特征的差异是多种因素共同作用的结果。在细沟沟槽下切至犁底层之前，细沟宽度主要决定于径流量和坡度（Wells et al.，2013；Bingner et al.，2016）。次细沟的沟槽在整个试验过程中均未下切至犁底层，所以次细沟宽度仅由细沟水流流量和坡度决定（Qin et al.，2018）。在坡度一定的情况下，某条细沟中的径流量决定于上方汇水面积的大小。次细沟的径流量随时间先增加后减小，进而导致次细沟的宽度在20~40 min和40~60 min降雨历时下增加较快，而60~80 min降雨历时下增加较慢（图7-28）。25°坡度下的次细沟宽度小于15°坡度下的次细沟宽度，其原因是细沟宽度与坡度呈反比例关系（Wells et al.，2013）。

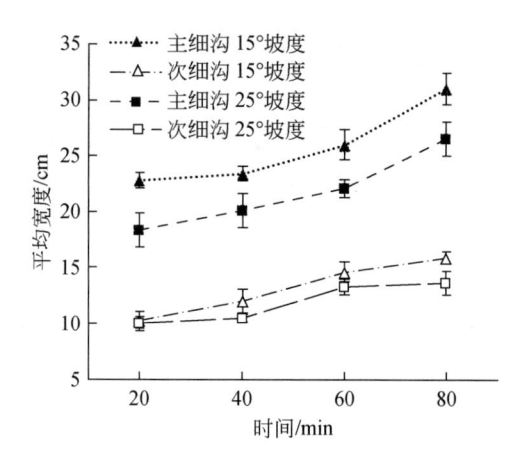

图 7-28　不同坡度下主细沟和次细沟的平均宽度

误差棒表示 2 次重复试验间的差别

决定主细沟宽度的因素是细沟水流流量、不同土层的土壤可蚀性和坡度。在主细沟沟槽下切至犁底层前（0～60 min），由于细沟网的发育和上方汇水面积的增大，主细沟宽度的增加速率相对较慢。犁底层在 60～80 min 降雨历时下是使细沟宽度增加的决定性因素（Fullen，1985）。由于部分坡长处的主细沟深度已达 20 cm，沟底已经下切至犁底层（分布在坡长 7.7～8.5 m 处），主细沟的沟底下切速率因此降低（60～80 min 降雨历时下仅分别增加 3.9 cm 和 4.4 cm），这使犁底层上方出现明显的肩状地形，细沟沟槽横断面呈细颈瓶状（图 7-29）。Fullen（1985）和 Shen 等（2015）的研究也发现，在 20～30 cm 土层深度处的犁底层上方易出现肩状地形。细沟侵蚀的主导发育方式逐渐从沟底下切侵蚀转变为沟壁扩张侵蚀。沟壁加速扩张的原因是向下的集中水流剪切力逐渐转变为侧方的水流剪切力，然而，前人许多用于预测沟壁扩张侵蚀的方程并未将犁底层考虑在内（Nachtergaele et al.，2002），其结果造成对沟壁扩张侵蚀量和坡面产沙量的明显低估。为提高细沟侵蚀模型的预报精度，应根据土壤分层的实际情况，分别拟合坡面细沟不同主导发育方式的方程。

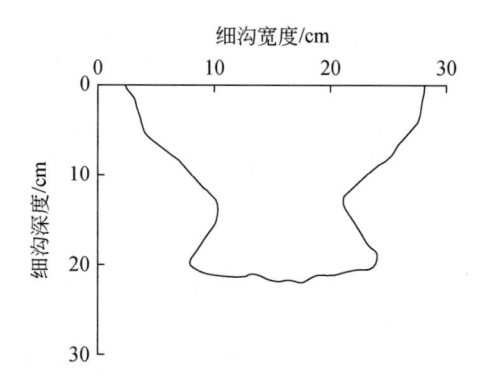

图 7-29　主细沟横断面形态特征

第7章 影响坡面细沟发育的主要因子分析

为了进一步揭示坡耕地犁底层对坡面细沟形态特征的影响，这里基于野外观测条件下土壤容重对坡面细沟形态发育的影响进行分析。这是因为耕作层与犁底层的双层土壤结构对坡面细沟形态，尤其是细沟深度，具有明显的限制作用；而土壤容重作为土壤物理状况的指标之一，反映了土壤的松紧程度。它通过影响土壤孔隙状况，从而改变土壤水分分配及地表产流规律。现有研究表明，土壤容重变化对坡地入渗、产流及产沙规律具有重要影响（李裕元和邵明安，2003；花伟东等，2008）。

从表 7-26 可以看出，细沟侵蚀带 0～20 cm 耕作层土壤容重在雨季结束后明显增大，增加率为 8.7%，而位于 20～30 cm 犁底层土壤容重在雨季结束后增加则不明显，平均增加率仅为 1.8%。片蚀-细沟复合带 0～20 cm 耕作层土壤容重在雨季结束后增大幅度更为明显，增加率为 10.7%，而位于 20～30 cm 犁底层土壤容重在雨季结束后增加也不太明显，平均增加率仅为 1.9%（表 7-27）。

表 7-26 雨季前后细沟侵蚀带土壤容重变化

时间	土壤容重/（g/cm³）					
	0～5 cm	5～10 cm	10～15 cm	15～20 cm	20～25 cm	25～30 cm
雨季前	0.98	1.08	1.19	1.25	1.35	1.40
雨季后	1.13	1.20	1.26	1.29	1.38	1.42
增加率	13.3%	10.1%	7.0%	4.6%	2.2%	1.4%

表 7-27 雨季前后片蚀-细沟复合带土壤容重变化

时间	土壤容重/（g/cm³）					
	0～5 cm	5～10 cm	10～15 cm	15～20 cm	20～25 cm	25～30 cm
雨季前	0.95	1.05	1.16	1.26	1.36	1.41
雨季后	1.13	1.19	1.27	1.34	1.40	1.42
增加率	15.9%	12.2%	8.6%	6.0%	3.1%	0.7%

在细沟侵蚀带、片蚀-细沟复合带两个侵蚀带内，细沟沟道下切至犁底层时随即停止，并不随坡长增加而加深。其原因在于，在雨季前期，表层土壤结构疏松，且地表松散堆积物较多，很容易被降雨和径流侵蚀。同时，由于地表土壤抗蚀性，以及地表粗糙度的差异，径流逐渐向沿低洼处汇集、流动，开始形成固定流路。此时，径流冲刷力较前期显著增强。当径流冲刷力大于土壤抗蚀性时，细沟形态发育加快。此时，作为坡面径流固定流路的细沟迅速加宽加深，坡面侵蚀量也显著增加。在雨季后期，天然降雨大多为长历时、低强度的降雨。这种类型的降雨通常因降雨入渗较多，导致产生较少的径流量，进而引起的侵蚀量也较少。在整个雨季降雨侵蚀作用下，表土多次干湿逐渐紧实。因此，在雨季后期，随降雨继续侵蚀，表层土壤逐渐侵蚀成较为坚硬、难以侵蚀的物质。此时，不仅主细沟的沟道抗蚀性增强，而且表土抗蚀性也比初期时大。因此，在雨季后期，细沟侵蚀带与片蚀-细沟侵蚀带的侵蚀量明显减少。土壤容重差异主要通过限制细沟沟底下切而对细沟形态产生影响，由此间接表明犁底层能够影响坡面细沟形态变化。

7.8 结　语

本章基于雨滴打击、降雨强度、降雨雨型、坡度、坡长、坡面汇流及犁底层等因子，揭示了各因子对坡面细沟发育的影响。主要结论如下：

（1）消除雨滴打击，坡面径流稳定产流率和径流含沙量皆明显减小；细沟侵蚀量可减少 20.2%～38.6%，坡面侵蚀量可减少 28.1%～47.7%；且细沟侵蚀对坡面侵蚀的贡献率增加。消除雨滴打击可使降雨强度对细沟发育的影响作用增加，而坡度对细沟发育的影响与有雨滴打击时相同。雨滴打击对坡面侵蚀的影响受土壤前期含水量的影响。同时，雨滴打击对坡面细沟形态也有一定的间接影响，具体表现为消除雨滴打击可使细沟宽度和深度的变异程度减小，细沟沟槽更为规则；细沟密度、细沟割裂度、细沟倾斜度和细沟宽深比皆减小，表明消除雨滴打击作用可使坡面的破碎程度、细沟侵蚀强度，以及细沟在水平方向的延展性等减小。

（2）降雨强度越大，坡面流稳定时间，以及跌水、细沟出现的时间越短，坡面细沟侵蚀更容易发生。平均细沟溯源侵蚀速率为 2.2～8.2 cm/min，与最大溯源侵蚀速率的变化比较相似，也随降雨强度的增加而增大。随着降雨强度的增加，细沟侵蚀速率明显增加，细沟发育越快；细沟倾斜度、细沟密度、细沟割裂度和细沟复杂度皆增大，说明细沟在水平方向的延展性、坡面的破碎程度、细沟侵蚀强度，以及坡面细沟网的丰富程度皆增加；而细沟宽深比则减小，表明降雨强度的增加在导致细沟溯源侵蚀和沟壁崩塌侵蚀均增强的同时，细沟下切侵蚀增强的幅度更加显著。细沟密度和细沟倾斜度对降雨强度变化的响应较为明显。

（3）坡面细沟侵蚀带在 RR1 降雨雨型下的次降雨平均径流量与侵蚀量最大，在 RR3 降雨下的次降雨平均径流量与侵蚀量最小，在 RR2 降雨下的次降雨平均径流量与侵蚀量处于前二者之间。随降雨雨型从 RR1→RR2→RR3，坡面细沟侵蚀带的细沟密度、细沟割裂度、细沟宽深比均呈减小的趋势。

（4）坡度对细沟侵蚀的影响大于对坡面侵蚀的影响，坡度越大，越有利于坡面细沟的充分发育，平均细沟溯源侵蚀速率也逐渐增大。随着坡度的增加，细沟倾斜度和细沟宽深比基本呈减小的变化趋势，说明细沟在水平方向的延展性降低，且细沟下切侵蚀增强明显；而细沟密度、细沟割裂度和细沟复杂度皆增大，表明坡面的破碎程度、细沟侵蚀强度，以及坡面细沟网的丰富程度皆增加。细沟密度和细沟倾斜度对坡度变化的响应也较为明显。

（5）坡长对产流时间和雨滴明显作用于坡面的时间无影响，二者主要受降雨特征和坡度因子的影响；随着坡长的增加，跌水、细沟出现的时间和坡面流能量的汇集时间缩短，使坡面细沟侵蚀更容易发生；溯源侵蚀速率也可很好地表征不同坡长条件下的坡面细沟发育速度。坡长对细沟侵蚀和坡面侵蚀的影响比较显著，当坡长由 7.5 m 增加到 10 m 时，细沟侵蚀速率增加了 0.5～18.2 倍，坡面侵蚀速率增加了 1.0～5.8 倍。随着坡长的增加，细沟倾斜度、细沟密度、细沟割裂度、细沟复杂度和细沟宽深比皆增加，其中，前 3 个形态特征指标对坡长变化的响应更加明显。

（6）细沟体积随上方来水量增加而逐渐增大，但主细沟体积和次细沟体积对上方来水的响应不同。当上方来水量较小时，主细沟体积和次细沟体积变化幅度相差不明显；当上方来水量较大时，主细沟体积变化幅度明显大于次细沟体积。土壤容重差异主要通过限制细沟沟底下切而对细沟形态产生影响，同时犁底层的存在可大幅降低细沟沟底下切侵蚀速率而增加细沟沟壁扩张侵蚀速率。

参 考 文 献

白清俊，马树升. 2001. 细沟侵蚀过程中水流跌坑的发生机理探讨. 水土保持学报，15（6）：62-65.

蔡强国. 1998. 坡面细沟发生临界条件研究. 泥沙研究，（1）：52-59.

韩鹏，倪晋仁，李天宏. 2002. 细沟发育过程中的溯源侵蚀与沟壁崩塌. 应用基础与工程科学学报，10（2）：115-125.

和继军，吕烨，宫辉力，等. 2013. 细沟侵蚀特征及其产流产沙过程试验研究. 水利学报，44（4）：398-405.

花伟东，郭亚芬，张忠学. 2008. 坡耕地局部打破犁底层对水分入渗的影响. 水土保持学报，22（5）：213-216.

蒋芳市，黄炎和，林金石，等. 2014. 坡度和雨强对花岗岩崩岗崩积体细沟侵蚀的影响. 水土保持研究，21（1）：1-5.

李君兰，蔡强国，孙莉英，等. 2011. 坡面水流速度与坡面含砂量的关系. 农业工程学报，27（3）：73-78.

李君兰，蔡强国，孙莉英，等. 2010. 细沟侵蚀影响因素和临界条件研究进展. 地理科学进展，29（11）：1319-1325.

李裕元，邵明安. 2003. 土壤翻耕对坡地水分转化与产流产沙特征的影响. 农业工程学报，19（1）：46-50.

刘秉正，吴发启. 1996. 土壤侵蚀. 西安：陕西人民出版社.

潘成忠，上官周平. 2005. 牧草对坡面侵蚀动力参数的影响. 水利学报，36（3）：371-377.

施明新，李陶陶，吴秉校，等. 2015. 地表粗糙度对坡面流水动力学参数的影响. 泥沙研究，（4）：59-65.

唐克丽，郑粉莉，张科利，等. 1993. 子午岭林区土壤侵蚀与生态环境关系的研究内容和方法. 中国科学院水利部西北水土保持研究所集刊，（17）：3-10.

唐佐芯，王克勤. 2012. 草带措施对坡耕地产流产沙和氮磷迁移的控制作用. 水土保持学报，26（4）：17-22.

王贵平. 1998. 细沟侵蚀研究综述. 中国水土保持，（8）：23-26.

王贵平，白迎平，贾志军，等. 1988. 细沟发育及侵蚀特征初步研究. 中国水土保持，（5）：15-18.

王治国，魏忠义，段喜明，等. 1995. 黄土残塬区人工降雨条件下坡耕地水蚀的研究（Ⅰ）——影响细沟侵蚀因素的综合分析. 水土保持学报，9（2）：51-57.

温磊磊，郑粉莉，沈海鸥，等. 2014. 沟头秸秆覆盖对东北黑土区坡耕地沟蚀发育影响的试验研究. 泥沙研究，（6）：73-80.

吴永红，王愿昌，刘斌，等. 2005. 黄土坡面的土壤侵蚀波动性. 中国水土保持科学，3（2）：28-31.

肖培青，姚文艺. 2005. WEPP模型的侵蚀模块理论基础. 人民黄河，27（6）：38-39，50.

肖培青，姚文艺，申震洲，等. 2011. 苜蓿草地侵蚀产沙过程及其水动力学机理试验研究. 水利学报，42（2）：232-237.

许炯心. 1999. 黄河中游多沙粗沙区高含沙水流的粒度组成及其地貌学意义. 泥沙研究，（5）：13-17.

叶瑞卿，黄必志，袁希平，等. 2008. 坡地草带间距与水土保持效应研究. 家畜生态学报，29（3）：80-85.

郑粉莉. 1998. 黄土区坡耕地细沟间侵蚀和细沟侵蚀的研究. 土壤学报，35（1）：95-103.

郑粉莉，唐克丽，张成娥. 1995. 降雨动能对坡耕地细沟侵蚀影响的研究. 人民黄河，（7）：22-24，46.

郑粉莉，唐克丽，周佩华. 1987. 坡耕地细沟侵蚀的发生、发展和防治途径的探讨. 水土保持学报，（1）：36-48.

郑粉莉，赵军. 2004. 人工模拟降雨大厅及模拟降雨设备简介. 水土保持研究，11（4）：177-178.

周佩华，王占礼. 1987. 黄土高原土壤侵蚀暴雨标准. 水土保持通报，7（1）：38-44.

Auerswald K，Fiener P，Dikau R. 2009. Rates of sheet and rill erosion in Germany—A meta-analysis. Geomorphology，111：182-193.

Bingner R L，Wells R R，Momm H G, et al. 2016. Ephemeral gully channel width and erosion simulation technology. Natural Hazards，80：1949-1966.

Bruno C，Di Stefano C，Ferro V. 2008. Field investigation on rilling in the experimental Sparacia area，South Italy. Earth Surface Processes and Landforms，33：263-279.

Bryan R B，Rockwell D L. 1998. Water table control on rill initiation and implications for erosional response. Geomorphology，23：151-169.

Di Stefano C，Ferro V，Pampalone V, et al. 2013. Field investigation of rill and ephemeral gully erosion in the Sparacia experimental area，South Italy. Catena，101：226-234.

Flanagan D C，Foster G R. 1989. Storm patter effect on nitrogen and phosphorus losses in surface runoff. Transactions of the ASAE，32：535-544.

Fox D M，Bryan R B. 1999. The relationship of soil loss by interrill erosion to slope gradient. Catena，38：211-222.

Fullen M A. 1985. Compaction，hydrological processes and soil erosion on loamy sands in east Shropshire，England. Soil & Tillage Research，6：17-29.

Fullen M A. 1998. Effects of grass ley set-aside on runoff，erosion and organic matter levels in sandy soils in east Shropshire，UK. Soil & Tillage Research，46：41-49.

Léonard J，Richard G. 2004. Estimation of runoff critical shear stress for soil erosion from soil shear strength. Catena，57：233-249.

Meyer L D，Wischmeier H W. 1969. Mathematical simulation of the process of soil erosion by water. Transactions of the ASAE，12：7754-7758.

Nachtergaele J，Poesen J，Sidorchuk A, et al. 2002. Prediction of concentrated flow width in ephemeral gully channels. Hydrological Processes，16：1935-1953.

Nash J E，Sutcliffe J V. 1970. River flow forecasting through conceptual models Part I—A discussion of principles. Journal of Hydrology，10：282-290.

Nearing M A，Norton L D，Bulgakov D A, et al. 1997. Hydraulics and erosion in eroding rills. Water Resources Research，33：865-876.

Nielsen D R，Bouma J. 1985. Soil spatial variability. Proceedings of a workshop of the ISSS and the SSSA，Las Vegas（USA）.

Nord G，Esteves M. 2010. The effect of soil type，meteorological forcing and slope gradient on the simulation of internal erosion processes at the local scale. Hydrological Processes，24：1766-1780.

Parsons A J，Stone P M. 2006. Effects of intra-storm variations in rainfall intensity on interrill runoff and erosion. Catena，67：68-78.

Perruchet C. 1983. Constrained agglomerative hierarchical classification. Pattern Recognition, 16: 213-217.

Qin C, Zheng F L, Xu X M, et al. 2018. A laboratory study on rill network development and morphological characteristics on loessial hillslope. Journal of Soils and Sediments, 18: 1679-1690.

Santhi C, Arnold J, Williams J R. 2001. Application of a watershed model to evaluate management effects on point and nonpoint source pollution. Transactions of the ASAE, (44): 1559-1570.

Shen H O, Zheng F L, Wen L L, et al. 2015. An experimental study of rill erosion and morphology. Geomorphology, 231: 193-201.

Wells R R, Momm H G, Rigby J R, et al. 2013. An empirical investigation of gully widening rates in upland concentrated flows. Catena, 101: 114-121.

Wirtz S, Seeger M, Ries J B. 2012. Field experiments for understanding and quantification of rill erosion processes. Catena, 91: 21-34.

Zhang S L, Lövdahl L, Grip H, et al. 2009. Effects of mulching and catch cropping on soil temperature, soil moisture and wheat yield on the Loess Plateau of China. Soil & Tillage Research, 102: 78-86.

Zheng F L, Tang K L. 1997. Rill erosion process on steep slope land of the Loess Plateau. International Journal of Sediment Research, 12: 52-59.

第8章 坡面细沟侵蚀的水动力学机理

坡面径流水动力学特征在很大程度上决定了坡面细沟侵蚀和形态特征。径流水力学特征能够反映径流的能量变化（肖培青等，2009a），进而对坡面土壤的剥离、搬运和沉积产生影响。已有研究中常选用径流流速、雷诺数、弗劳德数和阻力系数等表征径流的水力学特性（Bryan and Rockwell，1998；肖培青和郑粉莉，2002；An et al.，2012；Reichert and Norton，2013）。国内外许多学者（Nearing et al.，1997；张光辉等，2002；王瑄等，2006；肖培青等，2011）对坡面侵蚀的动力学机制也进行了大量研究，其中多选用径流剪切力、水流功率和单位水流功率等对坡面侵蚀机理进行分析。有学者（雷阿林和唐克丽，1998）建议用雷诺数作为细沟发生的判据指标，但 Nearing 等（1997）则指出雷诺数不能很好地表征细沟水流的水力学特征。Reichert 和 Norton（2013）研究认为 Darcy-Weisbach 阻力系数是反映径流阻力的最好参数。此外，也有研究（Zhang et al.，2002；王瑄等，2006）指出水流功率能够更加准确地预测土壤分离速率。那么，具体哪些参数能更好地表征坡面细沟侵蚀的水动力学机理，仍需深入研究。因此，本章设计有/无雨滴打击、3种降雨强度（50 mm/h、75 mm/h 和 100 mm/h）、3个地面坡度（10°、15°和20°）及2个坡长（7.5 m 和 10 m）等多因子控制条件的模拟降雨试验，揭示细沟水流水力学特征和侵蚀动力机制，探究坡面细沟侵蚀及形态与水动力学特征的关系，理解和认识坡面细沟发育及其形态特征演变的作用机理，为坡面侵蚀预报模型的构建提供理论依据。

8.1 不同试验条件下坡面细沟水流水力学特征

8.1.1 有/无雨滴打击作用下的坡面细沟水流水力学特征

消除雨滴打击使坡面细沟侵蚀量减少的原因，是由于径流侵蚀力减小，具体体现在细沟水流水力学参数发生变化。表 8-1 表明，消除雨滴打击作用，细沟水流平均流速、雷诺数和弗劳德数分别减小了 33.3%~47.6%、23.0%~51.2% 和 34.7%~51.3%，而 Darcy-Weisbach 阻力系数增加了 97.1%~301.8%。当降雨强度为 50 mm/h 和 75 mm/h，坡度为 10°和 15°时，有/无雨滴打击试验处理的细沟水流平均流速和弗劳德数差异显著；当降雨强度为 100 mm/h，或坡度为 20°时，有/无雨滴打击试验处理的细沟水流平均流速和弗劳德数无显著性差异。对于雷诺数，除降雨强度为 50 mm/h 和坡度为 15°试验处理外，有/无雨滴打击试验处理的雷诺数无显著性差异。而 Darcy-Weisbach 阻力系数在各试验降雨强度和坡度下，有/无雨滴打击试验处理均具有显著性差异。综上可见，消除雨滴打击能够导致细沟水流的水力学特征发生变化，进而影响细沟侵蚀，尤其是在降雨强度为 50 mm/h 和 75 mm/h，以及坡度为 10°和 15°试验处理下，消除雨滴打击使细沟水流的水力学特征变化更加显著。

表 8-1　有/无雨滴打击试验处理细沟水流的水力学参数对比

降雨强度/(mm/h)	50		75						100	
坡度/(°)	15		10		15		20		15	
试验处理	With RI	Without RI	With RI	Without RI	With RI	Without RI	With RI	Without RI	With RI	Without RI
平均流速/(cm/s)	21.9 a	12.5 b	22.0 a	11.5 b	23.1 a	14.0 b	24.0 a	16.0 b	24.3 a	15.1 a
雷诺数	1930.1 a	940.4 b	2311.3 a	1623.8 b	2322.1 a	1787.0 b	2726.6 a	2059.5 b	2971.4 a	1981.5 b
弗劳德数	0.69 a	0.45 b	0.67 a	0.33 b	0.71 a	0.40 b	0.73 a	0.46 b	0.71 a	0.42 a
阻力系数	5.36 a	10.56 b	3.30 a	13.26 b	5.13 a	13.35 b	6.10 a	13.69 b	4.85 a	12.43 b

注：With RI 代表有雨滴打击试验处理，Without RI 代表无雨滴打击试验处理；相同降雨强度和坡度下不同字母表示有/无雨滴打击试验处理经 F 检验差异显著（$p<0.05$）。

8.1.2　不同降雨强度下的坡面细沟水流水力学特征

细沟水流平均流速和雷诺数均随降雨强度的增加而增加，二者分别为 20.6~24.6 cm/s 和 1894.6~3119.1（表 8-2）。结果表明，降雨强度增大，细沟水流的携带和搬运能力以及扰动水体的惯性力越大。不同降雨强度下，雷诺数的变化比细沟水流平均流速的变化更加明显，且试验条件下雷诺数介于 Nearing 等（1997）指出的细沟水流雷诺数区间。Reichert 和 Norton（2013）研究指出，当雷诺数为 1000~2000 时，细沟水流为过渡流，当雷诺数大于 2000 时，细沟水流为紊流。因此，10°和 15°条件下的 50 mm/h 降雨强度试验处理，其细沟水流属于过渡流，其他试验处理的细沟水流属于紊流。当降雨强度由 50 mm/h 增加到 75 mm/h，以及由 75 mm/h 增加到 100 mm/h 时，雷诺数分别增加了 20.3%~35.9%和 14.4%~28.0%。这一结果印证了存在影响细沟侵蚀的降雨强度临界值，当降雨强度接近这一临界值，则雷诺数的增加率减小，进而使细沟侵蚀的增加率减小。

不同降雨强度条件下，细沟水流弗劳德数无显著性差异，其值为 0.67~0.73（表 8-2），介于前人（Nearing et al.，1997；Polyakov and Nearing，2003）研究指出的弗劳德数区间。Reichert 和 Norton（2013）研究指出，当弗劳德数小于 1 时，细沟水流为缓流，当弗劳德数大于 1 时，则细沟水流为急流。因此，试验条件下细沟水流均属于缓流。结果也表明，弗劳德数对降雨强度变化的反应不明显。

表 8-2　不同降雨强度试验处理细沟水流的水力学参数对比

坡度/(°)	降雨强度/(mm/h)	平均流速/(cm/s)	雷诺数	弗劳德数	阻力系数
10	50	20.6 b	1894.6 c	0.66 a	3.56 a
	75	22.0 ab	2311.3 b	0.67 a	3.30 ab
	100	23.7 a	2704.3 a	0.69 a	3.19 b
15	50	21.9 b	1930.1 c	0.69 a	5.36 a
	75	23.1 ab	2322.1 b	0.71 a	5.13 ab
	100	24.3 a	2971.4 a	0.71 a	4.85 b

续表

坡度/(°)	降雨强度/(mm/h)	平均流速/(cm/s)	雷诺数	弗劳德数	阻力系数
20	50	22.3 b	2005.9 c	0.71 a	6.52 a
	75	24.0 a	2726.6 b	0.73 a	6.10 a
	100	24.6 a	3119.1 a	0.70 a	6.24 a

注：相同坡度下不同字母表示不同降雨强度试验处理经 LSD 检验差异显著（$p<0.05$）。

Darcy-Weisbach 阻力系数为 3.19～6.52（表 8-2），在 10°和 15°条件下，基本随着降雨强度的增加而减小，该结果与肖培青等（2009b）研究结果一致，这主要是由于降雨强度增加，细沟水流流速和侵蚀性增大，则细沟水流所遭受的阻力减小。坡面径流阻力主要来自 4 个方面：土壤颗粒组成和排列、坡面细沟形态、降雨阻力和径流的自身阻力（张科利，1998；罗榕婷等，2009）。在细沟发育过程中，坡面细沟形态和径流的自身阻力是影响细沟水流的主要阻力（张科利和唐克丽，2000）；但 20°条件下不同降雨强度之间的 Darcy-Weisbach 阻力系数无显著性差异，这可能是因为坡度一旦接近其影响细沟发育的临界值，则降雨强度对阻力系数的影响将减弱。

8.1.3 不同坡度下的坡面细沟水流水力学特征

细沟水流平均流速和雷诺数基本随着坡度的增加而增加（表 8-3），说明坡度越大，细沟水流的携带、搬运能力，以及扰动水体的惯性力越大。与降雨强度相比，雷诺数对坡度的响应不敏感，说明降雨强度对细沟水流雷诺数的影响大于坡度。因此，对于 50 mm/h 降雨强度下的 10°和 15°试验处理，其细沟水流属于过渡流，其他试验处理的细沟水流则属于紊流。不同坡度下，细沟水流弗劳德数无显著性差异，且属于缓流范畴，说明弗劳德数对坡度变化的响应也不明显。但不同坡度下的 Darcy-Weisbach 阻力系数差异显著，随着坡度的增加而增大。该结果与张科利（1998）研究结果一致，其研究指出，当黄土坡面坡度大于 10°时，Darcy-Weisbach 阻力系数将随着雷诺数的增加而增大。这主要是由于坡度较大时，细沟形态复杂化程度较大，在坡面上形成较多陡坎，且细沟水流流速增加后，细沟水流表面形成的菱形波对其流态的干扰程度也随之增加，使细沟水流自身的扰动性增强，阻力增大（张科利和唐克丽，2000）。当坡度由 10°增加到 15°，以及由 15°增加到 20°时，Darcy-Weisbach 阻力系数分别增加了 50.6%～55.5%和 18.9%～28.6%。这一结果印证了存在影响细沟侵蚀的坡度临界值，当坡度接近这一临界值，则 Darcy-Weisbach 阻力系数的增加率减小，进而影响细沟发育及其形态特征。

表 8-3 不同坡度试验处理细沟水流的水力学参数对比

降雨强度/(mm/h)	坡度/(°)	平均流速/(cm/s)	雷诺数	弗劳德数	阻力系数
50	10	20.6 b	1894.6 a	0.66 a	3.56 c
	15	21.9 ab	1930.1 a	0.69 a	5.36 b
	20	22.3 a	2005.9 a	0.71 a	6.52 a

续表

降雨强度 /(mm/h)	坡度 /(°)	平均流速 /(cm/s)	雷诺数	弗劳德数	阻力系数
75	10	22.0 b	2311.3 b	0.67 b	3.30 c
	15	23.1 ab	2322.1 b	0.71 ab	5.13 b
	20	24.0 a	2726.6 a	0.73 a	6.10 a
100	10	23.7 a	2704.3 b	0.69 a	3.19 c
	15	24.3 a	2971.4 a	0.71 a	4.85 b
	20	24.6 a	3119.1 a	0.70 a	6.24 a

注：相同降雨强度下不同字母表示不同坡度试验处理经 LSD 检验差异显著（$p<0.05$）。

8.1.4 不同坡长下的坡面细沟水流水力学特征

当坡长由 7.5 m 增加到 10 m，细沟水流平均流速和弗劳德数均明显增加，其值分别增加了 9.8%~12.2%和 15.4%~16.0%（表 8-4）。结果表明，随着坡长的增加，细沟水流的挟沙能力、搬运能力、惯性力和剪切力均增加，且细沟水流平均流速和弗劳德数对坡长变化的反应比较明显；而雷诺数无显著性差异，说明扰动水体的惯性力与消弱阻滞扰动水体的黏滞力之间的变化不大。Darcy-Weisbach 阻力系数在不同降雨强度下随坡长的变化有一定的差异。在 50 mm/h 降雨强度下，Darcy-Weisbach 阻力系数随着坡长的增加而明显增大；但在 75 mm/h 降雨强度下，Darcy-Weisbach 阻力系数随着坡长的增加而明显减小。由于坡面细沟发育过程中的细沟水流阻力主要来自 4 个方面：土壤颗粒组成和排列、坡面细沟形态、降雨阻力和径流的自身阻力（张科利，1998；罗榕婷等，2009），其中，以细沟形态和细沟水流自身阻力为主，而 50 mm/h 降雨强度下 7.5 m 坡长试验处理可能刚刚满足发生细沟侵蚀的临界条件，其细沟发育非常微弱，仅在斜坡下部分布，因此，细沟形态对细沟水流的阻力较小，其 Darcy-Weisbach 阻力系数相对较小；而 75 mm/h 降雨强度下，7.5 m 和 10 m 坡长试验处理均有明显的细沟发育，且 10 m 坡长由于汇流面积相对较大，其细沟水流自身阻力相对较小，因此，其 Darcy-Weisbach 阻力系数相对较小。

表 8-4 不同坡长试验处理细沟水流的水力学参数对比

坡度 /(°)	降雨强度 /(mm h)	坡长 /m	平均流速 /(cm/s)	雷诺数	弗劳德数	阻力系数
15	50	7.5	19.9 b	1914.9 a	0.60 b	3.91 b
		10	21.9 a	1930.1 a	0.69 a	5.36 a
	75	7.5	20.6 b	2212.8 a	0.60 b	6.47 a
		10	23.1 a	2322.1 a	0.71 a	5.13 b

注：相同坡度和降雨强度下不同字母表示不同坡长试验处理经 F 检验差异显著（$p<0.05$）。

8.2 不同试验条件下坡面细沟侵蚀动力学机制

8.2.1 有/无雨滴打击作用下的坡面细沟侵蚀动力机制

细沟发育过程中，径流剪切力、水流功率和单位水流功率的变化对细沟侵蚀及其形态特征等有决定作用。有/无雨滴打击试验处理下，细沟侵蚀动力学参数存在显著差异。水土界面间的径流剪切力能够克服土粒之间的黏结力，使土粒疏松分散，从而为径流侵蚀提供土壤物质来源（李鹏等，2005）。有/无雨滴打击作用下，细沟水流剪切力分别为 1.982～3.506 Pa 和 2.053～4.366 Pa，细沟发育过程中单宽细沟侵蚀量均随着细沟水流剪切力的增加而增大（图 8-1）。纱网覆盖消除雨滴打击后，细沟水流剪切力基本呈增加的趋势，这主要是由于雨滴打击对径流有一定的扰动作用，且这种扰动能够妨碍细沟水流沿接触面方向的剪切力。因此，消除雨滴打击使细沟水流剪切力增加。

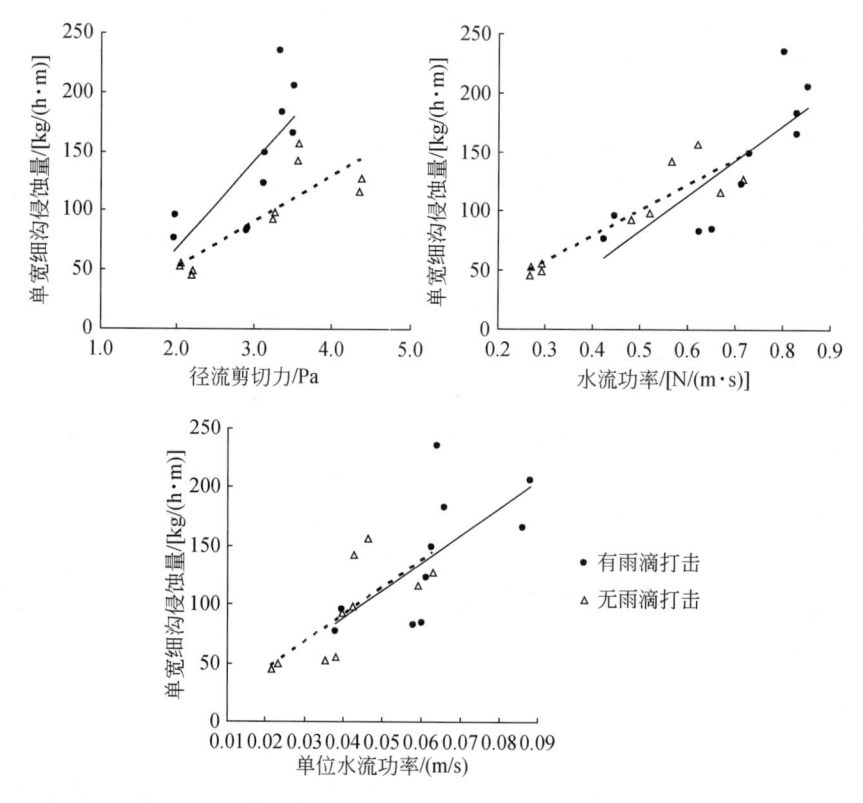

图 8-1 有/无雨滴打击作用下单宽细沟侵蚀量与径流剪切力、水流功率和单位水流功率的关系

水流功率是细沟水流剪切力与平均流速的乘积。有/无雨滴打击试验处理下，水流功率分别为 0.437～0.840 N/（m·s）和 0.280～0.692 N/（m·s），细沟发育过程中单宽细沟侵蚀量均随着水流功率的增加而增加（图 8-1）。纱网覆盖消除雨滴打击后，水流功率明显减小，即细沟水流顺坡流动时所具有的势能减小。

第 8 章 坡面细沟侵蚀的水动力学机理

单位水流功率为流速和坡降的乘积（Yang，1973），有/无雨滴打击作用下，单位水流功率分别为 0.039～0.087 m/s 和 0.022～0.061 m/s，细沟发育过程中单宽细沟侵蚀量均随着单位水流功率的增加而增加（图 8-1）。纱网覆盖消除雨滴打击后，由于细沟水流流速明显减小，单位水流功率明显减小。

由图 8-1 可知，有/无雨滴打击试验处理下，单宽细沟侵蚀量与细沟水流剪切力、水流功率和单位水流功率均呈现较好的线性关系，表达式如下：

$$\begin{cases} D_c = 73.971(\tau - 1.085) & (R^2 = 0.55, n = 10) \\ D_{c'} = 38.695(\tau - 0.670) & (R^2 = 0.73, n = 10) \end{cases} \tag{8-1}$$

式中，D_c 为有雨滴打击试验处理的单宽细沟侵蚀量 [kg/(h·m)]；$D_{c'}$ 为无雨滴打击试验处理的单宽细沟侵蚀量 [kg/(h·m)]；τ 为细沟水流剪切力（Pa）。

$$\begin{cases} D_c = 300.04(\omega - 0.224) & (R^2 = 0.67, n = 10) \\ D_{c'} = 214.68(\omega - 0.033) & (R^2 = 0.83, n = 10) \end{cases} \tag{8-2}$$

式中，ω 为水流功率 [N/(m·s)]。

$$\begin{cases} D_c = 2359.0(\varphi - 0.0031) & (R^2 = 0.46, n = 10) \\ D_{c'} = 2304.2(\varphi - 0.0006) & (R^2 = 0.55, n = 10) \end{cases} \tag{8-3}$$

式中，φ 为单位水流功率（m/s）。

细沟水流恰好克服土粒之间作用力时的动力数值即为临界值，只有细沟水流剪切力、水流功率和单位水流功率大于其临界值时，才会发生侵蚀。通过上述单宽细沟侵蚀量与动力学参数的关系式可知，当单宽细沟侵蚀量 $D_c = 0$ 或 $D_{c'} = 0$ 时，对应得到的动力学数值即为临界值。有/无雨滴打击试验处理的临界细沟水流剪切力分别为 1.085 Pa 和 0.670 Pa，临界水流功率分别为 0.224 N/(m·s) 和 0.033 N/(m·s)，临界单位水流功率分别为 0.0031 m/s 和 0.0006 m/s。结果表明，纱网覆盖消除雨滴打击后，临界细沟水流剪切力、临界水流功率和临界单位水流功率分别减小了 38.2%、85.3% 和 80.6%，造成这些结果的原因主要有 3 方面：首先，无雨滴打击试验处理降雨侵蚀力的作用被消除，侵蚀的发生主要来自径流侵蚀力，而动力学参数的计算均与细沟水流流速等直接相关，消除雨滴打击后，细沟水流流速明显减小，因此，其侵蚀临界动力值增加；其次，由于雨滴打击能够为细沟侵蚀提供丰富的泥沙来源，相应的细沟水流搬运泥沙所消耗的能量增加（An et al.，2012）；最后，雨滴打击能够压实土壤，有利于土壤结皮的形成，从而使细沟水流侵蚀土壤时消耗的能量增加。

8.2.2 不同降雨强度下的坡面细沟侵蚀动力机制

50 mm/h、75 mm/h 和 100 mm/h 降雨强度下，细沟水流剪切力分别为 1.837～3.304 Pa、1.982～3.506 Pa 和 2.225～3.784 Pa，水流功率分别为 0.379～0.736 N/(m·s)、0.437～0.840 N/(m·s) 和 0.527～0.932 N/(m·s)，单位水流功率分别为 0.036～0.081 m/s、0.039～0.087 m/s 和 0.042～0.090 m/s。细沟侵蚀动力学参数值均随降雨强度的增加而增加（图 8-2），当降雨强度由 50 mm/h 增加到 75 mm/h，以及由 75 mm/h 增加到 100 mm/h 时，细沟水流剪切力分别增加了 6.1%～7.9% 和 6.9%～12.3%，水流功率分别增加了 13.0%～15.3% 和 11.0%～20.6%，单位水流功率分别增加了 5.1%～8.3% 和 3.4%～7.7%。结果表明，随着降

雨强度的增加，细沟水流沿接触面方向的剪切力、顺坡流动时所具有的势能，以及侵蚀土壤过程中的能量消耗均增加，而增加的幅度又受地形因子，尤其是坡度的影响。由此可知，即使降雨强度属于降雨特征因子，而坡度属于地形因子，但二者对细沟侵蚀及其形态特征的影响作用非常复杂，难以将其单独区分和量化。因此，在分析单宽细沟侵蚀量与细沟水流剪切力、水流功率和单位水流功率的关系时，将不同降雨强度和坡度试验处理进行综合分析，更有利于揭示细沟侵蚀机理，并得到更加科学的侵蚀临界动力学参数值。

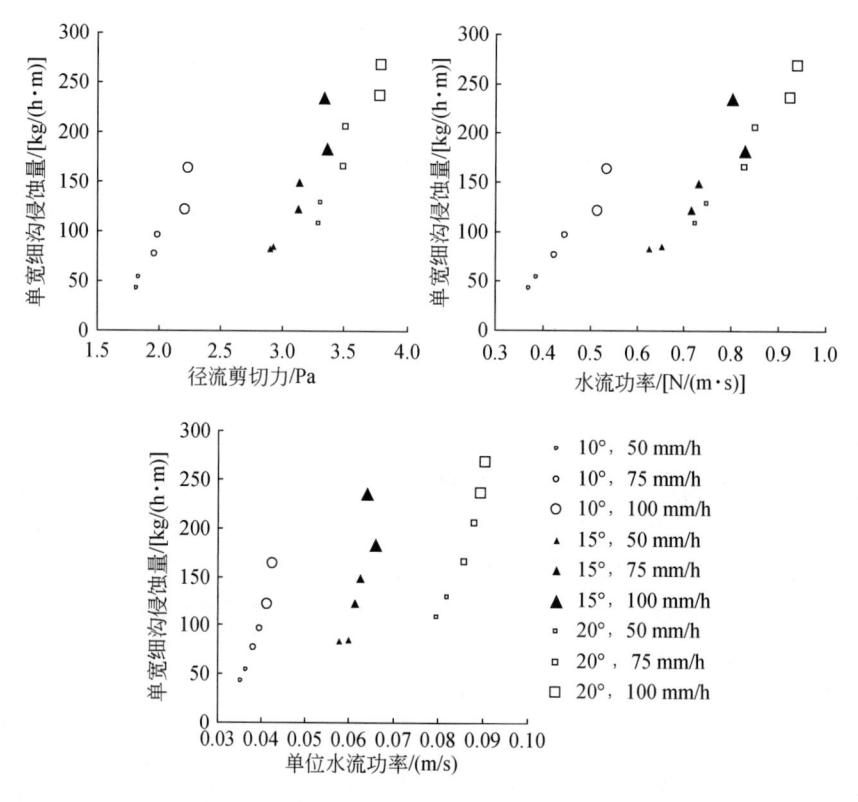

图 8-2 不同降雨强度和坡度下单宽细沟侵蚀量与径流剪切力、水流功率和单位水流功率的关系

由图 8-2 可知，单宽细沟侵蚀量随着细沟水流剪切力、水流功率和单位水流功率的增加而增加，均呈现较好的线性关系，对数据进行回归分析，得到表达式如下：

$$\begin{cases} D_c = 73.469(\tau - 0.986) & (R^2 = 0.59, n = 18) \\ D_c = 302.76(\omega - 0.207) & (R^2 = 0.72, n = 18) \\ D_c = 2323.4(\varphi - 0.002) & (R^2 = 0.50, n = 18) \end{cases} \quad (8\text{-}4)$$

式中，D_c 为单宽细沟侵蚀量 [kg/(h·m)]；τ 为细沟水流剪切力（Pa）；ω 为水流功率 [N/(m·s)]；φ 为单位水流功率（m/s）。

细沟水流恰好克服土粒之间作用力时的动力数值即为临界值，只有细沟水流剪切力、水流功率和单位水流功率大于其临界值时，才会发生侵蚀。通过上述单宽细沟侵蚀量与动力学参数的关系式可知，当单宽细沟侵蚀量 $D_c = 0$ 时，对应得到的动力学数值即为临界值。试验条件下，临界细沟水流剪切力为 0.986 Pa，临界水流功率为 0.207 N/（m·s），临界单位水流功率为 0.002 m/s。

8.2.3　不同坡度下的坡面细沟侵蚀动力机制

10°、15°和 20°坡度下，细沟水流剪切力分别为 1.837~2.225 Pa、2.916~3.349 Pa 和 3.304~3.784 Pa，水流功率分别为 0.379~0.527 N/（m·s）、0.639~0.815 N/（m·s）和 0.736~0.932 N/（m·s），单位水流功率分别为 0.036~0.042 m/s、0.059~0.065 m/s 和 0.081~0.090 m/s。这 3 个动力学参数值均随着坡度的增加而增加（图 8-2），当降雨强度由 10°增加到 15°，以及由 15°增加到 20°时，细沟水流剪切力分别增加了 50.5%~58.7%和 11.9%~13.3%，水流功率分别增加 54.6%~68.6%和 14.4%~16.3%，单位水流功率分别增加了 54.8%~63.9%和 37.3%~40.3%。结果表明，随着坡度的增加，细沟水流沿接触面方向的剪切力、顺坡流动时所具有的势能，以及侵蚀土壤过程中的能量消耗均增加，而增加的幅度同样受降雨特征的影响。

8.2.4　不同坡长下的坡面细沟侵蚀动力机制

坡长是影响坡面细沟发育及其形态特征的又一重要地形因子，坡长的变化直接影响坡面径流汇集作用，且坡长与细沟长度之间存在密切关系（李君兰等，2010），因此，坡长对细沟侵蚀动力机制也有明显影响。由表 8-5 可知，当坡长由 7.5 m 增加到 10 m 时，细沟水流剪切力、水流功率和单位水流功率均增加，各参数分别增加了 9.7%~38.3%、22.8%~51.8%和 11.3%~12.7%。由此可见，坡长对坡面细沟发育和形态特征影响显著，在以后的研究中，应注重坡长的影响效应研究。

表 8-5　不同坡长试验处理细沟侵蚀的动力学参数对比

坡度 /(°)	降雨强度 /(mm/h)	坡长 /m	剪切力 /Pa	水流功率 /[N/(m·s)]	单位水流功率 /(m/s)
15	50	7.5	2.109 b	0.421 b	0.053 b
		10	2.916 a	0.639 a	0.059 a
	75	7.5	2.856 b	0.588 b	0.055 b
		10	3.133 a	0.722 a	0.062 a

注：相同坡度和降雨强度下不同字母表示不同坡长试验处理经 F 检验差异显著（$p<0.05$）。

8.3　坡面细沟侵蚀和形态特征与水动力学参数的关系

8.3.1　坡面细沟侵蚀与水动力学参数的关系

1. 有/无雨滴打击作用下坡面细沟侵蚀与水动力学参数的相关关系

有雨滴打击试验处理下，单宽细沟侵蚀量（D_c）与细沟水流平均流速（V）、雷诺数（Re）和水流功率（ω）呈极显著正相关关系，与细沟水流剪切力（τ）、弗劳德数（Fr）和单位水流功率（φ）呈显著正相关关系，与 Darcy-Weisbach 阻力系数（f）无显著相关关系，相关

系数的大小顺序为 $V>Re>\omega>\tau>Fr>\varphi$（表 8-6）。这说明所选取的水动力学参数能够较好地表征细沟网发育机理，其中，细沟水流流速是最佳的水力学参数，而水流功率是最佳的动力学参数。通过各个水动力学参数间的相关分析发现，ω 与其他参数的相关性最好，其次依次是 τ、φ、Fr、V、f 和 Re。

表 8-6 有雨滴打击试验处理下水动力学参数与单宽细沟侵蚀量的相关系数

	D_c	V	Re	Fr	f	τ	ω	φ
D_c	1	0.914**	0.894**	0.719*	0.435	0.741*	0.819**	0.677*
V	0.914**	1	0.909**	0.835**	0.414	0.743*	0.837**	0.692*
Re	0.894**	0.909**	1	0.568	0.143	0.504	0.626	0.481
Fr	0.719*	0.835**	0.568	1	0.723*	0.855**	0.889**	0.887**
f	0.435	0.414	0.143	0.723*	1	0.890**	0.823**	0.910**
τ	0.741*	0.743*	0.504	0.855**	0.890**	1	0.988**	0.911**
ω	0.819**	0.837**	0.626	0.889**	0.823**	0.988**	1	0.907**
φ	0.677*	0.692*	0.481	0.887**	0.910**	0.911**	0.907**	1

注：*$p<0.05$，**$p<0.01$，$n=10$，n 为用于拟合方程的试验处理数，下同。

无雨滴打击试验处理下，单宽细沟侵蚀量（D_c）与细沟水流平均流速（V）、水流功率（ω）和细沟水流剪切力（τ）呈极显著正相关关系，与单位水流功率（φ）和雷诺数（Re）呈显著正相关关系，与弗劳德数（Fr）和 Darcy-Weisbach 阻力系数（f）无显著相关关系，相关系数的大小顺序为 $V>\omega>\tau>\varphi>Re$（表 8-7）。结果表明，纱网覆盖消除雨滴打击后，细沟水流流速和水流功率依然是最佳的水力学和动力学参数。通过各个水动力学参数间的相关分析发现，ω 与其他参数的相关性最好，其次依次是 τ、V、φ、Re、Fr 和 f。

表 8-7 无雨滴打击试验处理下水动力学参数与单宽细沟侵蚀量的相关系数

	D_c	V	Re	Fr	f	τ	ω	φ
D_c	1	0.918**	0.744*	0.401	0.287	0.852**	0.912**	0.750*
V	0.918**	1	0.749*	0.670*	0.229	0.901**	0.956**	0.910**
Re	0.744*	0.749*	1	0.178	0.653*	0.792**	0.809**	0.532
Fr	0.401	0.670*	0.178	1	-0.429	0.387	0.472	0.721*
f	0.287	0.229	0.653*	-0.429	1	0.581	0.479	0.206
τ	0.852**	0.901**	0.792**	0.387	0.581	1	0.987**	0.891**
ω	0.912**	0.956**	0.809**	0.472	0.479	0.987**	1	0.902**
φ	0.750*	0.910**	0.532	0.721*	0.206	0.891**	0.902**	1

注：*$p<0.05$，**$p<0.01$，$n=10$。

通过对比有/无雨滴打击试验处理发现，纱网覆盖消除雨滴打击后，细沟水流平均流速（V）与单宽细沟侵蚀量（D_c）的相关系数变化不大，雷诺数（Re）、弗劳德数（Fr）和 Darcy-Weisbach 阻力系数（f）与 D_c 的相关系数均减小，细沟水流剪切力（τ）、水流功率（ω）

和单位水流功率（φ）与 D_c 的相关系数均增加（表 8-6、表 8-7）。说明雨滴打击作用对细沟发育过程的水动力学参数影响显著，但影响效应各不相同。各水动力学参数间的相关分析表明，消除雨滴打击使 V 和 Re 与其他参数的相关性明显增强，而 ω、τ、φ、Fr 和 f 与其他参数的相关性减弱，其中后面 3 个参数减弱明显。

2. 不同降雨强度和坡度下坡面细沟侵蚀与水动力学参数的相关关系

不同降雨强度和坡度试验处理下，单宽细沟侵蚀量（D_c）与细沟水流平均流速（V）、雷诺数（Re）、水流功率（ω）、细沟水流剪切力（τ）、单位水流功率（φ）和弗劳德数（Fr）呈极显著正相关关系，与 Darcy-Weisbach 阻力系数（f）呈显著正相关关系，相关系数大小顺序为 $V>Re>\omega>\tau>\varphi>Fr>f$（表 8-8）。说明所选取的水动力学参数均能非常好地表征不同降雨强度和坡度条件下的细沟网发育机理，其中，细沟水流平均流速是最佳的水力学参数，而水流功率是最佳的动力学参数，该结果与前人（Nearing et al.，1997；An et al.，2012；Reichert and Norton，2013）研究结果一致。各水动力学参数间相关分析表明，ω 与其他参数的相关性最好，其次依次是 τ、φ、V、Fr、f 和 Re。

表 8-8　不同降雨强度和坡度试验处理下水动力学参数与单宽细沟侵蚀量的相关系数

	D_c	V	Re	Fr	f	τ	ω	φ
D_c	1	0.927**	0.907**	0.618**	0.481*	0.767**	0.847**	0.708**
V	0.927**	1	0.926**	0.694**	0.347	0.685**	0.782**	0.604**
Re	0.907**	0.926**	1	0.433	0.150	0.510*	0.631**	0.439
Fr	0.618**	0.694**	0.433	1	0.624**	0.755**	0.770**	0.744**
f	0.481*	0.347	0.150	0.624**	1	0.905**	0.839**	0.942**
τ	0.767**	0.685**	0.510*	0.755**	0.905**	1	0.988**	0.954**
ω	0.847**	0.782**	0.631**	0.770**	0.839**	0.988**	1	0.936**
φ	0.708**	0.604**	0.439	0.744**	0.942**	0.954**	0.936**	1

注：*$p<0.05$，**$p<0.01$，$n=18$。

3. 不同坡长下坡面细沟侵蚀与水动力学参数的相关关系

不同坡长试验处理下，单宽细沟侵蚀量（D_c）与水流功率（ω）、细沟水流剪切力（τ）、单位水流功率（φ）、细沟水流平均流速（V）和弗劳德数（Fr）均呈极显著正相关关系，与雷诺数（Re）呈显著正相关关系，与 Darcy-Weisbach 阻力系数（f）未呈显著相关关系，相关系数大小顺序为 $\omega>\tau>\varphi>V>Fr>Re$（表 8-9）。结果表明，不同坡长条件下，细沟水流平均流速依然是表征细沟网发育机理的最佳水力学参数，而水流功率是最佳的动力学参数。各水动力学参数间的相关分析表明，ω 与其他参数的相关性最好，其次依次是 φ、V、Fr、τ、Re 和 f。

表 8-9　不同坡长试验处理下水动力学参数与单宽细沟侵蚀量的相关系数

	D_c	V	Re	Fr	f	τ	ω	φ
D_c	1	0.922**	0.733*	0.889**	0.448	0.950**	0.985**	0.929**
V	0.922**	1	0.563	0.976**	0.142	0.814*	0.916**	0.998**

续表

	D_c	V	Re	Fr	f	τ	ω	φ
Re	0.733*	0.563	1	0.403	0.481	0.673	0.672	0.552
Fr	0.889**	0.976**	0.403	1	0.129	0.801*	0.897**	0.983**
f	0.448	0.142	0.481	0.129	1	0.676	0.513	0.156
τ	0.950**	0.814*	0.673	0.801*	0.676	1	0.978**	0.822*
ω	0.985**	0.916**	0.672	0.897**	0.513	0.978**	1	0.921**
φ	0.929**	0.998**	0.552	0.983**	0.156	0.822*	0.921**	1

注：*$p<0.05$，**$p<0.01$，$n=8$。

综上所述，不同降雨和地形因子条件下，表征细沟网发育机理的水动力学参数之间的相关关系，以及与单宽细沟侵蚀量之间的相关关系均有一定的变化，具体视试验条件而定，但细沟水流平均流速始终是表征细沟网发育机理的最佳水力学参数，而水流功率是最佳的动力学参数。因此，在分析坡面细沟网发育过程的水动力学机理时，应优先选取这 2 个参数，其他参数根据研究需要选定。

8.3.2 坡面细沟形态特征与水动力学参数的关系

1. 有/无雨滴打击作用下细沟形态特征与水动力学参数的相关关系

有雨滴打击试验处理下，细沟宽深比（R_{WD}）与水动力学参数的相关性最好，其中，与细沟水流平均流速（V）、弗劳德数（Fr）、水流功率（ω）、剪切力（τ）和单位水流功率（φ）呈极显著负相关关系，与雷诺数（Re）呈显著负相关关系，与 Darcy-Weisbach 阻力系数（f）未呈显著相关关系，相关系数的大小顺序为 $V>Fr>\omega>\tau>\varphi>Re$（表 8-10）。细沟密度（$\rho$）和细沟割裂度（$\mu$）与水动力学参数的相关性较好，$\rho$ 与水动力学参数相关系数的大小顺序为 $V>Re>\omega>Fr>\varphi>\tau$，$\mu$ 与水动力学参数相关系数的大小顺序为 $Re>V>\omega$。细沟倾斜度（δ）仅与 f 呈显著负相关关系，与其他水动力学参数未呈现显著相关关系。以上结果表明，水动力学参数对不同形态特征指标的响应程度各不相同，且水力学参数的响应程度大于动力学参数。Darcy-Weisbach 阻力系数是表征细沟倾斜度的最佳水力学参数；细沟水流平均流速是表征细沟密度和宽深比的最佳水力学参数，而水流功率则是表征细沟密度和宽深比的最佳动力学参数；雷诺数和水流功率分别是表征细沟割裂度的最佳水力学参数和动力学参数。

表 8-10　有雨滴打击试验处理下细沟形态特征与水动力学参数的相关系数

	V	Re	Fr	f	τ	ω	φ
δ	0.100	0.317	−0.266	−0.720*	−0.458	−0.355	−0.496
ρ	0.917**	0.907**	0.743*	0.420	0.691*	0.781**	0.710*
μ	0.885**	0.945**	0.573	0.172	0.527	0.640*	0.485
R_{WD}	−0.905**	−0.750*	−0.860**	−0.551	−0.783**	−0.847**	−0.765**

注：*$p<0.05$，**$p<0.01$，$n=10$。

无雨滴打击试验处理下，细沟密度（ρ）与水动力学参数的相关性最强，其中，与水流功率（ω）、细沟水流平均流速（V）、剪切力（τ）、单位水流功率（φ）和雷诺数（Re）均呈极显著正相关关系，与弗劳德数（Fr）和Darcy-Weisbach阻力系数（f）未呈显著相关关系，相关系数的大小顺序为$\omega>V>\tau>\varphi>Re$（表8-11）。细沟割裂度（μ）与水动力学参数的相关性也较好，相关系数大小顺序为$V>\omega>Re>\tau>\varphi$。细沟倾斜度（δ）和细沟宽深比（R_{WD}）未与水动力学参数表现出显著相关关系。结果表明，纱网覆盖消除雨滴打击后，细沟水流平均流速是表征细沟密度和细沟割裂度的最佳水力学参数，而水流功率则是表征细沟密度和细沟割裂度的最佳动力学参数。

表8-11 无雨滴打击试验处理下细沟形态特征与水动力学参数的相关系数

	V	Re	Fr	f	τ	ω	φ
δ	-0.115	0.359	-0.387	0.192	-0.157	-0.109	-0.433
ρ	0.961**	0.806**	0.596	0.418	0.957**	0.975**	0.926**
μ	0.943**	0.877**	0.454	0.377	0.875**	0.932**	0.755*
R_{WD}	0.034	0.414	-0.140	0.033	-0.104	-0.025	-0.295

注：*$p<0.05$，**$p<0.01$，$n=10$。

对比有/无雨滴打击试验处理发现，有雨滴打击作用下，本章选取的细沟形态特征指标与水动力学参数的相关关系较好，一旦消除雨滴打击作用，仅有细沟密度和细沟割裂度与水动力学参数的相关关系较好，且水动力学参数的响应程度明显增加，而水力学参数的响应程度降低。

2. 不同降雨强度和坡度下细沟形态特征与水动力学参数的相关关系

不同降雨强度和坡度试验处理下，细沟密度（ρ）与水动力学参数的相关性最强，与水流功率（ω）、细沟水流平均流速（V）、单位水流功率（φ）、剪切力（τ）、弗劳德数（Fr）、雷诺数（Re）和Darcy-Weisbach阻力系数（f）均呈极显著正相关关系，相关系数的大小顺序为$\omega>V>\varphi>\tau>Fr>Re>f$（表8-12）。细沟宽深比（$R_{WD}$）与水动力学参数的相关性也较好，相关系数的大小顺序为$\omega>\tau>\varphi>f>Fr>V>Re$。细沟割裂度（$\mu$）与水动力学参数的相关系数的大小顺序为$V>Re>\omega>\tau>\varphi>Fr$。细沟复杂度（$c$）与水动力学参数的相关系数大小顺序为：$Re>V>\omega>\tau>\varphi$。细沟倾斜度（$\delta$）仅与$Re$呈显著正相关关系，与$f$呈显著负相关关系，二者相关系数较为相近。结果表明，针对不同的形态特征指标，水动力学参数的响应程度各不相同，其中，Darcy-Weisbach阻力系数和雷诺数是表征细沟倾斜度的最佳参数；细沟水流平均流速是表征细沟密度和细沟割裂度的最佳水力学参数，而水流功率是表征细沟密度和细沟割裂度的最佳动力学参数；雷诺数和水流功率分别是表征细沟复杂度的最佳水力学和动力学参数；Darcy-Weisbach阻力系数和水流功率分别是表征细沟宽深比的最佳水力学和动力学参数。综上可知，水流功率始终是评价细沟形态特征的最佳动力学参数，但针对不同的形态特征指标，最佳水力学参数并非固定不变，其中，以细沟水流流速表现最佳。

表 8-12 不同降雨强度和坡度试验处理下细沟形态特征与水动力学参数的相关系数

	V	Re	Fr	f	τ	ω	φ
δ	0.374	0.539*	−0.163	−0.541*	−0.253	−0.138	−0.322
ρ	0.825**	0.703**	0.778**	0.646**	0.820**	0.860**	0.823**
μ	0.892**	0.876**	0.596**	0.407	0.684**	0.769**	0.643**
c	0.877**	0.884**	0.456	0.227	0.541*	0.637**	0.470*
R_{WD}	−0.697**	−0.554*	−0.732**	−0.764**	−0.877**	−0.885**	−0.862**

注：*p<0.05，**p<0.01，n=18；c 为细沟复杂度，下同。

3. 不同坡长下细沟形态特征与水动力学参数的相关关系

不同坡长试验处理下，细沟密度（ρ）与水动力学参数的相关性最强，与水流功率（ω）、剪切力（τ）、单位水流功率（φ）、细沟水流平均流速（V）和弗劳德数（Fr）均呈极显著正相关关系，相关系数的大小顺序为 ω>τ>φ>V>Fr（表 8-13）；其次为细沟倾斜度（δ），其与水动力学参数的相关系数的大小顺序为 ω>τ>Fr>φ>V；细沟割裂度（μ）与水动力学参数的相关系数的大小顺序为 τ>ω>φ>V>Fr；细沟复杂度（c）与水动力学参数的相关系数大小顺序为：τ>ω>Re>f；细沟宽深比（R_{WD}）未与水动力学参数表现出显著相关关系。结果表明，弗劳德数和水流功率分别是评价细沟倾斜度的最佳水力学和动力学参数；细沟水流平均流速和水流功率分别是表征细沟密度的最佳水力学和动力学参数；细沟水流平均流速和剪切力分别是评价细沟割裂度的最佳水力学和动力学参数；雷诺数和剪切力分别是表征细沟复杂度的最佳水力学和动力学参数。综上发现，不同坡长条件下，细沟水流平均流速、水流功率和剪切力均是用于表征细沟形态特征的较好水动力学参数。

表 8-13 不同坡长试验处理下细沟形态特征与水动力学参数的相关系数

	V	Re	Fr	f	τ	ω	φ
δ	0.885**	0.532	0.904**	0.533	0.959**	0.972**	0.899**
ρ	0.915**	0.629	0.909**	0.504	0.964**	0.988**	0.927**
μ	0.842**	0.694	0.817*	0.637	0.983**	0.976**	0.849**
c	0.664	0.767*	0.623	0.716*	0.885**	0.846**	0.689
R_{WD}	0.400	−0.380	0.485	−0.666	−0.060	0.099	0.391

注：*p<0.05，**p<0.01，n=8。

综上所述，不同降雨和地形因子下，细沟形态特征与水动力学参数之间的相关关系有一定的差异，但多数试验条件下，细沟水流平均流速始终是表征细沟形态特征的最佳水力学参数，而水流功率是最佳的动力学参数。因此，在分析坡面细沟形态特征的水动力学机理时，应优先选取这 2 个参数，其他参数根据研究需要选定。

8.4 结　　语

本章探究了雨滴打击、降雨强度、坡度和坡长等不同试验条件下细沟水流水力学特征和细沟侵蚀动力机制,分析了坡面细沟侵蚀及形态与水动力学特征的关系,并提出了最佳的水力学参数和动力学参数。主要结论如下。

(1) 消除雨滴打击后,细沟水流平均流速(V)、雷诺数(Re)和弗劳德数(Fr)分别减小了 33.3%~47.6%、23.0%~51.2%和 34.7%~51.3%,而 Darcy-Weisbach 阻力系数(f)增加了 97.1%~301.8%。随着降雨强度和坡度的增加,V 和 Re 均增加,Fr 无明显变化,f 基本随降雨强度的增加而减小,随坡度的增加而增大。随着坡长的增加,V 和 Fr 均明显增加,Re 无明显变化,f 的变化较为复杂。说明雨滴打击、降雨强度、坡度和坡长等对细沟水流水力学各参数的影响不同。

(2) 随着降雨强度、坡度和坡长的增加,细沟水流剪切力(τ)、水流功率(ω)和单位水流功率(φ)皆增大。分别建立了单宽细沟侵蚀量(D_c)与 τ、ω 和 φ 的关系式,发现不同降雨强度和坡度试验条件下,关系式分别为 $D_c = 73.469(\tau - 0.986)$、$D_c = 302.76(\omega - 0.207)$ 和 $D_c = 2323.4(\varphi - 0.002)$。消除雨滴打击,临界细沟水流剪切力、临界水流功率和临界单位水流功率分别减小了 38.2%、85.3%和 80.6%。坡面细沟发育过程中,侵蚀动力对坡面细沟侵蚀及其形态特征等有决定作用。

(3) 不同试验条件下,单宽细沟侵蚀量与细沟水流流速和水流功率均表现为极显著正相关关系。因此,在分析坡面细沟侵蚀的水动力学机理时,应优先选取细沟水流流速和水流功率。

(4) 在多数情况下,细沟密度与水动力学参数的相关性最好。不同降雨和地形条件下,坡面细沟形态特征与水动力学参数之间的相关关系有一定的差异,但细沟水流流速是表征细沟形态特征的最佳水力学参数,而水流功率是最佳的动力学参数。因此,在分析坡面细沟形态特征的水动力学机理时,应优先选取这 2 个参数。

参 考 文 献

雷阿林,唐克丽. 1998. 黄土坡面细沟侵蚀的动力条件. 土壤侵蚀与水土保持学报, 4 (3): 39-43, 72.

李君兰,蔡强国,孙莉英,等. 2010. 细沟侵蚀影响因素和临界条件研究进展. 地理科学进展, 29 (11): 1319-1325.

李鹏,李占斌,郑良勇,等. 2005. 坡面径流侵蚀产沙动力机制比较研究. 水土保持学报, 19 (3): 66-69.

罗榕婷,张光辉,曹颖. 2009. 坡面含沙水流水动力学特性研究进展. 地理科学进展, 28 (4): 567-574.

王瑄,李占斌,李雯,等. 2006. 土壤剥蚀率与水流功率关系室内模拟实验. 农业工程学报, 22 (2): 185-187.

肖培青,姚文艺,申震洲,等. 2009a. 草被覆盖下坡面径流入渗过程及水力学参数特征试验研究. 水土保持学报, 23 (4): 50-53.

肖培青,姚文艺,申震洲,等. 2011. 苜蓿草地侵蚀产沙过程及其水动力学机理试验研究. 水利学报, 42 (2): 232-237.

肖培青,郑粉莉. 2002. 上方来水来沙对细沟水流水力学参数的影响. 泥沙研究, (4): 69-74.

肖培青,郑粉莉,姚文艺. 2009b. 坡沟系统坡面径流流态及水力学参数特征研究. 水科学进展, 20 (2): 236-240.

张光辉,刘宝元,张科利. 2002. 坡面径流分离土壤的水动力学实验研究. 土壤学报, 39 (6): 882-886.

张科利. 1998. 黄土坡面细沟侵蚀中的水流阻力规律研究. 人民黄河, 20 (8): 13-15.

张科利，唐克丽. 2000. 黄土坡面细沟侵蚀能力的水动力学试验研究. 土壤学报，37（1）：9-15.

An J, Zheng F L, Lu J, et al. 2012. Investigating the role of raindrop impact on hydrodynamic mechanism of soil erosion under simulated rainfall conditions. Soil Science，177：517-526.

Bryan R B, Rockwell D L. 1998. Water table control on rill initiation and implications for erosional response. Geomorphology，23：151-169.

Nearing M A, Norton L D, Bulgakov D A, et al. 1997. Hydraulics and erosion in eroding rills. Water Resources Research，33：865-876.

Polyakov V O, Nearing M A. 2003. Sediment transport in rill flow under deposition and detachment conditions. Catena，51：33-43.

Reichert J M, Norton L D. 2013. Rill and interrill erodibility and sediment characteristics of clayey Australian Vertosols and a Ferrosol. Soil Research，51：1-9.

Yang C T. 1973. Incipient motion and sediment transport. Journal of the Hydraulics Division，ASCE，99：1679-1704.

Zhang G H, Liu B Y, Nearing M A, et al. 2002. Soil detachment by shallow flow. Transactions of the ASAE，45：351-357.

第9章 基于细沟和细沟间侵蚀的坡面水蚀框架模型

在目前众多侵蚀预报模型中，WEPP（Water Erosion Prediction Project）模型是应用较为广泛的过程模型（见注释专栏9-1）。该模型基于土壤侵蚀物理过程，可以模拟和预测农田、林地、牧场、山地、建筑工地和城区等不同区域的产沙和输沙状况。目前研发的WEPP模型分坡面版本和流域版本，相对于流域版本，WEPP坡面版本已被广泛运用在坡面尺度和田间尺度的土壤侵蚀预报中（Flanagan and Nearing，1995）。WEPP模型基础理论是坡面泥沙连续方程，该方程包含了坡面细沟间侵蚀和细沟侵蚀模块，认为细沟间侵蚀以降雨侵蚀为主，其表达式包含细沟间土壤可蚀性、降雨和坡度等，细沟侵蚀以径流侵蚀为主，其表达式包含细沟土壤可蚀性、径流剪切力、细沟水流含沙量和细沟水流输沙能力等（Foster and Lane 1987；Nearing et al.，1989；Laflen et al.，1991；Flanagan and Nearing，1995）。在细沟侵蚀模块中，WEPP模型以单位坡面宽度或细沟宽度为基础进行计算，通过预先确定细沟密度，假定所有细沟水流流量相同，然后基于稳态的侵蚀泥沙连续方程描述坡面泥沙运动（Nearing et al.，1989）。目前国内外的相关研究结果和本书相关章节均表明，消除雨滴打击可有效减少坡面细沟侵蚀量。例如，通过研究降雨能量对细沟侵蚀的影响，发现消除雨滴打击后细沟侵蚀量可减少50%（Meyer and Wischmeier，1969）；通过在径流小区上方覆盖纱网消除雨滴动能99.6%后，可使坡面细沟侵蚀量减少38%～64%（郑粉莉等，1995）。也有研究指出，径流挟沙力分别来自径流的贡献和降雨的贡献（Guy et al.，2009a；2009b；李文杰等，2012）。上述结果皆表明，降雨对坡面细沟侵蚀也有重要影响，因此需要将降雨因子嵌入WEPP模型的细沟侵蚀模块之中，以便提高模型的预报精度。为此，本章依据试验观测资料，基于对WEPP模型细沟侵蚀模块的改进，构建包含细沟和细沟间侵蚀的坡面水蚀预报框架模型，以期为建立适用于我国的坡面侵蚀预报模型提供方法支持。

> **注释专栏9-1**
>
> **WEPP 模 型**
>
> 美国水蚀预报模型WEPP，是由美国农业部（USDA）组织农业研究局、土壤保持局（现改名为自然资源保护局）、森林局和美国内政部土地管理局等部门，以及十几所大学联合开发的新一代土壤侵蚀预报模型。该模型的研发初衷是为了克服USLE（Universal soil Loss Equation）模型不能预测次降水过程所产生的土壤流失量、侵蚀过程和沉积位置等复杂侵蚀产沙状况。模型研发团队于1987年完成了用户要求报告并制定基本框架，1995年发布了第一个官方正式版本。WEPP模型是在对细沟侵蚀和细沟间侵蚀过程定量表达的基础上，以坡面泥沙运动连续方程为基础理论而建立的侵蚀过程模型，可模拟次降雨过程的坡面侵蚀和沉积状况（Nearing et al.，1989；Laflen et al.，1991），用于模拟不同时间尺度、不同空间尺度、不同耕作措施及作物条件下的径流量和土壤侵蚀量。WEPP

> 模型功能模块主要包括：气候发生器、冬季过程、灌溉、坡面漫流水文过程、水量平衡、作物、残留物分解、土壤参数、坡面侵蚀和沉积（Flanagan and Nearing, 1995）。WEPP模型认为细沟间侵蚀以降雨侵蚀为主，其表达式包含细沟间土壤可蚀性、降雨和坡度等；细沟侵蚀以径流侵蚀为主，其表达式包含细沟土壤可蚀性、径流剪切力、细沟水流含沙量和细沟水流输沙能力等（Foster and Lane 1987；Nearing et al., 1989；Laflen et al., 1991；Flanagan and Nearing, 1995）。经过近30年的发展，WEPP模型在细沟间侵蚀模块中引入了径流因子，在细沟侵蚀模块中考虑了雨滴打击增大径流搬运能力，提高了模型模拟精度（Kinnell, 1993；Zhang et al., 1998；Zhang and Wang, 2017；Wang et al., 2020）。

9.1　WEPP模型的应用与评价

WEPP模型能够用来模拟不同时间尺度、不同空间尺度、不同耕作措施及作物条件下的径流量和土壤侵蚀量。WEPP模型功能模块主要包括：气候发生器、冬季过程、灌溉、坡面漫流水文过程、水量平衡、作物、残留物分解、土壤参数、坡面侵蚀和沉积（Laflen et al., 1991；Flanagan, 1995）。WEPP模型坡面版本考虑了细沟、细沟间侵蚀过程、沉积物迁移和沉积、入渗、土壤板结、沉积物和植被覆盖度对土壤沉积和入渗的影响，表面结皮、细沟水力学、表面径流、作物生长、作物残留、渗透、蒸发、融雪、冻土对水分入渗和侵蚀力的影响，气候、耕作措施对土壤属性的影响，土壤随机糙度的影响和顺坡、横坡耕种的影响等。WEPP模型能够对地形参数、土壤表面糙度参数、土壤属性参数、作物和坡面作物参数进行调整。这里基于东北薄层黑土区和西北黄土丘陵区次降雨坡面径流和泥沙观测数据，通过应用WEPP模型模拟不同坡度条件下的次降雨径流量和侵蚀量，评价WEPP模型的适用性，以期为构建适用于我国的侵蚀模型提供支持。

9.1.1　WEPP模型在东北薄层黑土区的应用评价

1. 数据来源与模型评价指标

坡面径流小区布设在典型薄层黑土区的黑龙江省宾州河流域，土壤类型为黑土。共有3个坡度小区，其坡度分别是3°、5°和8°。径流小区投影坡长为20 m，坡宽为5 m。径流小区地表处理为翻耕裸露休闲，即每年4月下旬对地表进行顺坡翻耕，翻耕深度20 cm，并保证每年整个雨季观测期间植被覆盖度小于5%，且除除草外，不对地表进行任何扰动。径流小区径流泥沙观测采用传统的径流桶观测方法。

气象数据来源于径流小区附近的自动气象站记录的日气象数据，包括降雨过程、降雨量、最高气温、最低气温、风向、风速、露点温度等。

模型适用性评价指标除采用相对误差外，还采用了纳什系数 E_{NS}（Nash and Sutcliffe, 1970），其具体计算见第3章。

2. 次降雨条件下WEPP模型对坡面径流量和侵蚀量的模拟

WEPP模型对不同坡度条件下坡面径流量的模拟结果表明（表9-1～表9-3），对于3°坡面，次降雨下的径流量的模拟结果较差，绝对误差值为-34.7%～409%。对于5°坡面，有

2 次径流量模拟值的绝对误差小于±20%,而有 6 次径流量模拟值的绝对误差为-51.7%～704%。对于 8°坡面,仅有 1 次径流量模拟值的绝对误差小于 20%,而有 7 次径流量模拟值的绝对误差为 31.2%～785.7%。总体来说,WEPP 模型对不同坡度条件下坡面径流量的模拟结果较差。

表 9-1 3°坡面次降雨条件下径流量和侵蚀量的模拟结果

降雨量/mm	降雨历时/h	I_{30}/(mm/h)	径流量 实测/mm	径流量 模拟/mm	径流量 误差/%	侵蚀量 实测/(kg/m²)	侵蚀量 模拟/(kg/m²)	侵蚀量 误差/%
18.2	3.6	9.2	0.08	0.04	−50.0	0.002	0.001	−50.0
10.4	2.3	17.2	0.04	0.16	300.0	0.001	0.001	0
31.8	11.5	4.8	0.22	1.12	409.0	0.004	0.002	−50.0
12.3	3.8	12.8	1.27	0.83	−34.7	0.023	0.01	−56.5
13.8	2.9	6.2	0.92	0.49	−46.7	0.026	0.005	−80.7
13.4	1.8	10.8	2.65	1.36	−48.7	0.045	0.036	−20.0
9.8	4.7	4.4	0.32	0	100	0.006	0	−100
7.8	3.8	6.0	0.16	0.02	−87.5	0.003	0.001	−66.7

表 9-2 5°坡面次降雨条件下径流量和侵蚀量的模拟结果

降雨量/mm	降雨历时/h	I_{30}/(mm/h)	径流量 实测/mm	径流量 模拟/mm	径流量 误差/%	侵蚀量 实测/(kg/m²)	侵蚀量 模拟/(kg/m²)	侵蚀量 误差/%
18.2	3.6	9.2	0.5	1.27	154.0	0.012	0.014	16.7
10.4	2.3	17.2	0.15	0.96	540.0	0.003	0.011	−266.7
31.8	11.5	4.8	0.25	2.01	704.0	0.004	0.004	0
12.3	3.8	12.8	2.92	2.46	−15.8	0.060	0.025	−58.3
13.8	2.9	6.2	1.59	1.86	17.0	0.047	0.035	−25.5
13.4	1.8	10.8	1.53	2.52	64.7	0.071	0.074	4.2
9.8	4.7	4.4	0.29	0.14	−51.7	0.005	0.002	−60.0
7.8	3.8	6.0	1.3	0.52	−60.0	0.038	0.014	−63.2

表 9-3 8°坡面次降雨条件下径流量和侵蚀量的模拟结果

降雨量/mm	降雨历时/h	I_{30}/(mm/h)	径流量 实测/mm	径流量 模拟/mm	径流量 误差/%	侵蚀量 实测/(kg/m²)	侵蚀量 模拟/(kg/m²)	侵蚀量 误差/%
18.2	3.6	9.2	0.75	3.61	381.3	0.013	0.048	269.2
10.4	2.3	17.2	1.27	2.75	116.5	0.007	0.052	642.9
31.8	11.5	4.8	0.56	4.96	785.7	0.011	0.009	−18.2
12.3	3.8	12.8	2.91	3.82	31.2	0.073	0.087	19.2
13.8	2.9	6.2	0.88	4.17	373.8	0.018	0.106	488.9
13.4	1.8	10.8	2.54	4.68	84.0	0.306	0.284	−7.2
9.8	4.7	4.4	0.38	1.15	202.6	0.008	0.011	37.5
7.8	3.8	6.0	0.99	1.01	2.0	0.041	0.028	−31.7

与坡面径流量的模拟结果相比，WEPP 模型对不同坡度条件下坡面侵蚀量的模拟结果相对较好（表 9-1~表 9-3）。对于 3°坡面，有 2 次侵蚀量模拟值的误差为 0~-20%，有 6 次侵蚀量模拟值的绝对误差为-100%~-50%。对于 5°坡面，有 3 次侵蚀量模拟值的绝对误差为 0~16.7%，而有 5 次侵蚀量模拟值的绝对误差为-266.7%~-25.5%。对于 8°坡面，有 3 次侵蚀量模拟值的绝对误差为-7.2%~19.2%，而有 5 次侵蚀量模拟值的绝对误差为-31.7%~642.0%。

表 9-4 表明，对于 5°和 8°坡面，WEPP 模型对次降雨条件下径流量模拟的有效性系数分别为 0.03 和-5.9，进一步说明 WEPP 模型对径流量的模拟结果较差。在 3 个坡度下，WEPP 模型对次降雨土壤侵蚀量模拟的有效性系数为 0.47~0.6，说明 WEPP 模型对次降雨侵蚀量的模拟结果较好。

表 9-4 模型有效性系数

坡度	3°		5°		8°	
有效性系数 ME	径流量	侵蚀量	径流量	侵蚀量	径流量	侵蚀量
	0.47	0.58	0.03	0.72	-5.9	0.60

需要特别指出的是，对于高强度的次降雨事件（降雨量 10.4 mm，降雨历时 2.3 h，最大 30 min 降雨强度为 17.2 mm/h），WEPP 模型对径流量模拟结果较差，其径流量模拟值的绝对误差在 3°、5°和 8°坡度下分别为 300%、540%和 116%，模拟结果出现了较大的偏差。此外，对于降雨历时相对较长的降雨事件（降雨量 31.8 mm，降雨历时 11.5 h，最大 30 min 降雨强度 4.8 mm/h），WEPP 模型对径流量的模拟也有较大偏差，其径流量模拟值的相对误差绝对值在 3°、5°和 8°坡度下分别为 409%、704%和 785%，是历次降雨模拟出现偏差最大的。上述结果表明降雨特征对 WEPP 模型的模拟结果有较大影响。

9.1.2 WEPP 模型在黄土丘陵区的应用评价

1. 数据来源

坡面径流小区布设在陕西省安塞县典型的黄土坡面上，该区地貌类型属于黄土丘陵沟壑区，土壤类型为黄绵土。共有 6 个径流小区，其坡度分别是 5°、10°、15°、20°、25°和 28°。径流小区投影坡长为 20 m，坡宽为 5 m。径流小区地表处理与黑土区相同。径流小区径流泥沙观测采用传统的径流桶分级观测方法。

收集的气象资料包括 1985~1992 年的日系列气象观测资料，包括降雨过程、降雨量、最高气温、最低气温、风向、风速、露点温度等。收集用于 WEPP 模型模拟的单次降雨资料为 1985~1992 年观测的 62 次侵蚀性降雨数据，各次降雨特征如表 9-5 所示。

这里仍采用纳什系数 E_{NS}（Nash and Sutcliffe，1970）对模型适用性进行评价。

表 9-5 单次产流降雨特征表

日期	I_{30} /（mm/min）	PI_{30} /（mm²/min）	日期	I_{30} /（mm/min）	PI_{30} /（mm²/min）	日期	I_{30} /（mm/min）	PI_{30} /（mm²/min）
1985-06-15	0.40	8.56	1987-08-24	0.13	1.42	1990-08-27	0.11	0.64
1985-06-17	0.21	2.33	1987-08-26	0.40	8.64	1990-09-01	0.17	1.51
1985-07-16	0.14	1.13	1987-09-03	0.10	2.34	1990-09-21	0.10	2.23
1985-07-29	0.12	4.26	1987-10-16	0.10	3.11	1990-09-24	0.15	4.94
1985-08-02	0.32	3.46	1988-05-20	0.10	1.52	1990-09-26	0.15	2.39
1985-08-05	0.85	45.31	1988-05-27	0.10	0.77	1991-06-09	0.63	23.75
1985-08-17	0.22	4.86	1988-07-02	0.25	7.15	1991-06-27	0.40	5.00
1985-08-28	0.15	9.47	1988-07-15	0.49	10.49	1991-07-26	0.33	3.53
1985-09-14	0.07	4.70	1988-08-03*	0.94	129.34	1991-07-27	0.40	6.88
1985-09-23	0.15	1.49	1988-08-16	0.11	4.18	1991-08-16	0.24	1.70
1985-10-11	0.13	2.33	1988-09-02	0.16	0.80	1991-08-17*	0.96	28.32
1985-10-15	0.11	1.13	1989-06-14	0.12	4.55	1991-08-25	0.39	17.90
1986-05-25	0.06	0.65	1989-07-17*	1.00	105.10	1991-09-04	0.40	5.80
1986-06-15	0.09	2.09	1989-07-23*	0.92	35.70	1991-09-14	0.60	16.50
1986-07-06	0.50	8.20	1989-09-27	0.16	5.60	1991-09-16	0.37	5.11
1986-08-04	0.40	4.88	1990-06-25	0.27	3.24	1992-08-03	0.12	4.13
1986-08-06	0.16	0.85	1990-07-04	0.47	13.72	1992-08-11	0.30	4.68
1986-08-18	0.13	3.24	1990-07-07	0.12	5.27	1992-08-18	0.30	9.12
1987-06-05	0.39	4.60	1990-07-20	0.23	4.60	1992-08-28	0.15	3.24
1987-07-10	0.16	7.47	1990-08-09	0.27	2.16	1992-09-23	0.08	1.40
1987-07-16	0.36	4.54	1990-08-15	0.10	5.23			

* 模拟值与实测值偏差较大。

2. 次降雨条件下 WEPP 模型对坡面径流量和侵蚀量的模拟

WEPP 模型的模拟结果表明（图 9-1），在 10°、15°、20°、25°和 28°五个坡度条件下，模型模拟的次降雨条件下不同坡度的径流模拟值的差异较小，两个相邻坡度模拟径流深的最大差值仅为 0.5 mm，而实测资料相邻坡度之间的最大差值达 5 mm，这说明 WEPP 模型不能很好地模拟径流量随坡度变化的实际情况，但模拟值随坡度变化的趋势和实测值一致，即模拟径流量有随坡度的增大而增加的趋势。

在次降雨条件下，WEPP 模型对坡面土壤侵蚀量的模拟中，其模拟值无论是在不同坡度之间的差值还是随坡度变化趋势均与实测值比较接近（图 9-2），说明 WEPP 模型对土壤侵蚀量随坡度变化的模拟要优于对径流量的模拟。

造成 WEPP 模型不能很好地模拟径流量随坡度变化的主要原因，一是由于 WEPP 模型研发地的地面坡度小于 10°，模型基础数据库中缺少地面坡度大于 10°的径流侵蚀观测资料；二是模型中计算径流量方程所涉及的部分参数适用于坡度小于 10°坡面，而对于 10°以上的地面坡度变化不敏感。

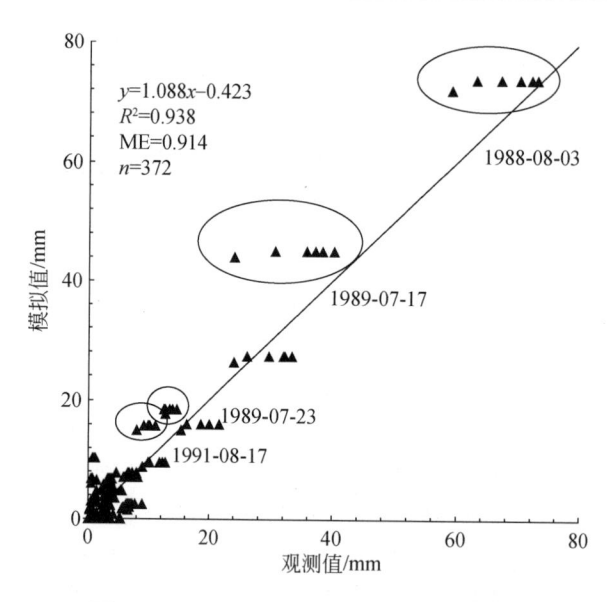

图 9-1 次降雨径流量随坡度变化的模拟图

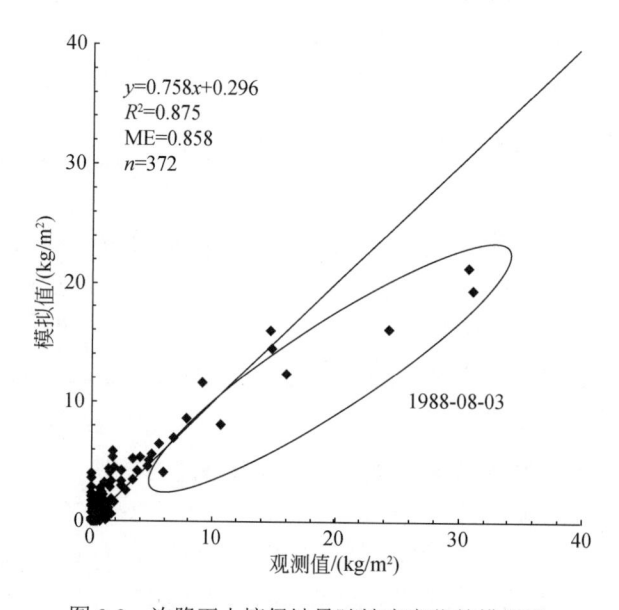

图 9-2 次降雨土壤侵蚀量随坡度变化的模拟图

图 9-1 表明，在次降雨的径流量模拟中，有 4 次降雨（1988-08-03、1989-07-17、1989-07-23 和 1991-08-17）的模拟值略高于实测值。其主要原因是这 4 次降雨的 I_{30} 较大，I_{30} 值分别达到 0.94 mm/min、1.00 mm/min、0.92 mm/min 和 0.96 mm/min（表 9-1），说明 WEPP 模型对次降雨的径流量模拟与 I_{30} 有关，当 I_{30} 较大时模拟值会出现一定程度的偏差，与东北薄层黑土区的模拟结果相同。

图 9-2 表明，在次降雨的土壤侵蚀量模拟中，只有一次降雨（1988-08-03）的模拟值偏低，其余各次降雨的模拟结果均较好。侵蚀量模拟值偏低主要是由 PI_{30} 较大造成的，该次降雨的 PI_{30} 达到 129.34 mm²/min（表 9-1），表明 WEPP 模型对次降雨土壤侵蚀量的模拟

与 PI_{30} 有关，当 PI_{30} 较大时，模拟值会出现偏差。

综合分析 WEPP 模型在东北薄层黑土区和西北黄土区对坡面径流量和侵蚀量的模拟结果，发现不同坡度条件下，WEPP 模型对坡面侵蚀量的模拟结果优于对坡面径流量的模拟结果，尤其是黑土区 WEPP 模型对坡面径流量的模拟结果较差。同时，降雨特征对 WEPP 模型的模拟结果有较大影响；尤其是对于 I_{30} 或 PI_{30} 较大的次降雨事件，WEPP 模型在东北黑土区和黄土区的模拟结果皆存在较大误差。此外，在西北黄土区，WEPP 模型不能很好地模拟径流量随坡度的变化。为此，需要借鉴 WEPP 模型的成功做法与经验，建立适用于我国的坡面水蚀预报模型。

9.2 基于细沟和细沟间侵蚀的坡面水蚀预报框架模型构建

WEPP 模型坡面版本将坡面侵蚀分为细沟间侵蚀和细沟侵蚀，通过预先确定细沟密度，假定所有细沟水流流量相同，并基于稳态的侵蚀泥沙连续方程 $dG/dx = D_r + D_i$ 描述坡面泥沙运动。这里基于 WEPP 模型的基础理论及其在东北黑土区和西北黄土区的应用评价，构建包含细沟和细沟间侵蚀的坡面水蚀预报框架模型。所用数据来源于包括不同降雨（含有/无雨滴打击）、坡度和坡长试验条件下的黄土坡面模拟降雨试验资料以及野外观测数据。为了使模型构建与模型验证所用数据完全独立，采用 2/3 的数据构建模型，另外 1/3 的数据用于模型验证。

WEPP 模型对坡面侵蚀过程的表达式（Flanagan and Nearing，1995）如下：

$$D = D_i + D_r \tag{9-1}$$

式中，D 为坡面侵蚀速率 [kg/(m²·h)]；D_r 为细沟侵蚀速率 [kg/(m²·h)]；D_i 为细沟间侵蚀速率 [kg/(m²·h)]。

这里构建的细沟间侵蚀模块仍参考 WEPP 模型（Liebenow et al.，1990）的细沟间侵蚀表达式，该表达式包括了降雨强度和坡度因子。具体表达式为

$$D_i = k_i R^b S_f \tag{9-2}$$

式中，k_i 为细沟间侵蚀土壤可蚀性；R 为降雨强度（mm/h）；b 为降雨强度的指数；S_f 为坡度因子，通过坡度换算，关系式为 $S_f = 1.05 - 0.85\exp(-4\sin\theta)$，$\theta$ 为坡面坡度（°）(Bajracharya et al.，1992)。

在 WEPP 模型中，当细沟水流含沙量小于输沙能力，且细沟水流剪切力大于临界剪切力时，细沟侵蚀以剥离为主。细沟侵蚀速率表达式为

$$D_r = D_c(1 - G/T_c) \tag{9-3}$$

式中，D_c 为细沟水流剥离速率 [kg/(h·m)]；G 为细沟水流输沙量 [kg/(h·m)]；T_c 为细沟水流输沙能力 [kg/(h·m)]。其中，D_c 用下式表达：

$$D_c = k_r(\tau - \tau_c) \tag{9-4}$$

式中，k_r 为细沟侵蚀土壤可蚀性；τ 为径流剪切力（Pa）；τ_c 为临界径流剪切力（Pa）。

基于上述细沟间侵蚀与细沟侵蚀模型，当细沟侵蚀以剥离为主时，WEPP 模型稳态泥沙平衡连续方程表达式为

$$D = k_r(\tau - \tau_c)(1 - G/T_c) + k_i R^a S_f \qquad (9\text{-}5)$$

式中各符号的意义同式（9-2）～式（9-4）。

9.2.1 细沟间侵蚀模块构建

采用 Matlab 7.9.0 中 Surface Fitting Tool 对有雨滴打击试验处理下，坡面细沟间侵蚀速率与降雨强度和坡度因子的关系进行拟合，拟合过程中采用信赖域方法，同时考虑方程的物理意义，模型表达式如下：

$$D_i = 0.0107 R^{1.467} S_f \quad (R^2 = 0.68,\ n = 18) \qquad (9\text{-}6)$$

式中各符号的意义同式（9-1）和式（9-2）。

由式（9-6）可知，坡面细沟间侵蚀速率随降雨强度和坡度因子的增加而增大。说明在注重研究降雨强度和坡度对坡面细沟侵蚀影响的同时，也应重视二者对细沟间侵蚀的综合影响。

对所构建的模型进行验证，是界定模型推广应用价值的前提。这里仍采用决定系数（R^2）和纳什系数（E_{NS}）对模型有效性进行评价。当 $R^2 > 0.5$，$E_{NS} > 0.4$ 时，模型才能够达到预报精度要求（Santhi et al., 2001；Ahmad et al., 2011）。通过验证计算，式（9-6）对细沟间侵蚀速率预报结果的 R^2 和 E_{NS} 分别为 0.77 和 0.76，达到了模型的预报精度要求。细沟间侵蚀速率的观测值与模拟值的拟合结果较好，基本分布在 1∶1 线附近（图 9-3），表明式（9-6）有很好地预报精度，可以用于预报坡面细沟间侵蚀速率。

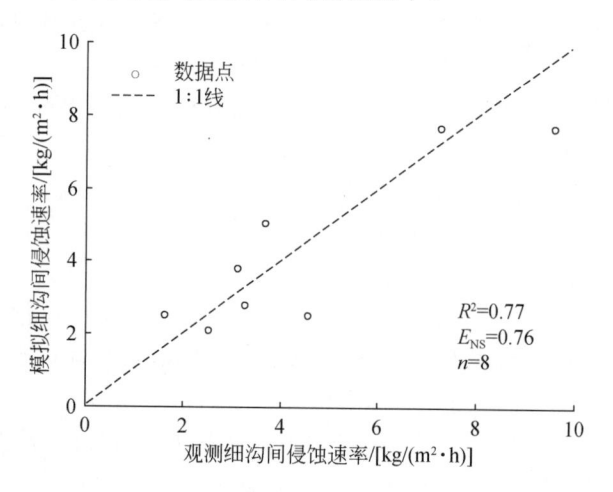

图 9-3 细沟间侵蚀速率的观测值与模拟值

9.2.2 细沟侵蚀模块构建

根据第 8 章相关分析可知 [式（8-1）]，有/无雨滴打击作用下，细沟水流剥离能力与细沟水流剪切力呈现不同的线性关系。有雨滴打击作用下，细沟水流分离速率与径流剪切力之间的拟合精度低于无雨滴打击试验处理，这是因为没有考虑降雨对细沟侵蚀的作用贡献。因此，尽管细沟侵蚀以径流侵蚀为主，但也应考虑降雨对细沟侵蚀的影响。据此，需要对现有 WEPP 细沟水流剥离速率公式进行修正。

将降雨强度因子嵌入有雨滴打击试验处理的细沟水流剥离速率，得到修正后的细沟水流剥离速率表达式为

$$D_c = 38.695(\tau - 0.670)R^{0.124} \quad (R^2 = 0.85, n = 18) \tag{9-7}$$

式中，R 为降雨强度（mm/h）；其余符号的意义同式（8-1）。

采用另外 8 组独立数据对式（9-7）进行验证可知，式（9-7）对细沟水流剥离速率预报结果的 R^2 和 E_{NS} 分别为 0.79 和 0.78，达到了模型的预报精度要求。细沟水流剥离速率的观测值与模拟值拟合结果较好，基本分布在 1∶1 线附近（图 9-4），表明式（9-7）有很好地预报精度，可以用于预报坡面细沟水流剥离速率。

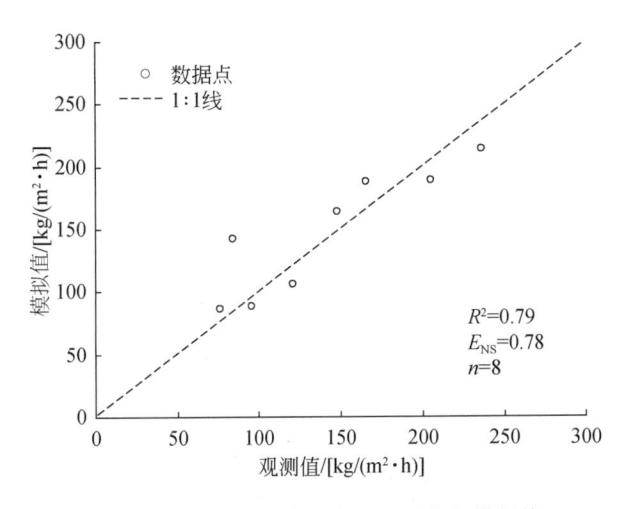

图 9-4 细沟水流剥离速率的观测值与模拟值

基于上述方程，对 WEPP 模型细沟侵蚀模块修正后的表达式为

$$D_r = 38.695(\tau - 0.670)R^{0.124}(1 - G/T_c) \tag{9-8}$$

式中各符号的意义同式（9-1）～式（9-4）。

9.2.3 坡面水蚀预报框架模型的构建与验证

通过整合式（9-6）和式（9-8），可得到坡面水蚀预报框架模型表达式：

$$D = 38.695(\tau - 0.670)R^{0.124}(1 - G/T_c) + 0.0107R^{1.467}S_f \tag{9-9}$$

对式（9-9）进行验证发现，该模型对坡面土壤侵蚀速率预报结果的 R^2 和 E_{NS} 分别为 0.92 和 0.89，说明模型具有较高的预报精度，坡面侵蚀速率的观测值与模拟值基本分布在 1∶1 线附近（图 9-5），表明所构建的坡面水蚀预报框架模型能较好地模拟坡面土壤侵蚀速率。

基于上述研究结果，充分考虑降雨对坡面细沟侵蚀的作用，给出坡面水蚀过程的通用表达式：

$$D = k_r(\tau - \tau_c)R^a(1 - G/T_c) + k_i R^b S_f \tag{9-10}$$

式中，D 为坡面侵蚀速率 [kg/（m²·h）]；k_r 为细沟侵蚀土壤可蚀性；τ 为径流剪切力（Pa）；τ_c 为临界径流剪切力（Pa）；R 为降雨强度（mm/h）；G 为细沟水流输沙量 [kg/（h·m）]；

T_c 为细沟水流输沙能力 [kg/（h·m）]；k_i 为细沟间侵蚀土壤可蚀性；S_f 为坡度因子；a、b 为降雨强度的指数。

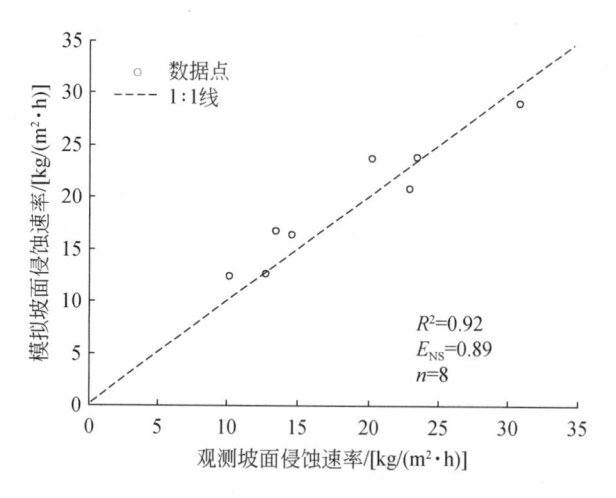

图 9-5　坡面侵蚀速率的观测值与模拟值

9.3　结　　语

本章首先评价了 WEPP 模型在我国薄层黑土区和黄土丘陵区的适用性，在此基础上，基于 WEPP 理论和考虑雨滴打击能增加细沟侵蚀的作用，建立了坡面水蚀预报框架模型。主要结论如下。

（1）WEPP 模型对东北薄层黑土区不同坡度条件下的坡面径流量的模拟结果较差，而对侵蚀量的模拟结果达到满意程度。与东北薄层黑土区相比，WEPP 模型对西北黄土丘陵沟壑区的坡面径流量和侵蚀量的模拟结果达到满意程度，但 WEPP 模型不能很好地模拟径流量随坡度的变化。另外，降雨特征对 WEPP 模型的模拟结果有较大的影响。

（2）借鉴 WEPP 模型的理论基础，拟合了黄土坡面细沟间侵蚀模块 $D_i = 0.0107 R^{1.467} S_f$，且模块具有较高的预报精度，其决定系数和纳什系数分别为 0.77 和 0.76。根据雨滴打击对坡面细沟侵蚀的作用贡献，构建了细沟水流剥离速率方程：$D_c = 38.695(\tau - 0.670) R^{0.124}$，且方程具有较高的预报精度，其决定系数和纳什系数分别为 0.79 和 0.78。以细沟间侵蚀与细沟侵蚀模块为基础，构建了坡面水蚀预报框架模型 $D = 38.695(\tau - 0.670) R^{0.124} (1 - G/T_c) + 0.0107 R^{1.467} S_f$，模型模拟的决定系数和纳什系数分别达到 0.92 和 0.89，说明模型模拟结果达到满意程度。

（3）基于雨滴打击对细沟侵蚀的作用贡献，在 WEPP 模型的侵蚀泥沙连续方程的细沟侵蚀模块中嵌入了降雨强度参数，并给出了坡面水蚀过程的通用表达式：$D = k_r (\tau - \tau_c) R^a (1 - G/T_c) + k_i R^b S_f$，充分体现了降雨对坡面土壤侵蚀的影响作用。

参 考 文 献

李文杰，李丹勋，王兴奎. 2012. 坡面流挟沙力计算公式及其评价. 泥沙研究，（2）：26-33.

原立峰，刘星飞，吴淑芳，等. 2014. 元胞大小选择对坡面细沟侵蚀过程CA模拟的影响. 武汉大学学报（信息科学版），39（3）：311-316.

郑粉莉，唐克丽，张成娥. 1995. 降雨动能对坡耕地细沟侵蚀影响的研究. 人民黄河，（7）：22-24，46.

Ahmad H M N，Sinclair A，Jamieson R，et al. 2011. Modeling sediment and nitrogen export from a rural watershed in Eastern Canada using the soil and water assessment tool. Journal of Environment Quality，40：1182-1194.

Bajracharya R M，Lal R，Elliot W J. 1992. Interrill erodibility of some Ohio soils based on field rainfall simulation. Soil Science Society of America Journal，56：267-272.

Flangan D C，Nearing M A. 1995. Water erosion prediction project：Hillslope profile and watershed model documentation. USDA-ARS，NSERL Report No. 10. West Lafayette，Indiana：USDA-Agriculture Research Service，National Soil Erosion Research Laboratory.

Foster G R，Lane L J. 1987. User requirments：USDA-water erosion prediction project（WEPP）. NSERL Report No. 1. West Lafayette：USDA-ARS，National Soil Erosion Research Laboratory.

Guy B T，Dickenson W T，Sohrabi T M，et al. 2009a. Development of an empirical model for calculating sediment-transport capacity in shallow overland flows：Model calibration. Biosystems Engineering，103：245-255.

Guy B T，Rudra R P，Dickenson W T，et al. 2009b. Empirical model for calculating sediment-transport capacity in shallow overland flows：Model development. Biosystems Engineering，103：105-115.

Kinnell P I A. 1993. Runoff as a factor influencing experimentally determined interrill erodibilities. Soil Research，31（3）：333-342.

Laflen J M，Lwonard J L，Foster G R. 1991. WEPP：A new generarion of erosion prediction technology. Journal of Soil and Water Conservation，46（1）：34-38.

Liebenow A M，Elliot W J，Laflen J M. 1990. Interrill Erodibility：Collection and analysis of data from cropland soils. Transactions of the ASAE，33：1882-1888.

Meyer L D，Wischmeier H W. 1969. Mathematical simulation of the process of soil erosion by water. Transactions of the ASAE，12：7754-7758.

Nash J E，Sutcliffe J V. 1970. River flow forecasting through conceptual models：Part I. A discussion of principles. Journal of Hydrology，10：282-290.

Nearing M A，Foster G R，Lane L J，et al. 1989. A process-based soil erosion model for USDA-water erosion prediction project technology. Transactions of the ASAE，32（5）：1587-1593.

Santhi C，Arnold J G，Williams J R，et al. 2001. Application of a watershed model to evaluate management effects on point and nonpoint source pollution. Transactions of the ASAE，44：1559-1570.

Wang C F，Wang Y J，Wang B，et al. 2020. Rare earth elements tracing interrill erosion processes as affected by near-surface hydraulic gradients. Soil and Tillage Research，In press.

Zhang X C，Nearing M A，Norton L D，et al. 1998. Modeling interrill sediment delivery. Soil Science Society of American Journal. 62（2）：438-444.

Zhang X C，Wang Z L. 2017. Interrill soil erosion processes on steep slopes. Journal of Hydrology，548：652-664.